Telecommunications

Veröffentlichungen des / Publications of the

Münchner Kreis

Übernationale Vereinigung für Kommunikationsforschung
Supranational Association for Communications Research

Band/Volume 21

Springer-Verlag Berlin Heidelberg GmbH

Neue Märkte durch Multimedia

New Markets with Multimedia

Vorträge des am 30. November und 1. Dezember 1994
in München abgehaltenen Kongresses

Proceedings of Congress
Held in Munich, November 30 and December 1, 1994

Herausgeber/Editor: J. Eberspächer

Dieser Kongreß wurde zusammen mit dem
BUNDESMINISTERIUM FÜR BILDUNG,
WISSENSCHAFT, FORSCHUNG UND TECHNOLOGIE
veranstaltet

This congress was held in cooperation with the
FEDERAL MINISTRY OF EDUCATION, SCIENCE,
RESEARCH AND TECHNOLOGY

 Springer

Münchner Kreis
Übernationale Vereinigung für Kommunikationsforschung
Supranational Association for Communications Research
Tal 16, D-80331 München, Telefon: (089) 22 32 38

Wissenschaftliche Leitung des Kongresses/Chairman of the Congress:

Prof. Dr.-Ing. Jörg Eberspächer
Lehrstuhl für Kommunikationsnetze
TU München
D-80290 München
Telefon: (089) 21 05-35 00
Telefax: (089) 21 05-35 23

BMBF:
Frau Irene Rüde
Telefon: (0228) 59-3226
Telefax: (0228) 59-3601

ISBN 978-3-540-59302-7   ISBN 978-3-642-79768-2 (eBook)
DOI 10.1007/978-3-642-79768-2

Dieses Werk ist urheberrechtlich geschützt. Die dadurch begründeten Rechte, insbesondere die der Übersetzung, des Nachdrucks, des Vortrags, der Entnahme von Abbildungen und Tabellen, der Funksendung, der Mikroverfilmung oder der Vervielfältigung auf anderen Wegen und der Speicherung in Datenverarbeitungsanlagen, bleiben, auch bei nur auszugsweiser Verwertung, vorbehalten. Eine Vervielfältigung dieses Werkes oder von Teilen dieses Werkes ist auch im Einzelfall nur in den Grenzen der gesetzlichen Bestimmungen des Urheberrechtsgesetzes der Bundesrepublik Deutschland vom 9. September 1965 in der jeweils geltenden Fassung zulässig. Sie ist grundsätzlich vergütungspflichtig. Zuwiderhandlungen unterliegen den Strafbestimmungen des Urheberrechtsgesetzes.

© Springer-Verlag Berlin Heidelberg 1995

Die Wiedergabe von Gebrauchsnamen, Handelsnamen, Warenbezeichnungen usw. in diesem Werk berechtigt auch ohne besondere Kennzeichnung nicht zu der Annahme, daß solche Namen im Sinne der Warenzeichen- und Markenschutz-Gesetzgebung als frei zu betrachten wären und daher von jedermann benutzt werden dürften.

Sollte in diesem Werk direkt oder indirekt auf Gesetze, Vorschriften oder Richtlinien (z.B. DIN, VDI, VDE) Bezug genommen oder aus ihnen zitiert worden sein, so kann der Verlag keine Gewähr für Richtigkeit, Vollständigkeit oder Aktualität übernehmen. Es empfiehlt sich, gegebenenfalls für die eigenen Arbeiten die vollständigen Vorschriften oder Richtlinien in der jeweils gültigen Fassung hinzuzuziehen.

Satz: Reproduktionsfertige Vorlagen der Autoren
SPIN: 10500997   62/3020 - 5 4 3 2 1 0 - Gedruckt auf säurefreiem Papier.

Inhalt / Contents

VI

Vorwort

Täglich erscheinen neue Produkte auf dem Markt, werden Projekte angekündigt und Geschäftsstrategien diskutiert, bei denen "Multimedia" angeblich der Schlüssel zum Erfolg ist. Multimedia beherrscht zweifellos die Schlagzeilen.

Multimedia ist jedoch nicht nur ein Schlagwort – es ist da! Informationen werden in allen möglichen Formen gespeichert, verarbeitet, übertragen, dargestellt – farbig, mit bewegten Bildern, von Tönen begleitet – und wir stehen erst am Anfang! Die Vision, über die seit vielen Jahren geredet und an deren Umsetzung weitweit gearbeitet wird, scheint nun Wirklichkeit zu werden: Die Informations- und Kommunikationsmedien Sprache (Audio), Bild (Video) und Text/Daten/Grafik wachsen zusammen. Und zwar in höchst unterschiedlicher Weise. Der PC im Heim wandelt sich zur multimedialen Auskunfts-, Spiel- und Kommunikations-Station, in der Arbeitswelt unterstützen multimediale Systeme neue Formen der Zusammenarbeit (Telekooperation), das Fernsehen ist nicht mehr länger Einbahnstraße, sondern wird als *Video-on-Demand* interaktiv, ja erweitert zu *Service-on-Demand*. Schule und Ausbildung gehen neue Wege der Wissensvermittlung – kurzum: kaum ein Feld aus Freizeit und Beruf wird unberührt bleiben von dieser umwälzenden Entwicklung der Informationstechnik. Verknüpft und am Leben gehalten wird das ganze durch das Nervensystem der Kommunikations- und Informationsnetze. durch die "Datenautobahnen" (Information Highways) – in Form von Kupferleitungs-, Glasfaser-, Mobilfunk- oder Satellitennetzen, intelligenten Vermittlungssystemen und Datenbanken.

Doch – was wissen wir wirklich über Multimedia? Wer braucht, wer macht, wer (und auch: wen) beherrscht Multimedia? Ist es wirklich die facettenreiche Basisinnovation für den Wachstumsmarkt der Zukunft? Welche Standards werden sich durchsetzen? Welches sind die Inhalte, die die neuen Dienste prägen werden? Und nicht zuletzt: Wie finden wir uns zurecht in der immer weiter zunehmenden Informationsflut?

In einer zweitägigen Kongreßveranstaltung, die der MÜNCHNER KREIS gemeinsam mit dem Bundesministerium für Bildung, Wissenschaft, Forschung und Technologie veranstaltete, versuchten hochrangige Experten aus Wirtschaft, Wissenschaft und Politik Antworten auf diese Fragen zu geben oder zumindest die Probleme zu verdeutlichen.

In den Beiträgen wurde das schillernde Thema von mehreren Seiten angegangen.

Konkrete Berichte über Anwendungserfahrungen aus unterschiedlichen Branchen standen dabei im Vordergrund. teilweise wurden die Referate durch multimediale Techniken der Visualisierung unterstützt.

Eingeleitet wurde die Veranstaltung mit einer grundsätzlichen Begriffs- und Standortbestimmung, bei der auch diskutiert wurde, welches denn die wirtschaftlichen und ordnungspolitischen Hemmnisse sind bei der Einführung der neuen Dienste und Anwendungen. In den nachfolgenden Blöcken wurden verschiedene Sektoren und Branchen vorgestellt, in denen wesentliche Impulse für und durch Multimedia erwartet werden. Das reicht vom Privatbereich (Home-Bereich) mit seinen erhofften Massenmärkten über vielfältige geschäftliche Anwendungen im Büro-, Verwaltungs-, und Bankenbereich bis zur (Tele-)Medizin. Ein Abschnitt widmete sich der Wissensvermittlung und Wissensbeherrschung durch Multimedia. Die Rolle der Netze als Transportinfrastruktur und die zentrale Bedeutung der multimedialen Datenbanken und des inteiligenten Zugriffs auf die darin gespeicherten Informationen bildeten einen weiteren Schwerpunkt. Im Block "Der Mensch und Multimedia" wurden schließlich die wichtigen Fragen des Human Interface und allgemeine gesellschaftliche Aspekte angesprochen.

Die "neuen Märkte für Multimedia" sind überwiegend globale Märkte, und insbesondere die USA haben in vielen Bereichen der Technik und Anwendungen eine führende Position. Es war deshalb wichtig und folgerichtig, daß die Referenten aus Deutschland, den anderen europäischen Ländern und USA den Blick auf die weltweiten Entwicklungen und Abhängigkeiten richteten, auf internationale Kooperationen und Allianzen und deren Implikationen für die nationalen und regionalen Märkte.

Multimedia entwickelt sich zwar rasant, ist jedoch kein Selbstläufer. Der offensichtliche bestehende Handlungsbedarf, die Aufgaben des Staates, die Position der deutschen Industrie und einige andere übergreifende Fragen und Konsequenzen wurden in einer abschließenden Podiumsdiskussion mit dem Titel "Multimedia – die Zeit ist reif! Was ist zu tun?" erörtert.

Das Programm des Kongresses wurde im Forschungsausschuß des Münchner Kreises in Kooperation mit dem Bundesministerium für Bildung, Wissenschaft, Forschung und Technologie ausgearbeitet. Der vorliegende Band 21 der Reihe *Telecommunications* enthält alle auf dem Kongreß gehaltenen Vorträge sowie die durchgesehene Mitschrift der Podiumsdiskussion.

Dem Ministerium (insbesondere Frau Irene Rüde), den Referenten, Diskussionsleitern, den Teilnehmern des Podiumsgesprächs und allen anderen, die zum Gelingen des Kongresses beigetragen haben, gilt mein herzlicher Dank!

J. Eberspächer

Preface

Every day new products appear on the market, projects are announced and business strategies are discussed where "multimedia" seems to be the key to success. There can be no doubt, multimedia dominates the headlines.

But multimedia is not only a catchphrase – it really exists. There are now the most different ways for information to be stored, processed, transmitted or displayed – in colour, full-motion, with sound – and that is only the beginning! The vision which has been discussed for many years seems now to become reality: the information and communication media, such as voice (audio), picture (video) and text/data/graphics, are growing together. And this in the most different ways, indeed. At home the PC changes into a multimedia station for information, games and communication. In business life multimedia systems support new ways of cooperation (telecooperation). Television is no longer a one-way street but becomes interactive through *video-on-demand*, is even enlarged into *service-on-demand*. Education and training use new methods of imparting knowledge – in short: this revolutionary development in information technology scarcely spares a single sector of our leisure time or business life. Everything is connected and kept alive by the nervous system of communication and information networks, called *information highways*, built either of copper line or glass fibres, mobile communication or satellite links, intelligent switching systems and data bases.

But what do we really know about multimedia? Who needs multimedia, who makes it, who controls and influences it, and who is influenced by it? Is it really the one basic innovation, rich in facets, for the growing market of the future? Which standards will succeed? What are the contents that will determine the new services? And last but not least: How are we going to find our way through the increasing flood of information?

During that two-day congress, jointly organized by the Federal Ministry of Education, Science, Research and Technology and the MÜNCHNER KREIS, high-ranking experts of industry, science and politics tried to answer these questions or at least made aware the arising problems. The talks covered the topic from various points of view.

Reports about application experiences from different sectors prevailed, partly supported by multimedia visualisation techniques.

The congress started with basic definitions of concepts and positions, also discussing questions concerning the economic, regulatory and political obstacles to the introduction of the new services and applications. In the following sessions, various sectors were presented, where essential impulses for and through multimedia are expected. This includes the home area with its mass markets as well as applications in the office, administration and banking areas, and even tele-medicine. One session dealt with the acquisition of knowledge through multimedia. Emphasis was also laid on the role of the networks as transporting infrastructure and the central meaning of multimedia data bases and servers and the intelligent access to the information stored therein. The session "Man and Multimedia" discussed the important questions of human factors and common social aspects.

The "new markets for multimedia" are mostly global markets and especially the United States have a leading position in many fields of technology and applications. Therefore it was important that the speakers from Germany, other European countries and the United States looked at the worldwide developments and dependences, at the international cooperations and alliances and their implications for the national and regional markets.

Multimedia is developing quickly but nevertheless it needs stimulation. The actions required, the role of the government, the position of the German industry and some other questions and the necessary consequences were dealt with in the concluding panel discussion entitled "Multimedia – the time has come! What has to be done?"

The programme of the congress was worked out by the Research Committee of the MÜNCHNER KREIS in cooperation with the Federal Ministry of Education, Science, Research and Technology.

This book which is edited as volume 21 in the *Telecommunications* series contains all the papers presented at this congress as well as the record of the panel discussion.

I want to express my sincere thanks to the Ministry (especially to Mrs. Irene Rüde), the authors, the session chairmen, the participants in the panel discussion and all the others who have in so many ways contributed to the success of this congress!

J. Eberspächer

"Multimedia-Anwendungen in Deutschland – förderpolitische Aspekte"

Gebhard Ziller

Mit großer Freude bin ich der Einladung gefolgt, zur Eröffnung des Kongresses "Neue Märkte durch Multimedia" vor diesem sachkundigen Auditorium zu sprechen. Ich darf Ihnen zunächst alle guten Wünsche des Bundesministers für Bildung, Wissenschaft, Forschung und Technologie, Herrn Dr. Jürgen Rüttgers, überbringen. Unser Ministerium nimmt aktiven Anteil an der Entwicklung und Implementierung des Themas in Wissenschaft und Wirtschaft der Bundesrepublik Deutschland.

Der Münchner Kreis als übernationale Vereinigung für Kommunikationsforschung genießt sowohl im Inland wie im Ausland zurecht hohe Reputation für die lange Tradition und für die Qualität, mit der er wichtige Themen der Kommunikationsforschung aufgreift, einem Feld das in Deutschland – im Gegensatz zu den angelsächsischen Staaten – in der Forschung leider nicht übermäßig stark besetzt ist. Die überaus zahlreiche Beteiligung an dem diesjährigen Kongreß, dessen Mitveranstaltung das Bundesministerium für Bildung, Wissenschaft, Forschung und Technologie gerne übernommen hat, beweist erneut, daß es gelungen ist, ein – ich will fast sagen "brandaktuelles" – Thema auf die Agenda des Kongresses zu setzen.

Zuerst möchte ich Herrn Professor Eberspächer für die gute Vorbereitung des Kongresses herzlich danken.

Ein weiteres herzliches Wort des Dankes möchte ich an Herrn Professor Witte richten: Seit über 20 Jahren begleiten und gestalten Sie, verehrter Herr Prof. Witte, mit Sachkunde, unerschöpflich scheinender Energie, Beharrlichkeit und Erfolg die kommunikationswissenschaftliche Diskussion in Deutschland. Ich bin Ihnen besonders dankbar, daß Sie uns in den letzten Monaten für den Dialog zum Thema Information-Highways Ihren Rat und Ihre Kompetenz zur Verfügung gestellt haben. Nicht zuletzt dank Ihrer Mithilfe ist es gelungen, einen nationalen Dialog von Industrie, Anwendern und Programmanbietern in Gang zu bringen

Nach diesen Vorbemerkungen möchte ich mich nun meinem Thema zuwenden:

1. Gestützt auf hochleistungsfähige Datenautobahnen eröffnet die Informationstechnik mit Multimediaanwendungen neue Chancen für die private, für die wirtschaftliche und für die öffentliche Nutzung; sie eröffnet Chancen für neue Produkte, für neue Dienstleistungen und für neue Arbeitsplätze, und sie bedeutet eine besondere Herausforderung für Wissenschaft, Wirtschaft und Staat. Die Chancen aus dieser Technik können nur in einer arbeitsteiligen, aufeinander abgestimmten Vorgehensweise der privaten und öffentlichen Akteure rasch und wirkungsvoll genutzt werden. Über diese Abstimmung muß auch sichergestellt

werden, daß durch schrittweise Erprobung und durch Auswertung von Pra-
xiserfahrungen Risiken und Fehlentwicklungen vermieden werden, die beispielsweise durch Gefährdung der Privatsphäre oder der Vertraulichkeit von
Geschäfts- oder Verwaltungsunterlagen oder im Bereich des Datenschutzes
eintreten könnten.

Wohl gemerkt: Den Abstimmungsbedarf zwischen den Akteuren sehe ich
nicht nur im Hinblick auf die Erschließung neuer Absatzpotentiale für die
Industrie oder ähnliches. Vielmehr wird das "nähere Zusammenrücken" der
Anwender, das die Anwendung von Multimedia mit sich bringt, auch zu
nachhaltigen Strukturveränderungen buchstäblich in allen Bereichen des
privaten wie des gesellschaftlich-wirtschaftlichen Lebens führen.

2.   Der Einsatz des PC als Multimedia-Instrument und der damit verbundene
Ausbau unserer Kommunikationsnetze zu leistungsfähigen Infobahnen sind kein
technikgetriebener Selbstzweck. Durch die intelligente Verknüpfung von
Computer- und Telekommunikationstechnik und die gleichzeitige dynamische
Weiterentwicklung von Organisationsstrukturen und Arbeitsinhalten in Wirt-
schaft wie Verwaltung können wir, so meine ich, vielmehr einen sichtbaren
Beitrag dazu leisten, unser Wirtschaftswachstums von dem ständig steigenden
Verbrauch natürlicher Ressourcen – und den damit verbundenen Umweltbe-
lastungen – erfolgreich weiter abzukoppeln.

Die Sicherstellung von Mobilität, die Lösung globaler Umweltfragen, aber
auch die Realisierung immer effizienterer Produktionsverfahren sind ohne
massiven Einsatz von Informationstechnik in der Zukunft nicht mehr denkbar.
Darüber hinaus macht die breite Anwendung von Informationstechnik häufig
neue Produkte erst möglich – oder sie verändert die bestehende Angebotspalette
nachhaltig. Man denke nur an die Abwicklung des Banken- und Ver-
sicherungsgeschäfts heute verglichen mit der Situation vor 20 Jahren – von der
Existenz reiner Computerbörsen wie beispielsweise der deutschen Terminbörse
ganz zu schweigen.

Aber mehr noch: Durch moderne Kommunikations- und Informationstechnik
werden auch ganz neue Arbeitsformen realisierbar.

Lassen Sie mich einige Anwendungsbeispiele nennen:

Wenn räumlich und geographisch verteilte Organisationen zeitnah und qualitativ
anspruchsvoll kooperieren wollen, eröffnen Multimedia-Instrumente neue Möglichkeiten der Telepräsenz und Telekooperation.

Was heißt das konkret?
–   Für den staatlichen Bereich in Deutschland wird auf Bundesebene in naher
Zukunft die Zusammenarbeit zwischen Regierungsstellen und Parlament in
Berlin einerseits und in Bonn andererseits große Herausforderungen mit sich
bringen.

Wir müssen uns fragen, was wir wollen:
"Lufthansa-Ministerialbeamte" oder Telekooperation? Auch für die Zusammenarbeit zwischen Bund und Ländern und – last not least – für die Zusam-

menarbeit der Bundesregierung mit den Organen der Europäischen Union in Brüssel, Straßburg und Luxemburg sowie den Partnern in den europäischen Hauptstädten stellen sich solche Fragen, wenn auch nicht mit der gleichen Brisanz.

– Für viele international agierende Firmen bilden höhere Flexibilität, die Reduzierung von Dienstreisen und dadurch bedingter Abwesenheit von Mitarbeitern am Stammsitz einen wichtigen Wettbewerbsfaktor, den sie durch den Einsatz von Multimedia nachhaltig verbessern können.

Ein zweites Beispiel aus dem Bereich der Verkehrssysteme: Wir stehen in hochindustrialisierten Staaten vor gravierenden Problemen im Straßenverkehr, die durch weiteren Bau von Straßen nicht zu lösen sein werden. Durch Staus gehen Millionen von Arbeits- und Freizeitstunden verloren, die Lebensqualität wird beeinträchtigt, Gesundheit belastet und Umwelt geschädigt und zwar mit deutlich steigender Tendenz! Neuere Forschungs- und Entwicklungsarbeiten zu Verkehrsinformationssystemen, bei denen Meldungen zur Verkehrsleitung mittels Multimedia-Techniken optisch und akustisch an die Fahrzeuglenker herangetragen werden, können wesentliche zeitliche und räumliche Entzerrungen im Straßenverkehr und damit einen erheblichen Abbau an individuellen und Umweltbelastungen bewirken. Die Bundesregierung bereitet durch die Förderung eines Modellprojektes zwischen Bonn und Köln, in dessen Rahmen verschiedene IT-Systeme zur Verkehrserfassung und -lenkung im Vergleich getestet werden, den praktischen Einsatz solcher Systeme vor. Nach Abschluß und Auswertung dieses vom BMV geförderten Projektes kann über einen flächendeckenden Einsatz entschieden werden.

– Lassen Sie mich zwei weitere Anwendungsbereiche ansprechen: In Unterricht und Lehre unserer Hochschulen können individuelle oder kooperative Multimedia-Systeme neue Lernerlebnisse schaffen. Denken Sie etwa an die Möglichkeit, die Live-Demonstrationen auf großen Bildflächen mit beliebigen Zeitwiederholungen und Vergrößerungen didaktisch aufbereiteter Bildsequenzen künftig z. B. in der Medizin bieten können. Ähnliches gilt auch für die geisteswissenschaftlichen Fächer, wo Sprach- und Bilddemonstration Lehrmethoden nachhaltig ändern könnten. Insgesamt werden durch die Verfügbarkeit ständig abrufbarer und individuell zu steuernder Ausbildungs-, Lern- und Weiterbildungsprogramme, die es auch ermöglichen, mit Experten in direkten Kontakt zu treten, stark auf individuelle Belange hin zugeschnittene Bildungsgänge ermöglicht.

Auch für den *Unterricht* sind die Möglichkeiten der Multimedia seit langem erkannt. So wurden bereits 1990 erste *schulische* Modellversuche vom BMBW zusammen mit dem Land Nordrhein-Westfalen in der Bund-Länder-Kommission für Bildungsplanung und Forschungsförderung (BLK) gefördert.

In diesen Modellversuchen sind Multimedia-Arbeitsumgebungen zu verschiedenen Themen entwickelt worden, die auf einer CD-ROM, zusammen mit einem Handbuch, für weitere Erprobungen zur Verfügung stehen. Sie präsentieren wesentliche neue Ideen zur effektiven medialen Die Ergebnisse der

Modellversuche zeigen, daß Multimedia-Datenbestände mit den dazugehörigen Suchwerkzeugen, mit Arbeitsmappe und Lernwerkzeugen den Kindern ein eigenaktives und entdeckendes Lernen sowie produktives Schreiben und Kalkulieren ermöglichen.

Aktuell fördert mein Haus einige Modellversuche zur schulischen Nutzung der Telekommunikation. Im Rahmen dieser Projekte werden die technischen Voraussetzungen geschaffen für Zugänge der Schulen zu externen Datenbanken, die mehr und mehr Multimedia-Dokumente enthalten werden.

In der *beruflichen Bildung*, insbesondere in der Fort- und Weiterbildung spielt Multimedia eine ständig wachsende Rolle, sowohl beim Einsatz als Unterrichtswerkzeuge wie auch bei neuen Organisationsformen von Weiterbildung und als Multimedia-Arbeitsumgebungen. Mein Haus hat daher in der beruflichen Bildung etwa 12 sogenannte Wirtschafts-Modellversuche gefördert.

Ich glaube, im Bildungsbereich könnte Multimedia dazu beitragen, das Schlagwort vom Life-Long-Learning tatsächlich mit Leben zu erfüllen und Weiterbildung für alle Schichten und Altersgruppen der Bevölkerung möglich machen, gerade auch für Bevölkerungsgruppen in der aktiven Familien- und Berufsphase.

–   In der Medizin, meine Damen und Herren, werden schon heute Multimedia-Instrumente sowohl in der Ausbildung und in der Weiterbildung wie auch zur Verbesserung diagnostischer Verfahren eingesetzt. Möglicherweise werden darüber hinaus in Zukunft gerade für ältere Menschen oft beschwerliche Gänge zum hochspezialisierten Arzt und damit auch Wartezeiten entfallen können, wenn durch benutzerfreundliche Multimedia-Verbindungen eine entsprechende Direktkommunikation mit dem Sprechzimmer des erstbehandelnden Arztes hergestellt und die nötige Beratung auf diesem Wege erfolgen kann.

Diese wenigen Beispiele könnten für zahlreiche weitere Anwendungsbereiche ergänzt werden, vor allem durch neue, individuell gestaltbare Angebote der Unterhaltungsindustrie, die man ja nicht nur auf das Schlagwort Video-On-Demand verkürzen sollte. Sie werden heute und morgen im Rahmen dieses Kongresses durch kompetente Fachleute diese Anwendungsperspektiven für den privaten und geschäftlichen Bereich vorgestellt bekommen. Aber bereits die von mir stichwortartig skizzierten Beispiele haben deutlich gemacht, daß es keinesfalls übertrieben ist, von einer neuen Dimension der Nutzung der Informationstechnik zu sprechen.

3. Die *technischen* Voraussetzungen in der Bundesrepublik Deutschland für den Einsatz und die breite Nutzung von Multimedia-Anwendungen sind gut. Leistungsfähige Endgeräte, flexible Vermittlungstechnik und Hochleistungsnetze sind in Deutschland weitgehend vorhanden; sie werden zügig verbessert. Wo es hier Defizite gibt – und einige Untersuchungen in letzter Zeit haben darauf hingewiesen – liegen sie weniger in der technischen Qualität als vielmehr in Monopol- und Tarifstrukturen, die sich als innovationshinderlich oder zumindest verzögernd in den Weg stellen. Die Bundesregierung hat durch die Postreform I und II den Weg zu Wettbewerb und alternativen Angeboten geöffnet; der für

Forschung zuständige Bundesminister hat keinen Hehl daraus gemacht, daß er größere und raschere Schritte auf diesem Weg der Liberalisierung und des Wettbewerbs für notwendig hält.

Mit großem Interesse habe ich vor vier Wochen das Grünbuch der Europäischen Kommission zur Liberalisierung der Kommunikationsinfrastruktur gesehen. Die Kommission schlägt darin den Mitgliedsstaaten vor, ab 1995 alternative Infrastrukturen für Kabelnetze und für die Bereiche zuzulassen, die schon im Wettbewerb stehen.

Das Forschungs- und Bildungsministerium sieht sich durch das Grünbuch in seiner Position bestärkt, daß die Errichtung und der Betrieb alternativer Netze in der Bundesrepublik raschest möglich erfolgen sollten. Der Ministerrat konnte sich am 17. November leider nicht zu einer Annahme der Kommissionsempfehlungen entschließen. Aus innovationspolitischer Sicht ist daher ein nationaler Alleingang in dieser Frage zu bedenken, und sei es nur in Form von Ausnahmegenehmigungen vom Monopol.

Unser Ministerium setzt sich durch Gespräche mit dem Postminister und der Telekom für den DFN-Verein ein, der eine solche Ausnahmegenehmigung für die Wissenschaft beantragt hat. Eine schnelle positive Entscheidung wäre ein wichtiges innovationspolitisches Signal.

4. Nicht nur die technischen Möglichkeiten für den Einsatz, sondern auch die *gesellschaftlichen* und *wirtschaftlichen* Voraussetzungen für die Nutzung von Multimedia-Anwendungen sind in Deutschland außerordentlich günstig. In zunehmendem Maße sind alle Schichten unserer Bevölkerung nicht nur bereit, sondern auch interessiert, einen steigenden Anteil ihrer Einkommen für Information, Kommunikation und Unterhaltung auszugeben. Der wachsende Bildungsstand erhöht zugleich das Interesse an anspruchsvoller und interaktiver Kommunikation, für die Multimedia-Angebote jenseits z. B. des passiven Fernsehkonsums die richtigen Programmangebote schaffen können. Diese Programmangebote werden sich allerdings nicht – und verstehen Sie das bitte nicht als Beckmesserei – in dem Angebot erschöpfen können, die Filmproduktion der letzten 40 Jahre oder alle Folgen billiger Fernsehserien jetzt auch über Multimedia-Techniken individuell zugänglich zu machen, nachdem sie bereits jetzt in steigendem Maße das Programmangebot der öffentlich-rechtlichen und privaten Fernsehanstalten dominieren. Den verbesserten technischen Möglichkeiten müssen sich innovative Programmangebote zugesellen, wenn sich nicht neuerliche technische oder wirtschaftliche Flops abzeichnen sollen. Nur wenn die potentiellen privaten oder geschäftlichen Nutzer von der Qualität der angebotenen Innovationen überzeugt werden, kann breite Akzeptanz und Nutzung erwartet werden. Dies gilt für Multimedia genauso wie für alle anderen Technikfelder. Von seiten der Programmanbieter ist also mindestens ebensoviel Kreativität und Innovationswillen gefragt wie von seiten der Technikanbieter. Kurz gesagt gilt auch hier: das effiziente Zusammenspiel von Soft- und Hardware wird mitentscheidend sein für den Erfolg von Multimedia.

Von großer Bedeutung werden in diesem Kontext die Ergebnisse der regionalen Pilotprojekte sein, die ab 1995 von verschiedenen Programmanbietern gemeinsam mit der Telekom in unterschiedlicher Trägerschaft die technischen, gesellschaftlichen und wirtschaftlichen Rahmenbedingungen für die breite Nutzung von Multimedia erkunden sollen. In diesen Pilotprojekten werden auch die Wirkungen auf den Familienverbund und auf die sozialen Netze zu untersuchen sein, die zusätzliche Programm- und Informationsangebote auslösen. Wir werden uns auch der öffentlichen Diskussion über die Mediennutzung von Kindern und Jugendlichen in diesem Kontext mit besonderem Ernst stellen müssen. Eine breit angelegte Technikfolgenforschung sollte daher frühzeitig vorgesehen werden. Entsprechende Erfahrungen meines Ministeriums können dabei eingesetzt werden.

Nach all dem bisher Gesagten ist es nur konsequent, daß Multimedia-Techniken in dem kommenden Rahmenkonzept des Bundesministeriums für Bildung, Wissenschaft, Forschung und Technologie mit dem Arbeitstitel "Innovationen für die Informationsgesellschaft" besonderes Gewicht haben werden. Dabei darf es keinen Zweifel geben, daß die Priorität für Aktionen, für technische, wirtschaftliche und finanzielle Verantwortung bei der Wirtschaft liegt und dort auch bleiben muß. Auch die Regierung der USA hat daran bei ihrer vielbeachteten Initiative zu "Information Highways" keinen Zweifel gelassen, und der Bangemann-Bericht der Europäischen Kommission nimmt den gleichen Standpunkt ein. Die Rolle des Staates besteht im Anstoßen und in der Förderung von Pilotprojekten und im Zusammenführen der Akteure aus Wissenschaft, Wirtschaft und Staat zu strategischen Dialogen, die den Ressourcen-Einsatz bündeln und effizient gestalten sollen. Darüber hinaus setzt der Staat Anreize zur Überführung wissenschaftlicher Ergebnisse in die Wirtschaft. Auf allen diesen Feldern ist unser Ministerium in seiner Zuständigkeit für gesellschaftliche und wirtschaftliche Innovation aktiv gewesen; wir wollen diese Aktivitäten verstärkt fortsetzen.

5. Ich wende mich noch einmal den Aktivitäten des BMBWFT zu. Sowohl die Entwicklung der Lichtwellenleitertechnik und der Photonik, wie auch die Nutzung schneller Datennetze in Form des Deutschen Forschungsnetzes haben Voraussetzungen für den heutigen technischen Stand hochentwickelter Informations-Infrastrukturen in Deutschland geschaffen. Durch die von uns in Gang gesetzten Förderinitiativen "Telekooperation Mehrwertdienste" und "Telekooperation-POLIKOM" werden heute schon unter Nutzung bestehender Netze neue Anwendungen für Wirtschaft und öffentliche Verwaltung erprobt.

Im Baugewerbe soll ein Pilotprojekt beispielsweise Attraktivität und Wettbewerbsfähigkeit durch Telekooperation in Form eines mobilen, vernetzten Baustellenbüros verbessern. Der besondere Akzent liegt hier auf der Ausbildung flexibler Netzwerke innerhalb von Baubetrieben und in ihrer Verbindung mit zahlreichen kleineren und mittleren Unternehmen für notwendige Zulieferungen und die Durchführung von Unteraufträgen.

Ich habe schon ausgeführt, daß die europäische Zusammenarbeit von Verwaltung, Forschung und Industrie einen weiteren Anwendungsfall für Telekooperationstechniken bildet. Im Rahmen von vier Verbundprojekten mit unterschiedlichen Schwerpunkten werden Multimedia-Anwendungen in der

Zusammenarbeit von Anwendern, Systemherstellern und Wissenschaft erprobt. Die Erfahrungen sollen auf den gesamten öffentlichen Verwaltungsbereich im nationalen und internationalen Raum übertragbar sein.

Insgesamt wurden bisher für Maßnahmen der innovativen Telekooperation und Telekommunikation durch das BMFT über 380 Mio DM aufgewendet – davon rd. 150 Mio DM für das Deutsche Forschungsnetz, das eine Keimzelle für ein europäisches Wissenschaftsnetz bilden könnte: Einen entsprechenden Vorstoß hat die deutsche Präsidentschaft auf dem informellen Forschungsministergipfel der Europäischen Union im Juli 1994 unternommen.

Die deutschen Vorschläge wurden inzwischen von der EU positiv aufgenommen. Die EU hat sich bereiterklärt, das Europäische Wissenschaftsnetz mit ca. 40 Millionen ECU pro Jahr finanziell zu fördern. Wir werden hier in Brüssel "am Ball bleiben".

Zusätzlich zu den wissenschaftlich-technischen Voraussetzungen müssen auch rechtliche Rahmenbedingungen auf nationaler und internationaler Ebene für die breite Nutzung von Multimedia-Anwendungen geschaffen werden. Hier stellen sich beträchtliche regulatorische Aufgaben für Bund und Länder sowie für die Europäische Union. So sehr die Bundesregierung in den nächsten Jahren daran arbeiten wird, bürokratischen Wildwuchs abzubauen und Regulierungen zu entrümpeln, so wichtig auch sind klare rechtliche Rahmenbedingungen für Investitions- und Planungssicherheit in der Medien- und Informationswirtschaft. Nicht nur die bereits erwähnte Stellungnahme der Kommission zum Grünbuch über die Liberalisierung der Infrastrukturnetze läßt die Dringlichkeit gesetzgeberischen Handelns und die Notwendigkeit klarer rechtlicher Grundlagen für das Gelingen unternehmerischer und technischer Initiativen deutlich werden.

Im Zentrum dieser notwendigen rechtlichen Klärungen stehen die Neufassung des Rundfunkbegriffs und kartellrechtliche Regelungen. Wie Sie alle wissen, sind Rundfunk- und Medienrecht in der Bundesrepublik Deutschland wegen der Kulturhoheit der Länder eine der klassischen Länderkompetenzen. Es wird im Vorfeld europäischer Regelungen daher notwendig sein, in einem intensiven Dialog zwischen Bund und Ländern die Neufassung des Rundfunkbegriffs zu finden, der dem Einsatz und der Nutzung von Multimedia-Techniken als einem neuen Instrument der individuellen Kommunikation in Abgrenzung zum klassischen Rundfunkbegriff Rechnung trägt. Selbstverständlich müssen solche Überlegungen entsprechende Modifikationen des Urheberrechts und des Datenschutzes mit einschließen, um sowohl die berechtigten Interessen von Autoren, Künstlern und Produzenten wie auch den individuellen Persönlichkeitsschutz der Nutzer gegenüber möglicher mißbräuchlicher Kontrollmaßnahmen zu sichern. Schließlich müssen wie bereits erwähnt bei einer Neugestaltung des Rundfunkbegriffs auch Aspekte des Jugendschutzes und des Schutzes vor politischem Mißbrauch der neuen Medien berücksichtigt werden.

Es wäre nicht im Sinne der jetzt in Gang gekommenen Bemühungen um Liberalisierung und mehr Wettbewerb in der Telekommunikation und den Infrastrukturnetzen, wenn damit neue Monopole oder monopolartige Verflechtungen aus der Verbindung von Medienwirtschaft und Telekommuni-

8

kationswirtschaft entstehen würden. Sowohl in den USA wie in Großbritannien, wo dazu bis jetzt die meisten Erfahrungen vorliegen, wird deshalb entsprechenden Vorkehrungen hohe Aufmerksamkeit zugewandt. Auch die EU-Kommission hat die Netze-Liberalisierung zum Datum vom 1. Januar 1998 davon abhängig gemacht, daß bis dahin regulatorische Rahmenbedingungen entwickelt werden müssen. Nur wenn es hier zu berechtigte Interessen ausgleichenden, umsichtigen und tragfähigen gesetzlichen Regelungen zunächst zwischen Bund und Ländern, dann über auch für die Europäische Union kommt, kann das Innovationspotential dieser neuen Medien rasch und umfassend erschlossen werden. Nur dann können Unternehmen und Programmanbieter ermutigt werden, die hohen Investitionen und die Markterschließung zu wagen.

6.   Unser Ministerium ist bereit, diese Gesichtspunkte in den nationalen Dialog von Programmanbietern, Industrie und Anwendern einzubeziehen, auch wenn die gesetzgeberischen Maßnahmen in anderen Ressorts federführend bearbeitet werden müssen. Sollten Modellprojekte sich·für die Erprobung regulatorischer Maßnahmen als nützlich erweisen, kann auch die Förderung derartiger Projekte in Erwägung gezogen werden.

Wir stehen am Beginn einer neuen Phase in der Entwicklung der Industriegesellschaften, die durch die vielseitige und intensive Nutzung von Informationstechniken, durch intelligente Dienstleistungen und Produkte gekennzeichnet sein wird. Bundeskanzler Dr. Kohl hat in seiner Regierungserklärung vom 23. November 1994 betont, daß es sich bei den neuen Kommunikationstechniken um die Wachstumsmärkte der Zukunft mit Hunderttausenden neuer Arbeitsplätze handele. Schon heute ist die Informations- und Medienwirtschaft neben der Tourismusbranche weltweit der größte Wirtschaftszweig; die gegenwärtigen Steigerungsraten lassen eine Verdoppelung in den nächsten 10 Jahren erwarten.

Nicht nur diese quantitativen Größenordnungen, sondern vor allem die qualitativen Veränderungen, die alle Bereiche der Wirtschaft und der Gesellschaft erfassen werden, machen es erforderlich, mit großer Intensität die Chancen und Entwicklungsperspektiven der Multimedia-Welt zu diskutieren und die darin enthaltenen Zukunftsperspektiven auszuloten. Ich wünsche Ihnen für die kommenden beiden Tage einen intensiven Informations- und Erfahrungsaustausch im Interesse der zukunftsorientierten Entwicklung von Forschung, Informationswirtschaft und im Interesse der wirtschaftlichen und gesellschaftlichen Entwicklung in Deutschland.

Multimedia – was ist das, wer will das, wie macht man das ?

Michael Salmony

Zusammenfassung:

Da die Frage „Was ist Multimedia" anhand der inflationären Nutzung des Begriffes nicht zu klären ist, werden hier statt dessen insbesondere die potentiellen Chancen und die Realisierbarkeit von zukünftigen – oft als „multimedial" bezeichneten – Anwendungen diskutiert. Multimedia wird hier als Oberbegriff der Bestrebungen zur Annäherung an „menschen-gerechte Nutzung von Computern" gesehen. Daß hierfür ein großer Bedarf – und damit Markt – besteht, ist heute unumstritten. Keine Einigkeit herrscht jedoch darüber, was die Multimedia „Driver" Anwendung sein wird (vgl. Spreadsheets waren die Driver-Anwendung, die die PC-Revolution auslöste). Hier wird die These vertreten, daß bisherige Multimedia Systeme (Kiosks, Point-of-Information, Point-of-Learning, Verkaufsunterstützende Systeme usw.) lediglich ein Zwischenschritt, eine Fortführung klassischer Anwendungen nur mit neuem Stand der Technik sind. Die Chance für die Multimedia-Revolution, der Durchbruch der Neuen Technik, die Auswirkungen von der Arbeitswelt bis in die Privatsphäre haben kann, besteht jedoch am ehesten beim „Interaktiven Fernsehen", die Anwendung der Information Highway.

Die „Definition" des Begriffes Multimedia reicht vom technischen bis zum künstlerischen. Der Techniker definiert Multimedia als „die rechnergesteuerte Integration von isochronen und anisochronen Medien" [1] (anisochron = zeitunkritisch = Text, Grafik; isochron = zeitkritisch = Audio, Video). Auch in der Kunst wird der Multimedia Begriff bei der Kombinierung verschiedener Medien eingesetzt, dort allerdings eher z.B. bei Performance/Installationen mit Fernsehgeräten. Dazwischen liegen EDV-Anbieter, die jeden PC, der mit CD-ROM und Lautsprecher ausgestattet ist, als Multimedia-PC deklarieren. Innerhalb dieser breiten Spanne scheint also heute jede Nutzung des Modewortes Multimedia erlaubt.

An dieser Stelle bevorzugen wir eher einen Marketingansatz: Multimedia wird als Oberbegriff der Bestrebungen zur Annäherung an die „menschen-gerechte Nutzung von Computern" gesehen. Dies erfolgt heute indem beispielsweise Sprachkurse auch auditiv angeboten werden (d.h. mit gesprochenem Wort, nicht nur zu lesendem Text), Arbeitsanleitungen praktisch vorgeführt werden (d.h. mit Videos) und dies mit den Möglichkeiten der Computersteuerung kombiniert werden (d.h. Interaktion, Querverweise, intelligente Hilfe usw.). Multimedia wird also als Entwicklungsstufe zwischen „alten" Textbasierenden Anwendungen und „futuristischen" Anwendungen (s. immersive virtual reality) gesehen, bei denen der Benutzer zunehmend weniger die Technik sieht, sondern sich direkt auf die Lösung seiner Aufgabe konzentrieren kann.

Da es technisch noch lange nicht möglich sein wird, den Benutzer in ein Klassenzimmer zu versetzen mit simuliertem persönlichen Lehrer, der voll auf seine individuellen Anforderungen eingeht, wird als Zwischenschritt das „Multimedia" Lernsystem eingesetzt, das ihm wenigstens den Kfz-Mechaniker-Kurs mit demonstrativen Handgriffen auf Video und Motorklopfgeräuschen in voller Lautstärke präsentiert. Dieser deutliche Fortschritt gegenüber früheren Lernanwendungen auf Textbasis zur heutigen menschengerechteren Nutzung von Informationssystemen definiert unseres Erachtens den qualitativen Unterschied zur Datenverarbeitung der letzten Generation und beschreibt damit den Kern des Begriffes „Multimedia".

2 Wer will Multimedia?

Je nach Auslegung des Begriffes Multimedia (s.o.) sind unterschiedliche Prognosen über die Marktakzeptanz von Multimedia Systemen verfügbar [2,3,4].

Keine Einigkeit herrscht insbesondere darüber, was die Multimedia „Driver" Anwendung sein wird (vgl. Spreadsheet war die Driver-Anwendung, die die PC-Revolution auslöste). Hier wird die These vertreten, daß bisherige Multimedia Systeme (Kiosks, Point-of-Information, Point-of-Learning, Verkaufsunterstützende Systeme usw.) - zuerst „stand-alone", dann vernetzt – einen natürlichen und notwendigen Migrationspfad darstellen, indem sie eine Fortführung klassischer Anwendungen auf neuem Stand der Technik realisieren. Dies kann aber nur ein Zwischenschritt sein. Die Chance für die Multimedia-Revolution, der Durchbruch der Neuen Technik, die Auswirkungen von der Arbeitswelt bis in die Privatsphäre haben kann, besteht u.E. jedoch am ehesten beim „Interaktiven Fernsehen", die Anwendung der Information Highway.

„Interaktives Fernsehen" (auch mit PC als Endgerät !) wird hier gesehen als der Oberbegriff über das breite Spektrum, der u.a. in [5] näher erläuterten Begriffe:

Für den privaten Nutzer
- Pay-per-View   (Nutzungsabhängige Bezahlung des Fernsehens)
- Near Video-on-Demand   (Vorgegebener Sendeinhalt, freiere Sendezeit)
- Video-on-Demand   (Inhalte und Zeit frei wählbar)
- Home Shopping   (Online-Katalog, Hintergrundinfos, Bestellung)
- Mass Customisation   (z.B. Benutzerindividuelle Zeitung)
- Spiele   (Download zu Konsole/interaktiv mit entferntem Partner)
- Informations Dienste   (Multimedia-Btx)

Für den geschäftlichen Nutzer (s. u.a. Anwendungen in [7])
- Teleconferencing   (am Arbeitsplatz)
- Telekooperation   (gemeinsames Arbeiten, s. CSCW)
- Telelearning   (mit entferntem Experten und/oder Rechner)
- Mobile Worker   (Arbeit von unterwegs, von Zuhause, beim Kunden)
- Fernwartung/diagnose   (Problem und Experte räumlich getrennt)
- Online-Dienste   (Datenbanken, intelligente Suchsysteme)

In der Öffentlichkeit werden vielfach die Entertainment/Consumer Dienste in den Vordergrund gestellt. Es wird aber mindestens das gleiche Potential bei den geschäftlichen Nutzungsszenarien gesehen, insbesondere da hier weniger Kostensensitivität besteht, bzw. die Kosten gegen Nutzen/Einsparungen klarer abgewogen werden. Außerdem existieren im Büro bessere Infrastrukturen (PCs, lokale Netze) als Zuhause. Heute weiß aber trotz aller Studien [z.B. 6] noch keiner, ob die privaten oder geschäftlichen Dienste besonders erfolgreich sein werden und welche der o.g. Unterformen den evtl. Erfolg begründen werden. Die Unsicherheit gilt insbesondere im Consumerbereich, wo Vorhersagen erfahrungsgemäß besonders fehleranfällig sind. Um die Frage zu beantworten, welche Dienste erfolgreich sein könnten, d.h. künftig gegen Geld abgerufen werden, stehen potentiell Umfragen der möglichen Nutzer oder auch Zukunftsprojektionen aus aktuellen Erfahrungen zur Verfügung. Umfragen werden aber erfahrungsgemäß wenig realitätsgetreu beantwortet und die Branche ist voller Beispiele von falschen Vorhersagen, die auf dem damaligen Erfahrungsstand basierten, über die zukünftige Nutzung neuer Systeme. Da diese Ansätze nicht weit führen, bleibt als einzige erfolgversprechende Alternative der repräsentative Pilotversuch. Die später erfolgreichen Dienste können zuverlässig nur im Rahmen von realen, kostenpflichtigen, großflächigen Akzeptanz-Pilotversuchen identifiziert werden, damit die Resourcenverteilung bei der Erstellung kommerzieller Dienste optimiert werden, das Finanzierungsmodell entsprechend gestaltet und die Anforderungen an eine erfolgversprechende Tarifierung abgeleitet werden können.

Mögliche Erfolgsfaktoren für zukünftige erfolgreiche Dienste könnten sein:
- Guter Preis im Vergleich zu konkurrierenden Angeboten (d.h. das on-Demand abgerufene Video darf nicht teurer als die Video Ausleihe sein)
- Positive Differenzierung (added value) gegenüber „normalen" Kabel/Satelliten TV, VCR, Btx, Telefon usw.
- Extrem leichte/spielerische Nutzung
- Akzeptanz und Unterstützung durch Anbieter

Eine (evtl. stark klischee-orientierte) Projektion für die zukünftige Nutzung von Diensten differenziert nach Alter und Geschlecht in der Familie:
- Der Vater wird seine Arbeit zunehmend mobil verrichten, d.h. unterwegs per Laptop, Zuhause per PC+Modem/TV+Set-top-box
- Die Kinder werden interaktive online-Videospiele abrufen.
- Zuhause werden Vater und Sohn vornehmlich Filme abrufen - es ist zu hoffen, nicht nur in den Sparten Sport, Sex, Crime
- Mutter und Tochter werden Home Shopping nutzen
- die ältere Generation werden die neuen Dienste nicht nutzen.

Inzwischen gibt es aber auch Hinweise, daß gerade die ältere Generation Interesse an dem neuen Medium hat (Bildtelefonie mit Sozialbetreuer, Abruf alter Filme), daß durch Telearbeit neue Chancen für die Vereinbarung von Familie und Beruf insbesondere für Frauen entstehen und daß sich auch die jüngere Generation nicht nur Spiele, sondern gerne auch gut gemachte interaktive Lernprogramme zur Unterrichtsunterstützung „reinzieht" – und damit evtl. einige Rollenklischees zu überdenken sind.

3 Wie macht man das?

Es gibt eine sehr große Zahl technische und nicht-technische Fragen, die vor der großflächigen Einführung dieser neuen Dienste zu beantworten sind. Daher werden die insgesamt zu klärenden Punkte hier nur stichworthaft aufgeführt. Übergreifend läßt sich sagen, daß die Lösung der technischen Fragen inzwischen weit vorangeschritten ist, während viele der nicht-technischen Fragen noch grundsätzlicher Klärung bedürfen.

3.1 Technische Fragen

Zu den technischen Problemen gehören insbesondere:
* Bereitstellung der Inhalte auf Abruf an Servern
* Verbreitung intelligenter Video-Endgeräte
* Schaffung einer Netzinfrastruktur für jeden Benutzer mit
  * Breitbandigem individuellem Hinkanal zu jedem Benutzer
  * Rückkanal von jedem einzelnen Benutzer zu den Informationsanbietern.

3.1.1 Server

Typischerweise verteilte, parallele, skalierbare Datenbanken mit digitalisierten, komprimierten „Medien Inhalten" d.h. Filme, Texte, Bilder und Musik. Außerdem Zugänge zu rechnergestützten Online-Diensten für Interaktive/Buchungs-Dienste, beispielsweise für Home Shopping. Das wesentliche Problem liegt weniger in der Technik, sondern im kommerziellen Aufwand für die Digitalisierung und Komprimierung der Video-Medien sowie in den Investitionen für die Bereitstellung der beträchtlichen erforderlichen Speicherkapazität (ca. 2 GigaByte pro Spielfilm)

3.1.2 Endgeräte

Um die neuen Medien zu nutzen, müssen intelligente Endgeräte in den Haushalten und Büros installiert werden, die die Wünsche des Benutzers an den Informationsanbieter zu kommunizieren vermögen und die ankommenden komprimierten, verschlüsselten Informationen für den Benutzer aufbereiten können. Hierfür eignet sich insbesondere der PC, der evtl. video- und netzwerkfähig gemacht werden muß. („Interaktives *Fernsehen*" ist also ein − leider schon eingeführter − Misnomer.) Im Privatbereich ist aber die klare Alternative der Fernseher mit einem intelligenten Zusatz (auf dem TV-Set sitzende „Set-top-box"). Evtl. wird das Endgerät der Zukunft ein Hybrid zwischen dem zunehmend intelligenten Fernseher und dem zunehmend Video-fähigen PC sein: eine Verschmelzung zwischen Rechner, TV, Stereoanlage, Faxgerät, Spielekonsole und Telefon.

3.1.3 Netzinfrastruktur - Was ist die Information Highway ?

Die problematischste Frage ist, wie eine Telekommunikations-Infrastruktur zwischen allen Teilnehmern und allen Inhaltsanbietern zu schaffen ist. Erforderlich ist pro Benutzer ein individueller, video-fähiger (d.h. breitbandiger) Hinkanal sowie ein Rückkanal (für die Anmeldung des Filmwunsches, Kreditkartennr. bei Käufen usw.). Für den Hinkanal sind, selbst mit den heutigen besten Kompressionsstandards (MPEG-2), mindestens 4 Mb/s pro Teilnehmer für die Übertragung von Videos in TV-Qualität erforderlich.

Erforderlich ist also die „Information Highway" mit folgender Spezifikation: kostengünstig (auch für Privatpersonen), tauglich für individuelle Echtzeit-Video-Übertragung (4 Mb/s), bidirektional, benutzerfreundlich.

Um einigen Irrglauben entgegenzutreten, seien hier einige oft zitierte „Lösungskandidaten" aufgeführt, die o.g. Kriterien *nicht* genügen:

Die Übertragung eines Spielfilmes über 50km via *ISDN* kostet DM 2053 und dauert knapp 3 Tage. ISDN ist also weder aus Geschwindigkeitsgründen noch aus Kostengründen die Lösung - insbesondere nicht für Privatpersonen.

Das *Internet* ist zwar eine Keimzelle dieser Entwicklung aber oft können nur Profis die Inhalte auffinden, die Übertragungsgeschwindigkeiten sind meist für Texte, nicht für Videos, ausgelegt und selbst die 25 Mio weltweiten Teilnehmer stellen nur einen kleinen Teil der künftig global zu erreichenden Personen dar.

Datex-M/ATM/B-ISDN sind z.Zt. noch in der Phase der punktuellen Erprobung, könnten aber künftig genau den gesuchten Dienst ideal darstellen - wenn Flächendeckung erreicht ist und die heutigen tentativen Tarife (bei 155 Mb/s: 64.000 DM/Monat + 8.500 DM/Stunde) überdacht werden.

Auch *Satelliten*übertragung bietet hier nicht die Lösung, da es sich hier um ein klassisches Broadcastmedium handelt (alle erhalten den gleichen Inhalt), das beim individuellen ITV-Dienst ja gerade nicht gewünscht wird. Außerdem sind beim Satelliten die Anzahl der Kanäle stark begrenzt (wg. Solar Stromversorgung) und Rückkanäle sind nur mit erheblichem Aufwand (d.h. Kosten für große Sendeschüsseln) bei den Endteilnehmern einzurichten.

Anstatt dessen wird die Netz-Infrastruktur für Interaktives Fernsehen - die Information Highway – aus dem bestehenden *Telefonnetz* (evtl. mit ADSL Datenkompression, um Videoübertragung darauf zu ermöglichen), aus dem *Kabelfernsehnetz,* sowie – nach Verfügbarkeit – aus *Glasfaser*strecken gebaut werden.

3.2 Nicht-Technische Fragen

Zu den eingangs erwähnten - vielfach absolut ungeklärten - nicht-technischen Problemen gehören in Stichworten insbesondere:
- Gesellschaftliche Auswirkungen (Risiken: Couch Potato, Erleben aus 2. Hand, Isolation, Bildungsniveau, Trennung in Have's und Have-not's, „Berlusconisierung", Datenschutz; Chancen: für Kontaktpflege, Zugriff auf alle Informationen, Vereinbarkeit von Familie und Beruf, Realisierung individueller Freiheiten angesichts bisher vorge

fertigter TV-Programme und Zeitungen bis hin zur Freiheit von Ladenöffnungszeiten, Umweltentlastung)
- Rechtliche Begriffs- und Verantwortungsklärung
  - Ist Video-on-Demand „Rundfunk"?
    (Landesmedienanstalten, Länderhoheit, Staatsvertrag, ...)
  - Ist Home Shopping „Werbung"?
    (dann ist Werbung nur 1 Stunde/Tag/Kanal erlaubt)
- Günstige Tarifierung von individuellen Breitbanddiensten (s.u.)
- Klärung der Rechte auf digitalisierte (und evtl. digital bearbeitete) Medien
- Liberalisierung und offener Zugang (ONP) zur Netzinfrastruktur

An dieser Stelle eine Anmerkung zu Tarifen/Liberalisierung/Wettbewerb:

Die Absenkung der Telekommunikationstarife in Deutschland ist unerläßlich für die Entwicklung von neuen Diensten. Dies ist nicht nur im Interesse der Endbenutzer, der Wirtschaft, der Medienunternehmen, der IT-Konzerne und des Standortes Deutschland, sondern insbesondere auch im Interesse der DBP Telekom selbst. Letzteres mag überraschend erscheinen, entspricht aber den internationalen Erfahrungen [8]. Auch erste Erfahrungen in Deutschland zeigen, daß alle – auch und insbesondere DBPT – vom Wettbewerb profitieren. Z.B. verfügte sie zum Zeitpunkt der D-Netz-Lizenzvergabe über ca. 250 MDM Jahresumsatz als Mobilfunk-Monopolist; heute dürfte die DeTeMobil, trotz Konkurrenz, bei einem Marktanteil von ca. 72% (C+D1), ca. 3,2 Mrd DM Umsatz erwirtschaften. Preissenkungen werden also aufgrund einer preiselastischen Nachfrage vom Umsatzwachstum überkompensiert. Da drei Netzbetreiber den Markt schneller entwickeln als ein Monopolist, profitiert der am meisten, der schon investiert hat und dessen Infrastruktur am weitesten entwickelt ist – in Deutschland die DBPT. Siehe England: British Telecom hält – ein Jahrzehnt nach der Marktöffnung – ca. 92% Marktanteil des heute inzwischen verdoppelten britischen Telefondienstmarktes (Mercury: ca. 8%) und hat durch die Liberalisierung also auch massiv gewonnen. Die DBP Telekom hat also die besten Chancen bei der Liberalisierung und Tarifreduzierung deutlich zu profitieren – und zwar mehr als die potentiellen Mitbewerber. Insbesondere da sie über eine weltweit einmalige Infrastruktur (Telefon, Daten, TV-Kabel, Glasfaser-Netze) verfügt.

4 Zusammenfassung

Die Technik für die Einführung von Interaktivem Fernsehen ist weit fortgeschritten. Offene Fragen gibt es insbesondere zu der Akzeptanz dieser neuen Kommunikationsform durch die breite Öffentlichkeit: was wird angenommen, wieviel wird man bereit sein dafür zu zahlen ? Auf diese Fragen sollen die internationalen Pilotversuche Antworten geben. Weiteren offenen Fragen obliegt die Klärung insbesondere durch Politiker und Juristen. Eines aber ist sicher: die technischen, wirtschaftlichen und gesellschaftlichen Herausforderungen lassen sich nur im Verbund innerhalb der Industrie (IT, Netz, Medien) und der Gesellschaft (Öffentlichkeit, Politik, Wissenschaft) bewältigen. Wünschen wir uns allen viel Erfolg dabei.

Literatur

1. „Multimedia Technologie – Einführung und Grundlagen",
   Ralf Steinmetz, Springer Verlag, 1993
2. „The Desktop Multimedia Bible",
   Jeff Burger, Addison-Wesley, 1993
3. „Multimedia – Das Handbuch für Interaktive Medien",
   HighText Verlag, München, 1993
4. „European Multimedia Yearbook 1994",
   Interactive Media Publications, London, England
5. „Interaktives Fernsehen", Michael Salmony
   in: Tagungsband „Rundfunk-Marketing",
   Hrsg. PRO5 Ulrike Reinhard, Heidelberg, 1994
6. „Interactive Television – The Market Opportunity",
   OVUM Ltd., London, England, 1994
7. „Europe and the Global Information Society",
   Recommendations to the European Council
   by the High-Level Group on Information Society, 1994
8. „Die Telekommunikations-Infrastruktur in Deutschland im internationalen
   Vergleich", Telecom Consult Bernd Jäger, Bericht für den Projektträger
   Informationstechnik des BMFT, 1994

Neue Märkte durch Multimedia –
Chancen und Barrieren

Tom Sommerlatte

Die zunehmende Bedeutung großer Wirtschafts- und Kulturräume wie der Europäischen Union, der Triade, der Asean-Staaten, die zunehmenden wirtschaftlichen und polito-soziologischen Verflechtungen, aber auch die wachsende Dynamik der Wirtschaft und der gesellschaftlichen Veränderungen haben dazu geführt, daß *Mobilität, Interaktivität* und umfassende *Infrastrukturen* zu entscheidenden Faktoren unseres Lebens geworden sind.

Mit den Anforderungen an Mobilität und Interaktivität können telekommunikative Infrastrukturen besser Schritt halten als physische – daher ist *Vernetzung* zum Schrittmacher der weiteren wirtschaftlichen Entwicklung geworden, Vernetzung nicht nur zwischen geographischen Standorten und sich bewegenden Kommunikationspartnern, sondern auch zwischen verschiedensten Formen von Information. Über *multimediale Produkte und Dienste*, die diesen Anforderungen gerecht werden, lassen sich daher noch unabschätzbare neue Märkte und Anwendungen erschließen (siehe Abbildung 1).

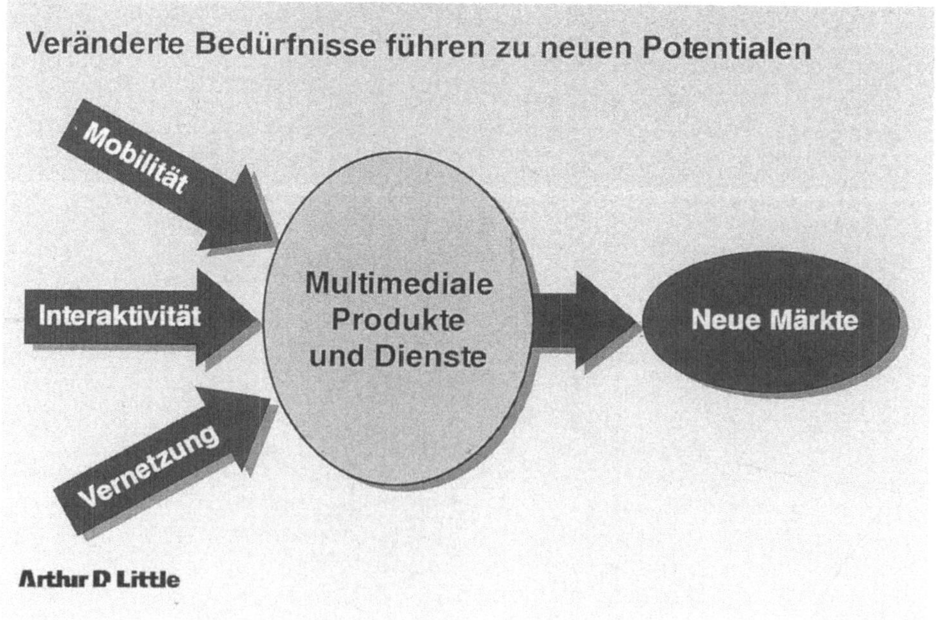

Abb. 1

Multimediale Produkte, Systeme und Anwendungen entstehen, wenn sich die Welten der Computertechnik, der Unterhaltungselektronik und der Telekommunikation vereinen (siehe Abbildung 2), ein Prozeß der aufgrund der immer größeren technologischen Möglichkeiten und der hohen Bedarfspotentiale heute beschleunigt stattfindet:

- Die Überlappung von Computertechnik und Telekommunikation hat Local and Wide Area Networks, digitale integrierte Netze, E-Mail und PC-Gemeinschaften wie INTERNET ermöglicht,
- die Überlappung von Computertechnik und Unterhaltungselektronik führte zu dem Boom der Computerspiele und der interaktiven CD-Systeme,
- die Überlappung von Unterhaltungselektronik und Telekommunikation ermöglichte das explosionsartige Wachstum des Telefax, des Mobilfunks, des Kabel- und Satelliten-TV und seit einiger Zeit auch der Videokonferenzen
- und schließlich, im zunehmenden Überlappungsbereich von allen dreien, der Computertechnik, der Unterhaltungselektronik und der Telekommunikation, sind interaktive Dienste verschiedenster Art, Video auf Abruf und personenspezifische Dienstleistungen (PDA) im Entstehen.

Diese neuen Produkte, Systeme und Anwendungen setzen das Zusammenwirken von bisher weitgehend unabhängigen Industrien voraus (siehe Abbildung 3), wobei ein Konglomerat von Produkten und Diensten in der einen Dimension und von Hardware, Software und Inhalten in der anderen Dimension aufeinander abgestimmt werden müssen.

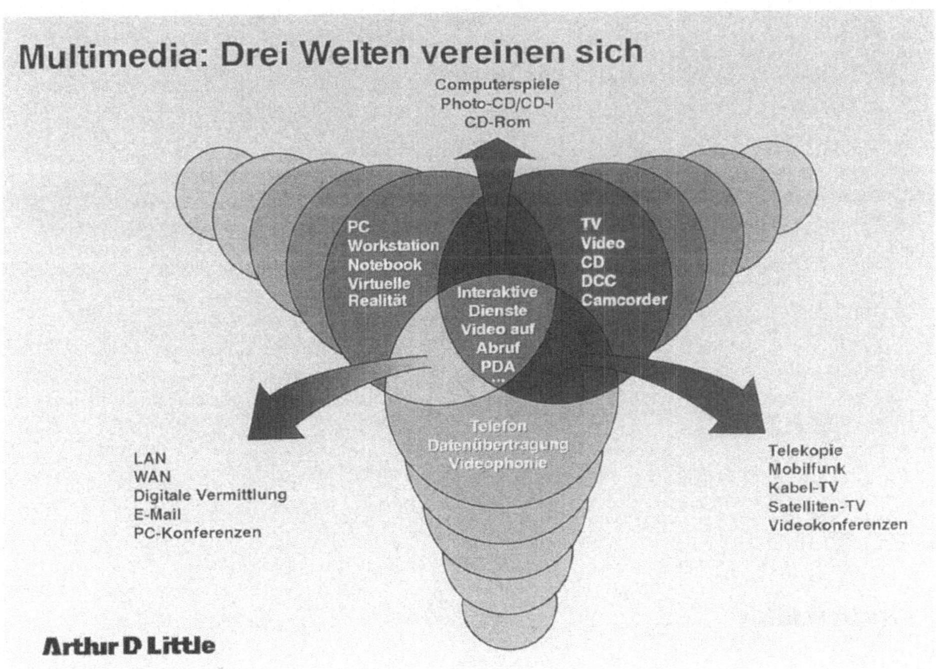

Abb. 2

Neue Produkte durch Synergien
Dienste
Telekommunikation
Medien und Unterhaltung
Telecomputing
Mobile Arbeitnehmer
Computer
Interaktive Medien
Interaktive Unterhaltung und Weiterbildung
Unterhaltungselektronik
Integriertes Büro
Technische Büroausstattung
Produkte
Hardware
Software
Inhalt
Arthur D Little

Abb. 3

Die neue Wertschöpfungskette
Informations-anbieter
Dienste-anbieter und Verpacker
Technologie-plattform-hersteller
Netzbetreiber
Endgeräte-hersteller
Kunde
Rolle
generiert Information
verpackt und verkauft Information
stellt die erforderliche Infrastruktur her
transportiert Daten
stellt die Endgeräte und die Benutzerober-fläche her
Beispiele
Bücher, Musik, Spiele, Datenbanken
...
Radio-, Fernsehsender, Verlage, On-line-Dienste
...
Video-Server, Vermittlungs-stellen, Übertragungs-einrichtungen
...
Betreiber von Telekommuni-kationsnetzen, Satelliten, Kabelnetzen
...
Unterhaltungs-elektronik, Decoder, Software, Chips
...
Arthur D Little

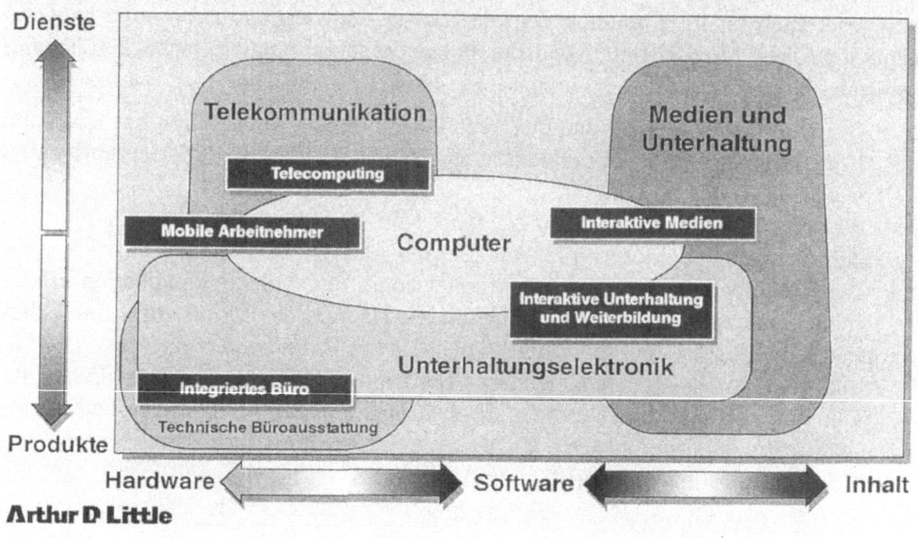

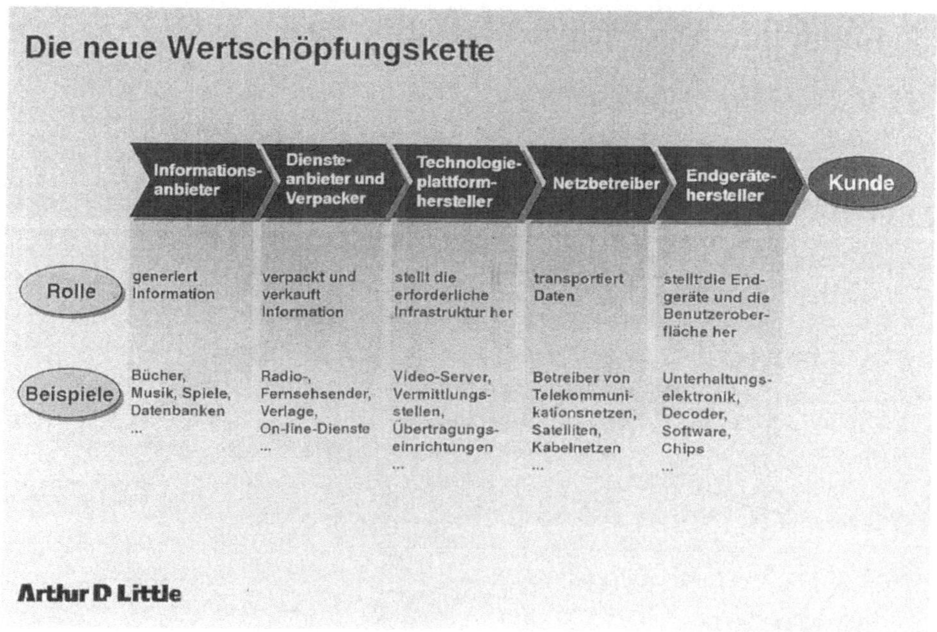

Abb. 4

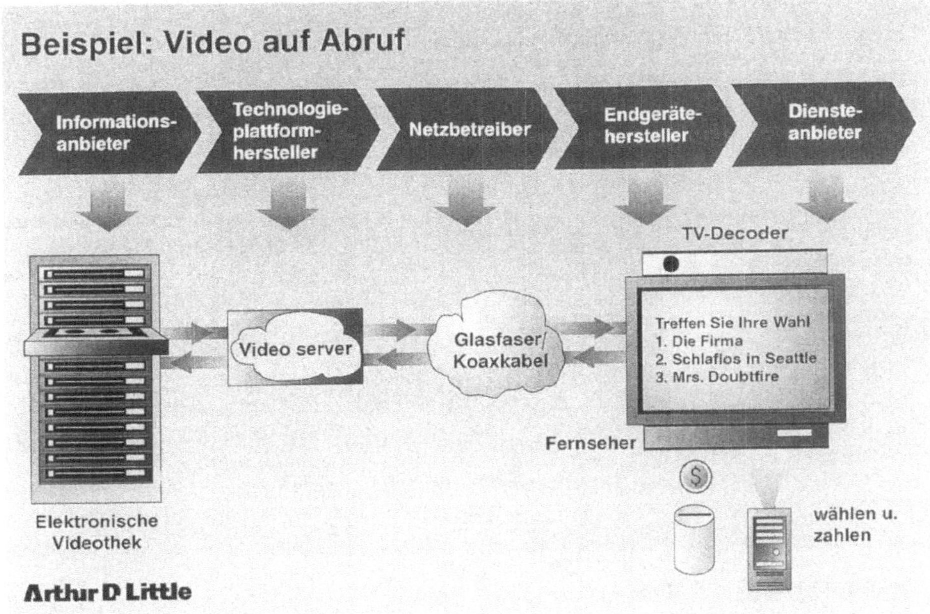

Abb. 5

Am Beispiel des Video-auf-Abruf wird das deutlich (siehe Abbildung 5): Der Informationsanbieter, in diesem Fall der Filmproduzent, erstellt sein Produkt in digitalisierter Form, um es in einer elektronischen Videothek abzuspeichern. Über einen Video-Server und ein Glasfasernetz wird die Verbindung zum Endgerät der Nutzer hergestellt, und über Netzbetreiber und Diensteanbieter werden die in der elektronischen Videothek enthaltenen Produkte auf Abruf bereitgestellt. Der Dienste-anbieter zieht vom Nutzer die Gebühren ein und zahlt seinerseits für die Leistungen der anderen Teilnehmer der Wertschöpfungskette.

Wer spielt hier die erste Geige? Wer wird von dieser Entwicklung am meisten pro-fitieren? Wer wird die Entwicklungsgeschwindigkeit bestimmen?

Vieles spricht dafür, daß die Computerindustrie die dominante Rollen spielen wird, da durch sie die Integration von Telekommunikation, Unterhaltungselektronik und Medien überhaupt erst ermöglicht wird (siehe Abbildung 6).

Die Telekommunikationsindustrie ist durch eine lange Geschichte abgeschotteter Märkte, komplexer Netze und unintelligenter Endgeräte geprägt und tut sich schwer, den Akzent auf die erforderlichen intelligenten Endgeräte zu verlagern. Die Unter-haltungselektronikindustrie hat bisher vergleichsweise unintelligente, isolierte Produk-te auf der Basis simpler Elektronik produziert und verfügt kaum über das Know-how für multimediale Systeme. Und die Medienindustrie war an niedrige Technologie der Produkte und vielstufige Distributionssysteme gewöhnt.

Eine andere Sicht ist aber die, daß für den Erfolg von Multimedia-Anwendungen gar nicht Technologie im Vordergrund stehen wird, sondern der effiziente Zugang zu den Nutzern. Unter diesem Gesichtswinkel würde und könnte die Telekommuni-

Aber: Der Zugang zu Menschen und Informationen ist die zweite Kraft
Unterhaltungs-elektronik
Tele-kommunikation
Digital
Mobil
Breitband
Drahtlos
Telekom Betriebs-Systeme
Intelligente Agenten
Multimedia
Hoch Interaktiv
Computer
Medien und Unterhaltung
Networked games
Personal digital assistants
Personal communicators
Pagers
Cellular phones
Notebooks and sub-notebooks
Docking stations
Online services
E-mail
Internet
Arthur D Little

Abb. 6

Software-Know-how wird die Dynamik bestimmen
Tele-kommunikation
Medien und Unterhaltung
Computer
Unterhaltungs-elektronik
Arthur D Little

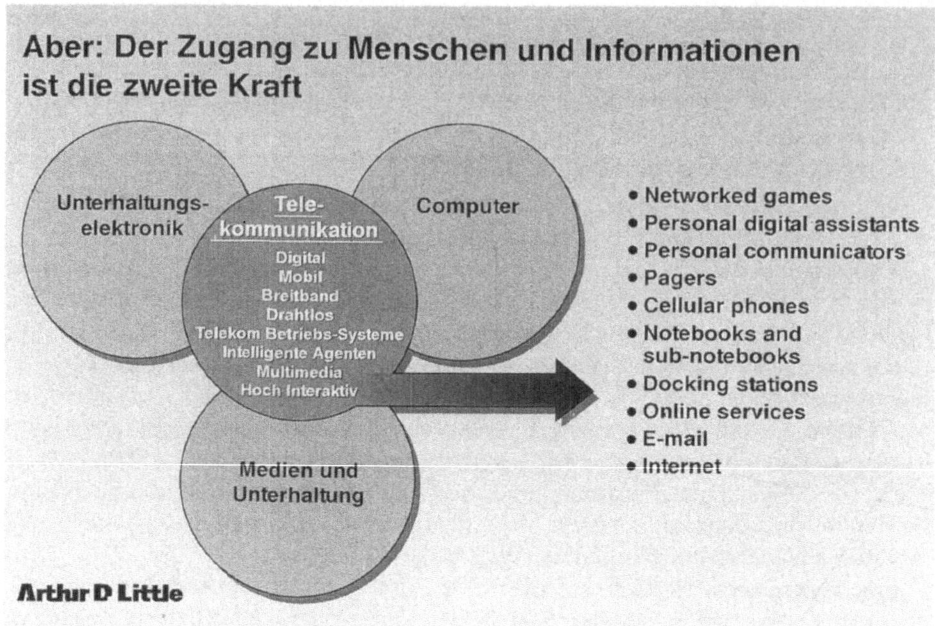

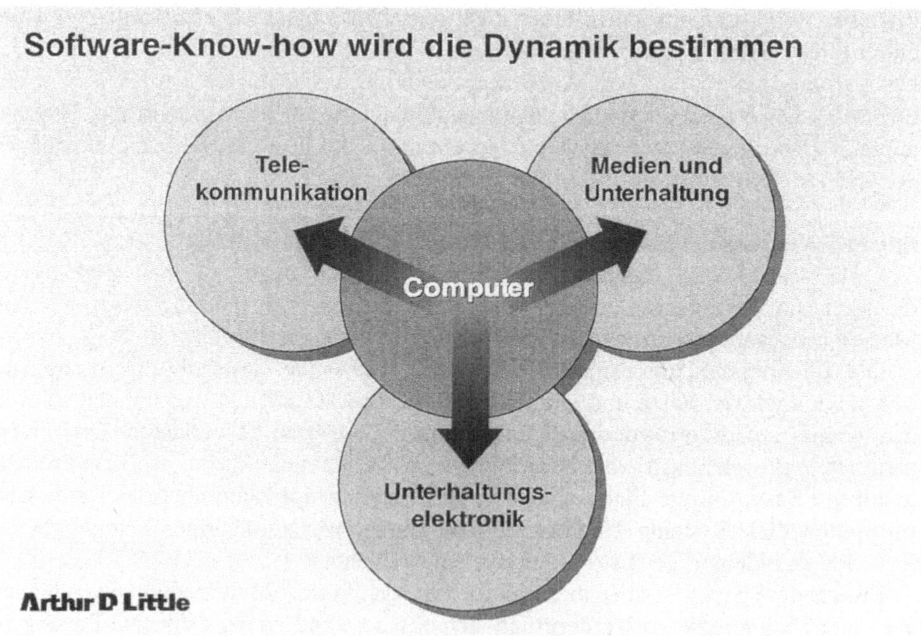

Abb. 7

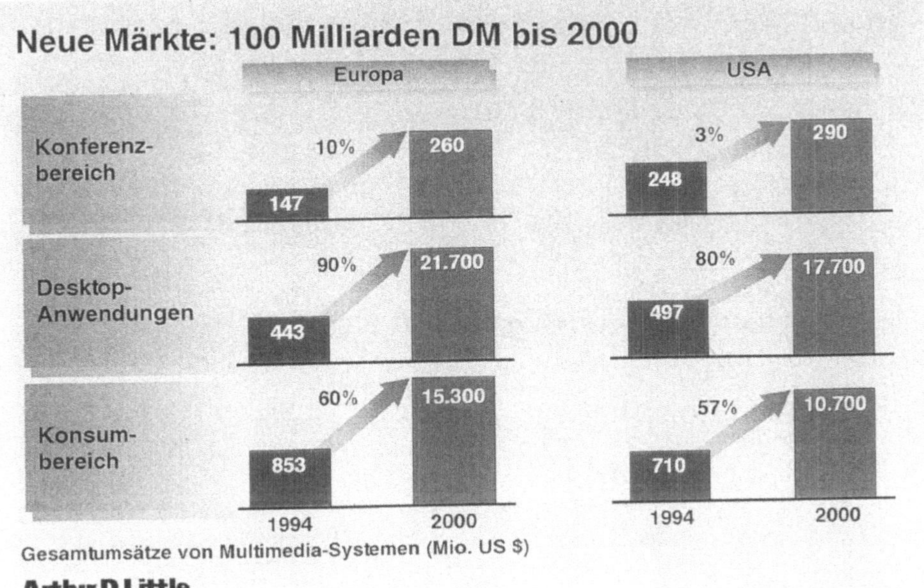

Abb. 8

Die Marktpotentiale sind enorm (siehe Abb. 8), und das gilt besonders für Europa:

- Von 1,5 Milliarden $ Umsatz mit den verschiedenen Formen von Multimedia-Systemen im Jahr 1994 in Europa wird ein Wachstum auf über 37 Milliarden $ im Jahr 2000 vorhergesehen.

Dadurch können 10 Millionen neue Arbeitsplätze in Europa geschaffen werden (siehe Abbildung 9): Teleworking-Arbeitsplätze, neue Arbeitsplätze in der Medienindustrie und im Dienstleistungssektor. Europa muß sich sputen, damit diese Arbeitsplätze nicht in erster Linie in anderen Regionen entstehen!

Zur Zeit herrscht noch der Technology Push vor, der die Multimedia-Entwicklung vorantreibt; zunehmend kommen aber die Kräfte der Wettbewerbsdynamik, der Liberalisierung der Telekommunikationsmärkte und der wachsenden Informationsnachfrage hinzu (siehe Abbildung 10).

Die vielfältigen Kooperationen, Übernahmen, Allianzen und Positionskämpfe in den betroffenen Industrien zeigen, daß die Regatta begonnen hat. Auch das Schiff "Multimedia Europa" hat das Rennen aufgenommen. Erst kürzlich verkündete die Siemens AG, daß sie mit zwei amerikanischen Unternehmen eine technische Kooperation bei Multimedia-Netzen vereinbart hat, um spezielle Lösungen für Telefon- und Kabelfernsehgesellschaften zu entwickeln, vor allem für Video-auf-Abruf.

Aber das Schiff "Multimedia Europa" hat viele Klippen zu umschiffen (siehe Abbildung 11):

- Es fehlt eine europäische Vision für den Information Highway, wie sie in den USA und Japan entwickelt wurde und dort von allen Beteiligten nun gezielt verfolgt werden kann,

10 Millionen neue Arbeitsplätze für Europa

	Europa
● Gesamtarbeitsplatzpotential	> 140 Mio.
↳ 50% Dienstleistungsjobs	> 70 Mio.
↳ 50% Büroarbeitsplätze	> 35 Mio.
● Multimedia-Einfluß	
- Arbeitsplatz-Neugestaltung durch Tele-Commuting/ Teleworking	> 5 Mio.
- Neue Arbeitsplätze in der Medienindustrie	> 3 Mio.
- Neue Arbeitsplätze im Dienstleistungssektor	> 2 Mio.
Σ	> 10 Mio. Arbeitsplätze

Arthur D Little

Abb. 9

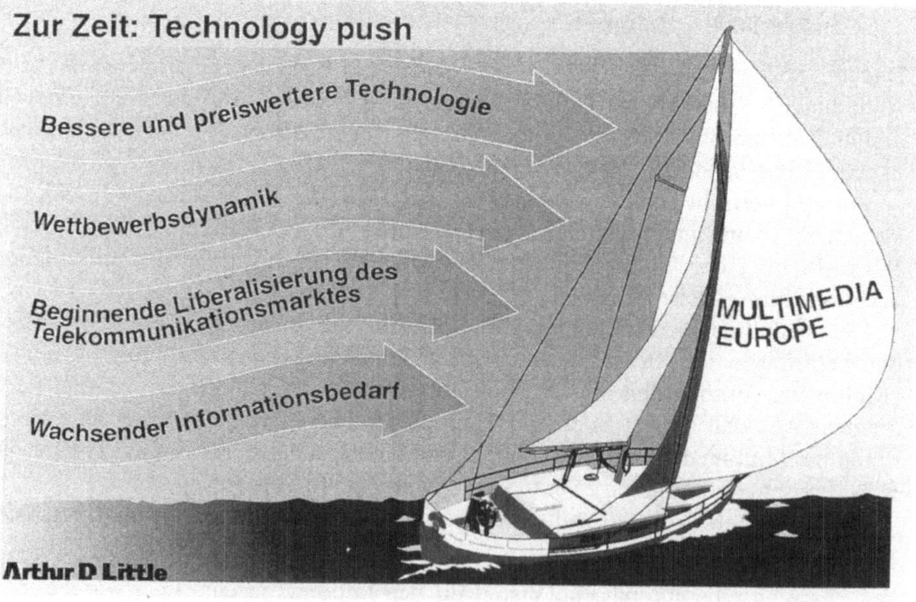

Abb. 10

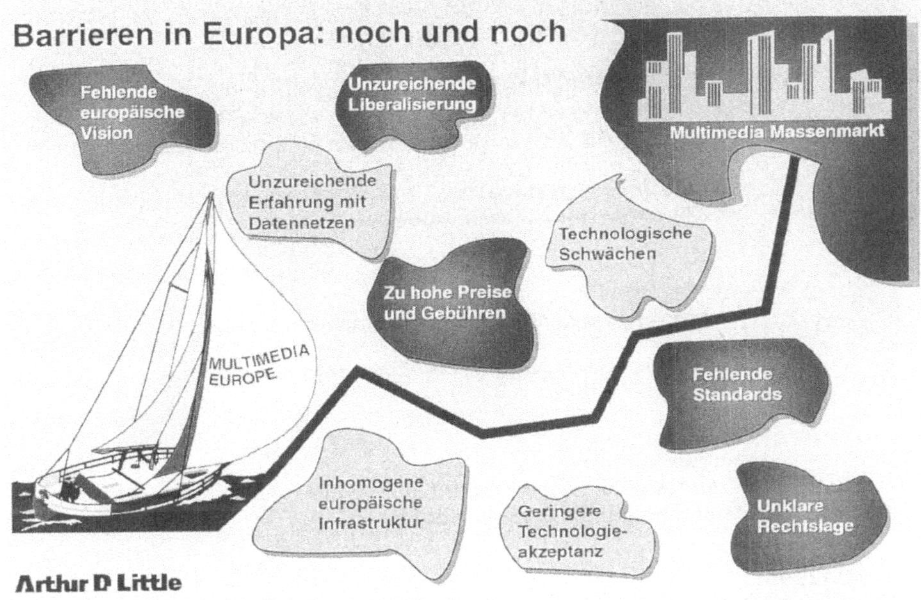

Abb. 11

- die Liberalisierung des europäischen Telekommunikationsmarktes kommt nur schleppend voran,
- die Preise und Gebühren in Europa sind noch zu hoch,
- die Rechtslage in Europa ist komplex und unklar,
- es fehlen europäische Standards, die die Investitionsbereitschaft aktivieren könnten.

Über die unzureichende Erfahrung mit Datennetzen in Europa, die Inhomogenität der europäischen Infrastruktur, die bei uns immer noch geringe Technologieakzeptanz und die bekannten technologischen Schwächen der europäischen Industrie soll hier gar nicht weiter gesprochen werden.

Besonders dramatisch ist das Fehlen einer europäischen Vision für den "Information Highway" (siehe Abbildung 12). Für eine solche Vision ist politische Führerschaft erforderlich, um Politik, Wirtschaft und Wissenschaft auf ein gemeinsames zukunftsweisendes Konzept einzuschwören. In den USA hat denn auch die Regierung Clinton die Telefonnetz- und Kabelnetzbetreiber sowie die Plattformhersteller zusammengeführt, um Investitionen in Milliardenhöhe in eine National Information Infrastructure-Initiative zu kanalisieren. In Japan besteht der nationale Plan, bis zum Jahr 2010 alle Haushalte an ein landesweites Glasfasernetz anzuschließen. Der TV-Markt soll für ausländische Investoren geöffnet werden.

In Europa findet dagegen bisher weder eine ausreichende Aufklärung der Öffentlichkeit über die Bedeutung von Multimedia und Datenautobahnen statt, noch ergreifen die Regierungen auf nationaler oder, was noch sinnvoller wäre, auf

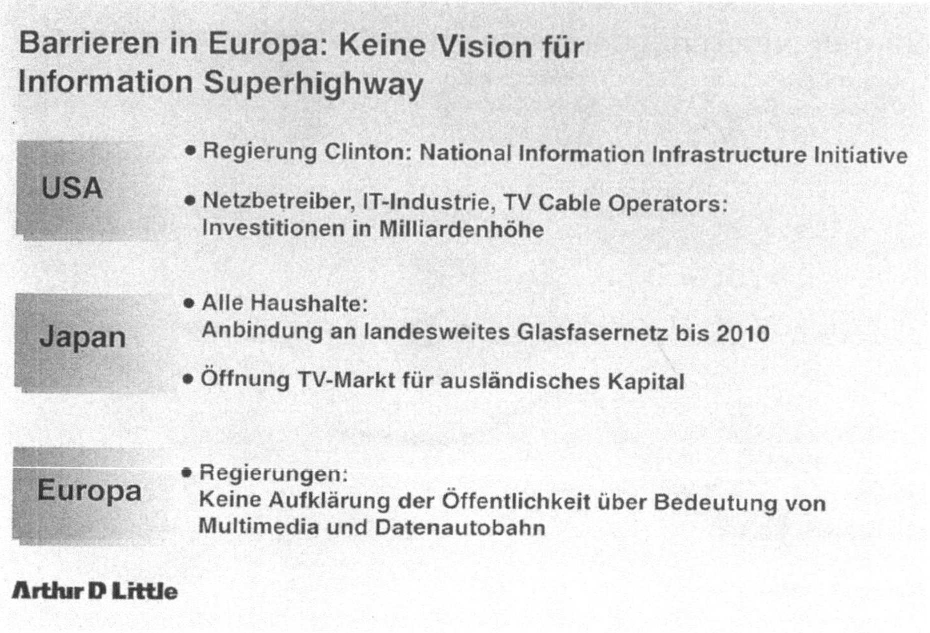

Barrieren in Europa: Keine Vision für Information Superhighway

USA
- Regierung Clinton: National Information Infrastructure Initiative
- Netzbetreiber, IT-Industrie, TV Cable Operators: Investitionen in Milliardenhöhe

Japan
- Alle Haushalte: Anbindung an landesweites Glasfasernetz bis 2010
- Öffnung TV-Markt für ausländisches Kapital

Europa
- Regierungen: Keine Aufklärung der Öffentlichkeit über Bedeutung von Multimedia und Datenautobahn

Arthur D Little

Abb. 12

europäischer Ebene die Initiative, um die europäische Industrie zu unterstützen und anzuspornen. Europäische Firmen weisen denn auch inzwischen klare Schwächen bei wichtigen Multimedia-Bausteinen auf: Bei TV Set Top Boxen, bei Video Servers, bei Personal Digital Assistants. Etwas erfreulicher sieht es beim Mobilfunk, bei CD-ROMs und bei der CD-I-Technologie aus.

Aber die Bedingungen des Telekommunikationsmarktes in Europa sind immer noch höchst uneinheitlich (siehe Abbildung 13): Wenngleich die Deregulierung in Bewegung geraten ist, liegt Europa gegenüber den USA noch weit zurück. In den USA hat sich durch den Wettbewerb der Regional Bells und der anderen Long Distance Carriers eine Dynamik entwickelt, wie wir sie in Europa lediglich in England finden. England stellt als bisher einziger deregulierter Telekommunikationsmarkt in Europa ein Musterbeispiel dar: Der Wettbewerb von 5 Netzanbietern für Mobilfunk hat dazu geführt, daß eine Vielzahl von neuen Mobilfunkdiensten entstanden ist und bereits 2 Millionen Teilnehmer gewonnen wurden.

Alle anderen Länder in Europa befinden sich erst auf dem Weg zu einer Liberalisierung und Privatisierung ihres Telekommunikationssektors. Das Gesamtbild ist daher in starkem Maß fragmentiert, von einem europäischen Telekommunikationsmarkt kann noch nicht die Rede sein. Unter diesen Umständen wird sich auch ein europäischer Multimedia-Markt nur schleppend entwickeln können.

Wenn wir uns die Ausrüstung der Haushalte mit Endgeräten und die Netzkosten in Europa ansehen und den Vergleich mit den USA anstellen, dann sehen wir die Konsequenzen (siehe Abbildung 14): Selbst die größeren europäischen Länder liegen im Penetrationsgrad der Endgeräte weit zurück, und die Netzkosten sind exzessiv.

Barrieren in Europa: Langsame Deregulierung

Land \ Status heute	staatlich	teilprivatisiert	vollprivatisiert
Großbritannien			●
Deutschland	○ DeTe Mobil, DeTe System, DeTe Medien		• wahrscheinlich vor 1996 • früherer Verkauf von Abteilungen bereits begonnen
Niederlande		◑ 1994 geplant 30%	
Belgien		◑ Verkauf einer Minderheit wurde vorgeschlagen	
Dänemark		◔ 6% 1994 weitere 43% geplant	
Italien		◑ • Möglicher Verkauf in 1994 • Konsolidierung von 48% STET telcos	
Griechenland	○	Verkauf von 49% wurde verschoben	
Frankreich	○		möglicherweise nach 1995

Arthur D Little

Abb. 13

Barrieren in Europa: Hohe Preise

Land	Endgeräte			Netzkosten	
	Mehr als 1 Fernseher (% Haushalte)	PC-Durchdringung (% Haushalte)	Installierte CD-ROM-Einheiten	Telefonge-bühren für Ortsge-spräche [1]	Kosten für digitale Miet-leitung [2]
Frankreich	35	8	100.000	42 cents	$ 17.255
Deutschland	20	12	220.000	26	11.699
Italien	31	6	183.000	38	21.879
Großbritannien	50	12	185.000	65	4.733
USA	65	28	7.500.000	13	1.746

Zahlen für 1993   [1] = 10 Minuten Normaltarif   [2] 2 Mbps über 180 Meilen

Quelle: Forbes

Arthur D Little

Abb. 14

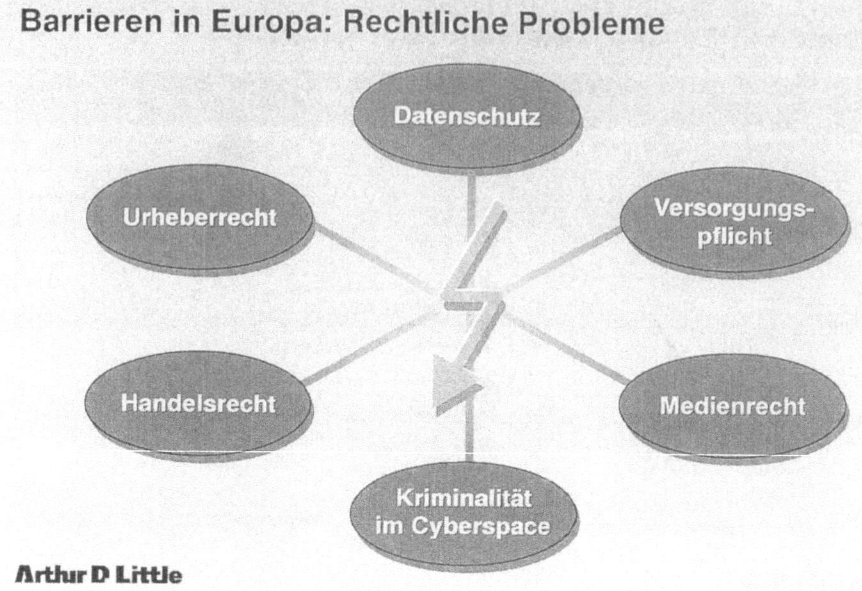

Abb. 15

Doch es gibt noch weitere Klippen in Form von vielfältigen rechtlichen Problemen (siehe Abbildung 15): Fragen des Urheberrechts, des Handelsrechts, des Datenschutzes und des Medienrechts müssen geklärt werden, neue Formen der Kriminalität im Cyberspace müssen erkannt und durch Gegenmaßnahmen bekämpft werden, und zwar in international abgestimmter Weise. Schließlich bedarf die Versorgung weniger dicht besiedelter Regionen mit Basisdiensten und die Bereitstellung von kostengünstigen Endgeräten für sozial schwache Bevölkerungsschichten einer Regelung.

Zu den Barrieren in Europa gehört schließlich das Fehlen von Standards (siehe Abbildung 16). An offiziellen Standards wird zwar im Rahmen des ETSI und anderer Standardisierungsinstitutionen gearbeitet – Beispiele sind hier der GSM-Standard für digitalen Mobilfunk und die Aktivitäten der Joint Photographic Expert Group (MPEG) – aber es geht alles zu langsam.

In der Informationstechnik sind eine ganze Reihe von de-facto-Standards entstanden, die marktbeherrschende Firmen wie IBM bei der Structured Query Language (SQL), Microsoft mit PC-DOS und Windows und AT&T mit Unix durchsetzen konnten. Welche Probleme jedoch fehlende Standards hervorrufen können, zeigen das Scheitern von Betamax und Video 2000, die Inkompatibilitäten bei analogen Mobilfunknetzen oder das Wirrwarr der Vorwahlen im internationalen Telefonnetz. Die Folge davon sind häufig hohe Preise, schnelle Veraltung von Geräten und Konfusion bei den Nutzern. So wird auch die Entstehung eines Massenmarktes für Multimedia durch fehlende Standards beispielsweise für Video-auf-Abruf, interaktives TV und Set Top Boxen entscheidend behindert.

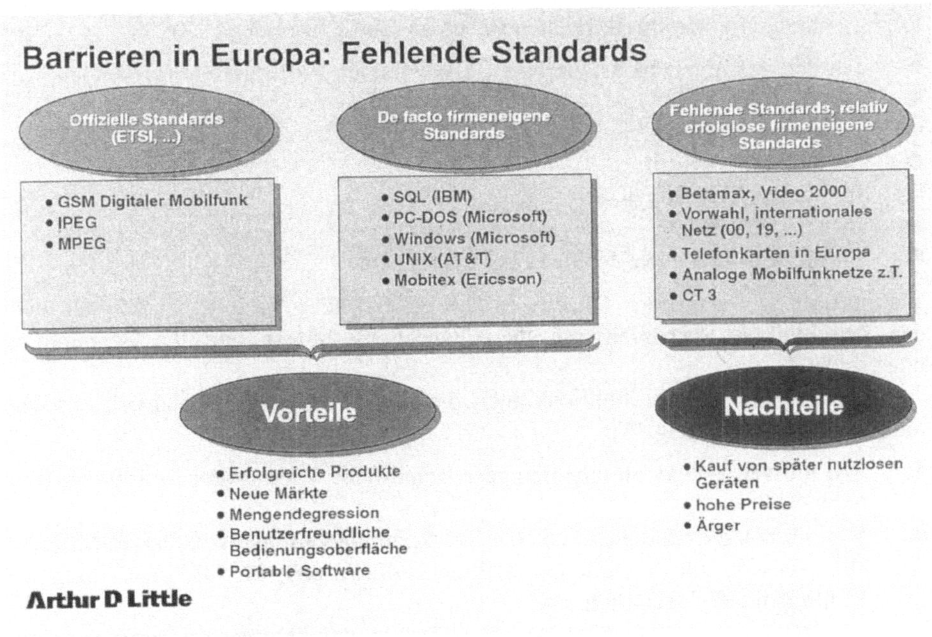
Barrieren in Europa: Fehlende Standards
Offizielle Standards (ETSI, ...)
De facto firmeneigene Standards
Fehlende Standards, relativ erfolglose firmeneigene Standards
• GSM Digitaler Mobilfunk
• IPEG
• MPEG
• SQL (IBM)
• PC-DOS (Microsoft)
• Windows (Microsoft)
• UNIX (AT&T)
• Mobitex (Ericsson)
• Betamax, Video 2000
• Vorwahl, internationales Netz (00, 19, ...)
• Telefonkarten in Europa
• Analoge Mobilfunknetze z.T.
• CT 3
Vorteile
Nachteile
• Erfolgreiche Produkte
• Neue Märkte
• Mengendegression
• Benutzerfreundliche Bedienungsoberfläche
• Portable Software
• Kauf von später nutzlosen Geräten
• hohe Preise
• Ärger
Arthur D Little

Abb. 16

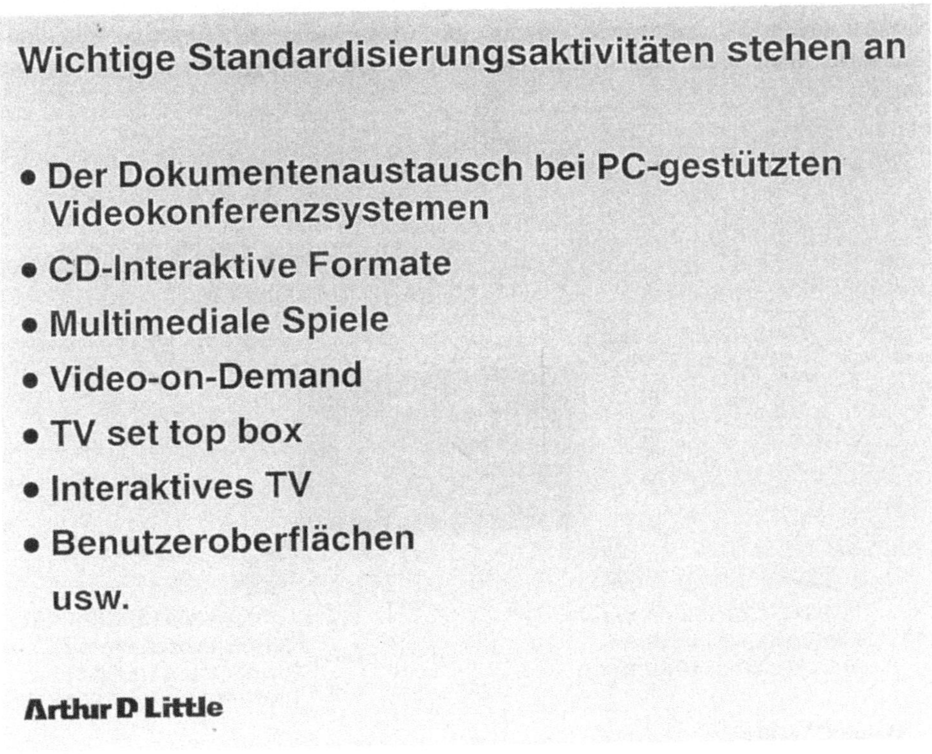
Wichtige Standardisierungsaktivitäten stehen an
• Der Dokumentenaustausch bei PC-gestützten Videokonferenzsystemen
• CD-Interaktive Formate
• Multimediale Spiele
• Video-on-Demand
• TV set top box
• Interaktives TV
• Benutzeroberflächen
usw.
Arthur D Little

Abb. 17

Wichtige Standardisierungsaktivitäten stehen an (siehe Abbildung 17):

- Für den Dokumentenaustausch bei PC-gestützten Videokonferenzsystemen,
- für CD-I-Formate,
- für multimediale Spiele,
- für Video-auf-Abruf,
- für TV Set Top Boxen,
- für interaktives TV,
- für die verschiedenen Benutzeroberflächen usw.

Was müssen wir in Europa tun, um in den entstehenden Multimedia-Märkten nicht den Anschluß zu verpassen, um die Chancen zu nutzen und die Barrieren zu überwinden?

Es sind, meine ich, vier Stoßrichtungen, die wir in Europa mit Hochdruck verfolgen müssen (siehe Abbildung 18):

- Wir müssen eine technische und gesellschaftliche Vision einer Multimedia-Welt entwickeln.
- Wir müssen die Liberalisierung des Telekommunikationssektors beschleunigen.
- Wir müssen die rechtlichen Rahmenbedingungen für die Entfaltung der Multimedia-Welt schaffen, und
- wir müssen ein tiefergehendes Verständnis der Bedürfnisse erarbeiten, um Systeme und Anwendungen zu entwickeln, die marktgerecht sind.

Das ist eine große, umfassende Aufgabe, die wir nicht den Zufälligkeiten von Trial-and-Error allein überlassen sollten, auch wenn es ohne Trial-and-Error nicht abgehen wird.

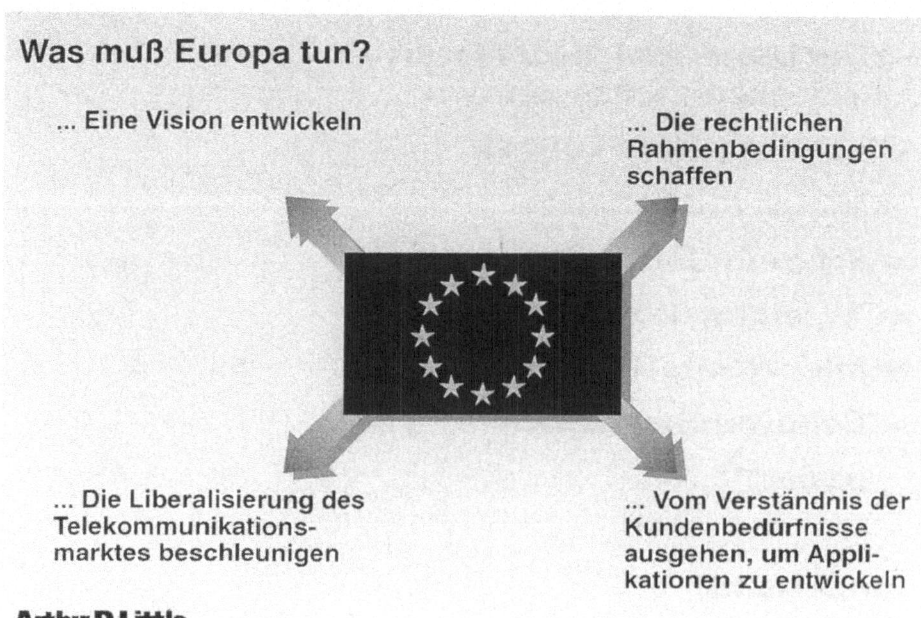

Abb. 18

Zur Vision gehört die systematische Auseinandersetzung mit der Frage: Was werden zukünftige Konsumenten wollen? Die Schlagwörter "Elektronische Kaufhäuser", "Papierloses Büro", "Information auf Abruf", "Interaktives Fernsehen", "Virtuelles Unternehmen" und "Desktop Video" müssen mit Inhalten gefüllt, zu Gestaltungskonzepten weiterentwickelt, auf ihre Realisierungsbedingungen hin untersucht und zu wünschenswerten Zielvorstellungen gemacht werden (siehe Abbildung 19). Darauf aufbauend können und müssen die technischen Optionen bestimmt und bewertet werden, um die Frage zu beantworten: Auf welche Technologien wollen wir setzen? Das Spektrum der Entwicklungsgebiete ist weit: Erkennung natürlicher Sprache, Schrifterkennung, Datenkompression, intelligente Agenten, multimediale Betriebssysteme usw.

Die Unternehmen der europäischen Telekommunikations-, Computer-, Elektronik-, Unterhaltungselektronik- und Medienindustrie müssen dann ihre Strategien aufeinander abstimmen, um eine klare Vorstellung darüber zu entwickeln: Wie müssen/können wir vorgehen, um rechtzeitig starke Positionen im Multimedia-Markt aufzubauen?

So müssen denn die Themen der strategischen Ausrichtung europäischer Unternehmen auf die Multimedia-Zukunft sein:

- Was müssen wir entwickeln, um bei zukünftigen Multimedia-Lösungen dabei zu sein?
- Mit wem sollten wir kooperieren, um vorhandenes Know-how zu nutzen, um Entwicklungsressourcen zu poolen und um einen erfolgversprechenden Systemansatz zu verfolgen?
- Welche Geschäftspotentiale sollten wir mit welcher Priorität ansteuern?

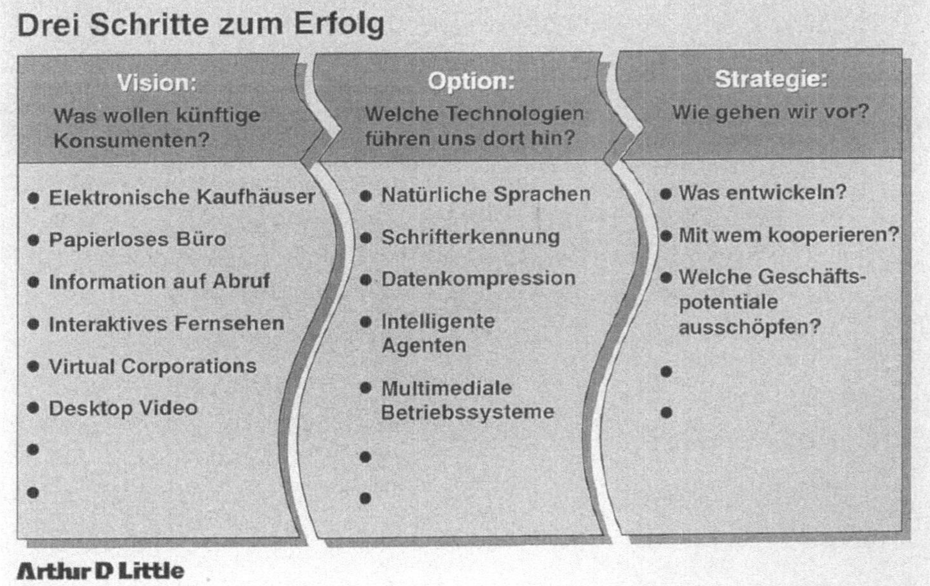

Abb. 19

Je europäischer der Ansatz, um so besser. Denn Multimedia ist keine nationale Veranstaltung. Und wir hierzulande liegen nicht vorn, sondern müssen die Augen und Ohren offenhalten, um trotz aller Klippen den Kurs zu halten, den die internationale Regatta bereits mit zunehmender Dynamik eingeschlagen hat.

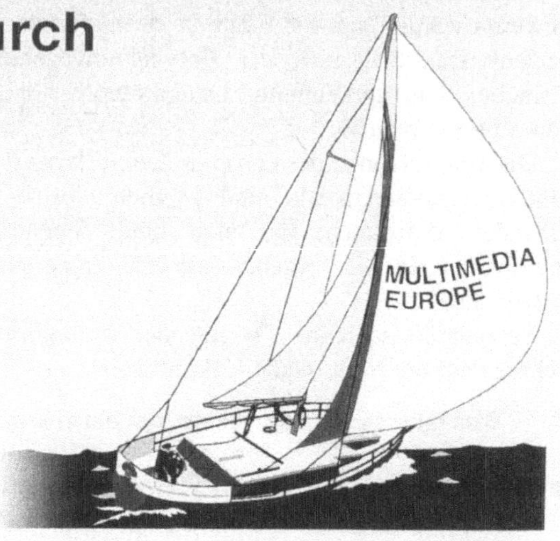

Abb. 20

Internationale Aspekte der globalen Informations-Infrastruktur

Hagen Hultzsch

Die Gesellschaft in den hochindustrialisierten Ländern befindet sich in einem Prozeß des Wandels, der mit atemberaubender Geschwindigkeit abläuft. Seit dem Beginn der Industrialisierung vor 200 Jahren sank der Anteil der in der Landwirtschaft beschäftigten Menschen ständig und liegt heute unter 5%. Auch der Produktionssektor hat den Höhepunkt in der Mitte dieses Jahrhunderts erreicht und verliert hinsichtlich des Beschäftigungsanteils an der Gesamt-bevölkerung zunehmend an Bedeutung. Selbst in den klassischen Dienstleistungsbereichen werden kaum noch neue Arbeitsplätze geschaffen. Immer mehr Menschen beschäftigen sich statt dessen heute mit informationsbezogenen Tätigkeiten, worunter das Sammeln, Aufbereiten, Vernichten, Aufbewahren, Verteilen, Vermitteln, Verarbeiten und Präsentieren von Informationen fällt.

Vollzog sich der Wandel von der Agrar- über die Produktions- bis zur Dienstleistungsgesellschaft relativ langsam, so hat der Übergang von der Dienstleistungs- zur Informationsgesellschaft eine wesentlich höhere Dynamik. Ein Blick zurück macht dies deutlich: Noch vor 20 Jahren war der PC völlig unbekannt, elektronische Speicherbausteine hatten die Kapazität weniger Byte, und in der Bürotechnik gab es nur zaghafte Ansätze des EDV-Einsatzes. Telekommunikation war im wesentlichen gleichbedeutend mit Telefonieren und einigen langsamen Datenübermittlungsdiensten. Das Angebot der elektronischen Medien beschränkte sich – zumindest in Deutschland – auf wenige, öffentlich-rechtliche Sender, und der Farbfernseher begann gerade erst, in die Haushalte einzuziehen.

Die sich heute formierende Informationsgesellschaft besteht aus diesen drei Komponenten, nämlich der Informations-, Telekommunikations und Medientechnik. Insgesamt ist der Markt erheblich facettenreicher geworden. Das Zusammenwachsen dieser Sektoren war jedoch ausschlaggebend für die Entstehung des Begriffs "Multimedia".

Multimedia ist also erheblich mehr als die Erweiterung der durch das Telefon geprägten Telekommunikationsinfrastruktur. Multimedia ermöglicht über die Verwendung neuer, hochwertiger Kommunikationsformen und entsprechender Endgeräte hinaus die Erfüllung zweier gesellschaftlicher Grundbedürfnisse. Gemeint sind die Erhöhung der Lebensqualität jedes Einzelnen und die Steigerung der Effektivität und Effizienz der Aktivitäten im geschäftlichen Bereich.

Anwendungen wie das Telefonbanking oder das Interaktive Fernsehen sind bereits Realität, und weitere wie der Teleeinkauf und das individuelle Buchen von Reisen werden schnell hinzukommen. Der Mikrocomputer wird künftig in den privaten

Haushalten genauso häufig anzutreffen sein wie heute der Elektromotor, und der PC wird eine Verbreitung wie der Fernseher besitzen. Die "Telegemeinschaft", also die elektronische Verbindung der Menschen durch Telekommunikation und damit die Schaffung eines Gemeinschaftsgefühls, rückt damit zusehend näher.

Neben diesen Entwicklungen im privaten Umfeld werden aber auch geschäftliche multimediale Anwendungen enorm an Bedeutung gewinnen. Beispielhaft sei die Telekooperation, also das Zusammenwirken von Menschen mittels Telekommunikation, erwähnt. Dabei unterscheidet man zwischen dem klassischen Telearbeitsplatz, also der Verlagerung des Büros ins Wohnzimmer, und der Zusammenarbeit mehrerer Entwicklungsteams an verschiedenen Standorten.

Gerade dieser Bereich stellt einen gewaltigen Markt dar. So werden in Europa jährlich 4 Billionen Ecu für innovative Projekte vom Entwurf eines neuen Krawattendesigns bis zur Entwicklung des ICE investiert. Gemeinsames Merkmal dieser Innovationsprozesse ist die Zusammenarbeit von Menschen an verschiedenen Orten. Die Kosten sind im wesentlichen proportional zur Entwicklungszeit. Wenn es gelingt, durch den Einsatz moderner Telekommunikation hier eine Verkürzung um nur 5% zu erzielen, so würde dies einem Gegenwert von 200 Milliarden Ecu entsprechen. Schätzungen der Automobilindustrie gehen im übrigen von einem erheblich höheren Potential hinsichtlich der Prozeßbeschleunigung aus.

Nach relevanten Studien wird das Marktvolumen für Multimedia allein in Deutschland bei geschäftlichen Anwendungen von 440 Millionen DM in 1994 auf über 13 Milliarden DM im Jahre 2000 ansteigen, wovon ein nicht unerheblicher Anteil auf die reinen Transportkosten der zu übertragenden Daten entfällt. Bereits heute sind in Deutschland 400 Videokonferenzräume vorhanden, hinzu kommen zahlreiche Bildtelefone und andere mobile videokonferenzfähige Stationen. Aber auch die Telekooperation, also das simultane Arbeiten und Entwickeln neuer Produkte an verschiedenen Standorten mit Unterstützung der Telekommunikation, gewinnt immer mehr an Bedeutung bei stark fallenden Kosten. Entsprechende Aufrüstsätze für PCs sind bereits für wenige Tausend DM erhältlich.

Alle diese Entwicklungen sind durch eine zunehmende internationale Verflechtung gekennzeichnet – eine Tendenz, die häufig als Entstehung der globalen Telegemeinschaft, des "globalen Dorfes", bezeichnet wird. Nicht nur multinationale Konzerne, sondern ebenso mittelständische Betriebe unterliegen diesem Trend. Reisebüros greifen auf weltweit verteilte Daten zurück, und auch überwiegend privat genutzte Computernetze wie das Internet machen nicht an nationalen Grenzen halt. Die globale "Internet-Gemeinde" hat Ende 1994 bereits über 40 Millionen Mitglieder und wächst weiter konstant mit etwa 15% je Monat. Bei einem Anhalten dieser Wachstumsgeschwindigkeit würde die Zahl der Weltbevölkerung im Jahre 2001 erreicht.

Multimediale Kommunikation ist also auch international bereits Realität. Aus den Beispielen wird aber ebenfalls deutlich, daß die Telekommunikation als Basisinfrastruktur der Informationsgesellschaft eine Bedeutung erlangt, die der von Straßen- und Schienennetz während der Produktionsgesellschaft gleichkommt. Daraus ergibt sich unmittelbar die Forderung nach einer internationalen Abstimmung. Denn die Vergangenheit hat gezeigt, daß nationale Fahrtrichtungen und individuelle Spurweiten unwirtschaftlich sind. Übertragen auf die Telekommunikation bedeutet das die

Notwendigkeit einer Standardisierung der Informationsinfrastruktur aller Telekommunikationsgesellschaften. Alleingänge einzelner Betreiber sind einem weltweit durchgängigen Netz wenig dienlich.

In der Praxis gestalten sich solche internationale Standardisierungen erfahrungsgemäß schwierig. Die Gründe hierfür reichen vom Drang der beteiligten Unternehmen, bereits eingeführte Produkte und Dienste fortzuentwickeln über gesellschaftlich unterschiedliche Anforderungen an die Leistungsfähigkeit der Infrastruktur bis hin zu schlichten nationalen Egoismen. Dies kann dazu führen, daß eine Abstimmung überhaupt nicht erfolgt und sich "de-facto-standards" ausbilden. Letztlich entscheidet dann der Markt über den endgültigen Standard. Das Beispiel des Videorecorders zeigt die Defizite einer solchen Entwicklung.

Telekom als Netzbetreiber hat sich daher stets um eine Standardisierung bemüht und von nationalen Alleingängen abgesehen. Dies zeigt sich nicht nur an der Beteiligung in internationalen Standardisierungsgremien, sondern auch an den implementierten Standards. Sie reichen vom GSM beim Mobilfunk über das ISDN bis zum ATM, das in einem europaweiten Versuch derzeit in 18 Ländern getestet und darüber hinaus weltweit mit anderen Netzbetreibern erprobt wird.

Ziel dieser Aktivitäten ist die Schaffung einer universellen, diskriminierungs-freien Netzplattform, auf der eine durchgängige Nutzung aller Dienste möglich ist. Denn das entstehende "globale Dorf" reduziert diesen Anspruch künftig zu einer schlichten Bedingung für den Erfolg eines Netzbetreibers im Wettbewerb. Die Erbringung der "seamless services", also der Durchgängigkeit aller Dienste auf dem weltweiten Netz, wird zur Selbstverständlichkeit und der Anspruch "Jeder Dienst für Jedermann, jederzeit und überall!" zu einer schlichten Notwendigkeit.

Dieses anspruchsvolle Ziel kann nicht über Nacht erreicht werden. Wie bei allen bedeutenden Entwicklungen ist auch hier eine Vorgehensweise in mehreren Schritten nötig. Ein wichtiger Meilenstein auf diesem Weg ist dabei die vollständige Digitalisierung des Netzes, die bis zum Jahre 2000 erreicht wird. Von Bedeutung sind ebenfalls der forcierte Ausbau zukunftsorientierter Dienste wie ISDN und dessen bereits eingeleiteter Übergang zum EuroISDN. Die ATM-Technik wird momentan aufgebaut und der Transportkapazität nochmals einen gewaltigen Schub verleihen. Die Netzstruktur wird durch die Reduktion der Fernvermittlungsstellen flacher und hierarchieärmer und damit ebenfalls zur Reduzierung der Betriebskosten beitragen. Nicht zuletzt wird das Intelligente Netz – das heute schon mit Diensten wie Anrufweiterschaltung oder den Diensten 0130, 0180 und 0190 existiert – mit immer mehr Leistungsmerkmalen ausgerüstet.

Die Summe der Maßnahmen verdeutlicht, daß diese Entwicklung nicht nur zeit-, sondern vor allem auch kostenintensiv ist. Kaum ein Unternehmen ist heute noch in der Lage, diese komplexe Netzevolution allein zu bestreiten. Neben den hohen Investitionen ist jedoch auch zusätzliches Know How erforderlich, bedingt durch die zunehmende Intelligenz im Netz und die wachsende Bedeutung der Software. Andererseits bietet die globale Ausrichtung die Chance, neue Märkte zu erschließen und – so zeigen Beispiele aus der Vergangenheit – neue Dienste zu kreieren. Gerade dieser Aspekt ist im entstehenden Multimedia-Markt von überragender Bedeutung. Als Folge hat eine horizontale und vertikale Allianzen-bildung eingesetzt, die sowohl die Internationalisierung des Kerngeschäftes als auch die Entwicklung neuer Dienste mit Unternehmen benachbarter Industriebranchen verfolgt.

Beispiele solcher neuen Dienste wurden bereits aufgezeigt. Die Nachfrage, der Markt ist also da. Wie aber sieht es mit dem Angebot, in diesem Fall der Infrastruktur, aus? In Deutschland sind zwei Grundvoraussetzungen hervorragend ausgebildet, nämlich das weltweit dichteste Glasfasernetz mit über 90.000 Kabelkilometern und die bundesweite Verfügbarkeit des ISDN. Mit diesem Dienst ist ein Werkzeug vorhanden, das im weltweiten Vergleich ein ausgezeichnetes Preis-Leistungsverhältnis darstellt. Dieser Erfolg ist gleichzeitig auch die beste Empfehlung für die internationale Einführung, die mit der Allianzenbildung in Europa und den USA derzeit aktiv vorangetrieben wird. Schließlich haben sogar konkurrierende Unternehmen diesen technischen Standard anerkannt. Es ist unumstritten, daß die Umsetzung nationaler Standards durch nichts besser gefördert wird als durch nachweislich hohe Qualität und niedrige Preise.

Vor diesem Szenario wird deutlich, welche Chance das Entstehen der globalen Informationsinfrastruktur als das wirtschaftlichen Rückgrat der künftigen Gesellschaft bietet. Die führende Rolle, die Europa lange Zeit einnahm, ist in der Vergangenheit in vielen Bereichen verlorengegangen. In den innovativen Feldern der Computer- und Halbleiterindustrie haben Nordamerika und Ostasien heute eine beherrschende Marktstellung. Das Entstehen der Informationsgesellschaft bietet die einmalige Chance, dieses Defizit auszugleichen. Denn multimediale Technik verbunden mit einer internationalen Informationsinfrastruktur vereint die Vorzüge des westlichen Individualismus mit der Fähigkeit, kollektiv mittels Telepräsenz und Telekooperation zusammenzuwirken.

Die Informationsgesellschaft mit all ihren Facetten stellt einen beispiellosen Wachstumsmarkt dar. Sie wird eine gewaltige Anzahl neuer Produkte schaffen, die unmittelbar und mittelbar auf Telekommunikation basieren. Es liegt an uns, die Chancen aufzugreifen und die sich bietenden Möglichkeiten für die Gestaltung einer sicheren Zukunft einzusetzen.

Zusammenfassung

Die entstehende Informationsgesellschaft ist durch das Zusammenwachsen von Informations-, Telekommunikations- und Medientechnik gekennzeichnet. Damit verbunden ist gleichzeitig die Erweiterung der vorhandenen Infrastruktur zu Multimedia als neuem Kommunikationsmaßstab.

Multimedia ist darüber hinaus aber auch der Ansatz zur Erfüllung von zwei gesellschaftlichen Grundbedürfnissen, nämlich der Erhöhung der Lebensqualität und der Steigerung der Effektivität und Effizienz im geschäftlichen Umfeld. Konkrete Entwicklungen lassen sich mit Begriffen wie Telepräsenz, Telekooperation, Telekommerz und Telegemeinschaft umschreiben. Interaktives Fernsehen, Homebanking und der Teleeinkauf sind nur einige Schlagworte, die den sich formierenden Markt bilden. Nach aktuellen Prognosen wird das Multimedia-Marktvolumen allein im geschäftlichen Bereich in Deutschland von derzeit 440 Millionen DM auf 13 Milliarden DM im Jahre 2000 ansteigen. Hiervon entfällt ein nicht unerheblicher Anteil auf die reinen Transportkosten von Informationen im Netz.

Diese Multimedia-Aktivitäten bedürfen unbedingt einer internationalen Abstimmung. Denn bereits heute sind nicht nur große Konzerne international verflochten, sondern auch private Zugriffe auf Datenbanken überall in der Welt Realität. Die Telekommunikation nimmt damit die zentrale Rolle als Basisinfrastruktur ein. Ein Alleingang einzelner Unternehmen bei der Festlegung von Standards ist diesem weltweit durchgängiges Netz wenig dienlich.

Dabei bewegt man sich ständig im Spannungsfeld zwischen offizieller Standardisierung – die sich häufig aufgrund der vielen beteiligten Stellen sehr langwierig gestaltet – und "de-facto-Standards", die sich am Markt durchsetzen, jedoch die Gefahr von Fehlinvestitionen bergen.

Telekom als Netzbetreiber hat sich daher stets um eine Standardisierung bemüht. Gerade vor dem beschriebenen Szenario der zunehmenden Internationalisierung ist das Ziel der Schaffung einer universellen, diskriminierungsfreien Netzplattform von volkswirtschaftlicher Bedeutung. Der Leitsatz "Jeder Dienst, zu jeder Zeit und an jedem Ort für Jedermann!" darf keinesfalls durch nationale Standards eingeschränkt werden.

Zur Erreichung dieses Zieles sind enorme Anstrengungen erforderlich. Hierzu zählen insbesondere die Digitalisierung des Netzes, die Einführung zukunftsorientierter Dienste und Techniken wie ISDN und ATM und nicht zuletzt der Ausbau des Intelligenten Netzes. Allianzen sind vor dem Hintergrund der erforderlichen Investitionen und der notwendigen Marktdurchgängigkeit unerläßlich. Die Perspektiven des Marktes rechtfertigen dieses große Engagement allerdings.

Die in Deutschland vorhandene Infrastruktur mit dem weltweit dichtesten Glasfasernetz und der bundesweiten Verfügbarkeit von ISDN bilden eine hervorragende Ausgangsposition. Zur internationalen Umsetzung von Standards ist Telekom nicht nur in europäischen Partnerschaften vertreten, sondern geht darüber hinaus auch internationale Allianzen zur Plazierung nationaler Spitzentechnologien auf dem Weltmarkt ein.

Das Entstehen dieser globalen Informationsinfrastruktur bietet Deutschland und Europa die große Chance, im Wettbewerb der Triaden mit Nordamerika und Ostasien wieder eine führende Rolle einzunehmen. Verbunden mit dieser Evolution ist das Entstehen neuer Wachstumsmärkte für erweiterte, auf Telekommunikation basierende Dienste. Es liegt an uns, diese Chance aufzugreifen und die sich bietenden Möglichkeiten zu nutzen.

Multimedia: Welches Szenario bringt den Durchbruch?

Karl-Ulrich Stein

1 Einleitung

Multimedia ist der derzeit geltende Leitbegriff auf dem Weg zur globalen Informationsgesellschaft. Hinter ihm stehen für den Endkunden eine Vielzahl von Applikationen im geschäftlichen und privaten Bereich. Ihre Verwirklichung erfordert das Zusammenwirken vieler Partner aus verschiedenen Bereichen, weit mehr als bisher beim Schaffen des weltweiten Telekommunikationsnetzes oder des Personal Computing erforderlich waren. Exemplarisch läßt sich das Zusammenwirken anhand von Szenarien beschreiben, die die Partner von Multimedia-Wertschöpfungsketten sowie ihre Zulieferer umfassen. Zur Wertschöpfungskette tragen bei die Erzeuger von Multimedia-Inhalten und -Applikationen (Creators), die Organisatoren (Organizers), die verlagsähnliche Aufgaben wahrnehmen, die Verteiler (Disseminatoren) und die Nutzer (User). Jedes Glied dieser Kette hat Zulieferer wie z. B. für Softwaretools und Plattformen, Studioeinrichtungen, Server, Kommunikationsnetze, Multimedia-PC oder Fernseher mit Settop-Box.

Der Durchbruch eines Szenarios bedeutet im vorliegenden Fall, daß es in der Anzahl der Benutzer aus der Versuchsphase heraus rasch in die Größenordnung von einigen zehn Millionen kommt und damit aufgrund des Lernkurveneffektes ein konkurrierendes Szenario im Kostensenkungspotential hinter sich läßt (Bild 1).

Dazu werden im folgenden Barrieren für den Durchbruch aufgezeigt und aus den heute führend erscheinenden Anwendungen Anforderungen abgeleitet. Als bevorzugter Lösungsansatz wird eine Netz- und Softwarearchitektur für ATM (Asynchronous Transfer Mode) beschrieben. Die Schlußfolgerungen stellen Durchbruchs-Szenarien für verschiedene vorhandene Infrastrukturen beim Zugang zum Nutzer dar.

2 Barrieren

Welche Barrieren sind bei Multimedia zu durchbrechen?

Aussagen dazu bietet Bild 2. Es zeigt das Ergebnis einer exemplarischen Umfrage in Japan, bei der die meisten Befragten der Meinung waren, daß an erster Stelle die *Infrastruktur* verbessert werden muß, um Multimedia voranzutreiben. Geringere und

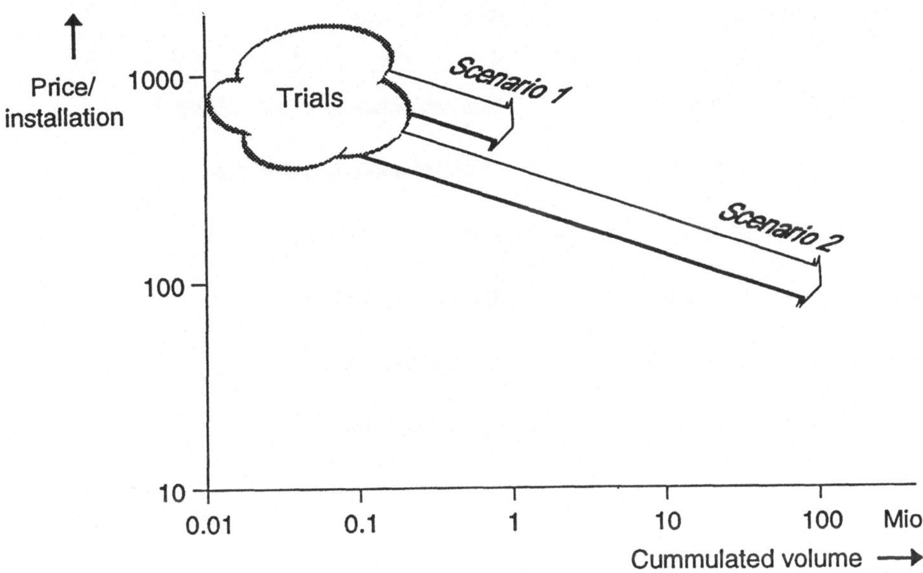

Fig. 1. Takeoff of a technology/scenario

flexiblere Bitraten als 155 Mbit/s, dem ersten Breitband-ISDN-Standard für den Zugang zum Nutzer, bekommen dabei die meisten Stimmen. Als nächstes wird die faseroptische Infrastruktur genannt. Auf Platz 3 und Platz 4 liegen die Anforderungen bei den *Applikationen* einschließlich der Mensch-Maschine-Schnittstelle. Erst danach werden hohe Preise, die Rechte an Inhalten von Multimedia und anderes aufgeführt.

Bei der Bewertung von exemplarischen Szenarien ist die unterschiedliche Lebensdauer ihrer Komponenten zu beachten. Die Applikationen und Inhalte werden dabei im stärksten Wettbewerb um die Gunst des Endkunden stehen und damit kurzen Lebenszyklen unterworfen sein bzw. rasche Versionsfolgen erfordern. Längere Lebensdauer wird von den Applikationsplattformen und den Endgeräten erwartet. Die *Infrastruktur,* insbesondere die der Telekommunikationsnetze, hat aufgrund des Investments hohe Erwartungen an lange Lebensdauer und damit auch an Evolutionsfähigkeit zu erfüllen.

3 Applikationen und Anforderungen

Voraussetzung für die Konzeption einer langlebigen Infrastruktur sind zuverlässige Aussagen über die Anforderungen. Dazu werden die heute bekannten Applikationen segmentiert betrachtet (Bild 3). Die Spalten in Bild 3 gliedern nach der Vernetzung; horizontal wird nach Geschäfts- und Heimanwendungen unterschieden.

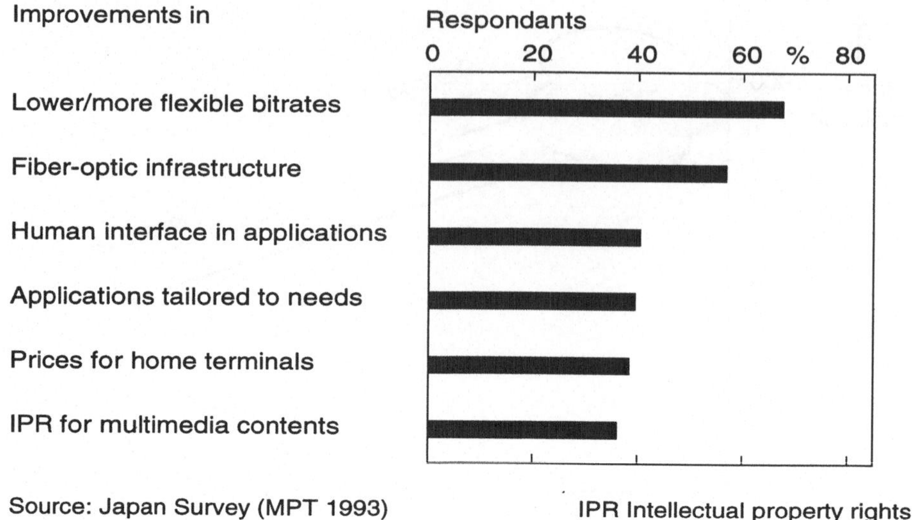

Fig. 2. Conditions for advancing multimedia

Wesentlich für die vernetzten Anwendungen im Heimbereich ist das Feld interaktives Video mit den Rubriken Video on Demand, Spiele, Unterricht, Home Shopping und Informationsdienste. Zum Home Shopping sind auch Themen wie das Telebanking zu zählen, zu den Informationsdiensten gehören Multimedia-Zeitschriften und -Zeitungen, neben den Multimedia-Büchern. Übergreifende Themen, wie multimediagestützte Zusammenarbeit oder computergestütztes Training finden im Haus wie Geschäft Anwendung.

Die Multimedia-Applikationen haben eine bedeutende Wechselwirkung mit den nicht vernetzten, auf Kassette oder CD-ROM befindlichen Multimedia-Applikationen einerseits und den vernetzten Applikationen eines Internet, Minitel oder Datex-J andererseits, die sich anschicken, multimediale Inhalte einzubeziehen. Die Wechselwirkung wird von Benutzeroberflächen und -führung bis hin zu Geschäftsstrukturen und Preisen reichen. Es ist zu erwarten, daß der Wettbewerb zwischen den Verfahren und Angeboten die Einführung fördert.

Ein Beispiel einer Vorhersage zu Mengen bei vernetzten Multimedia-Applikationen zeigt Bild 4. Nach dieser Vorhersage für den US-Markt bis zum Jahr 2000 sind Advanced Pay Per View sowie Spiele und Home Shopping die treibenden Kräfte. Die in den Geschäftsbereich reichenden Anwendungen, wie Videotelefonieren u. ä., Videokonferenzen und Joint Editing gelten demgegenüber in den Stückzahlen praktisch noch als unbedeutend. Faßt man die Zahlenwerte dieses Bildes zusammen, so ergeben sich aus den jeweils zwei Säulen der Videounterhaltung und der Spiele je ca. 15 Millionen Teilnehmer. Mit dem Home Shopping im Bereich von 10 Millionen und unter Berücksichtigung simultaner Nutzung führt dies zu einer Zahl an Teil-

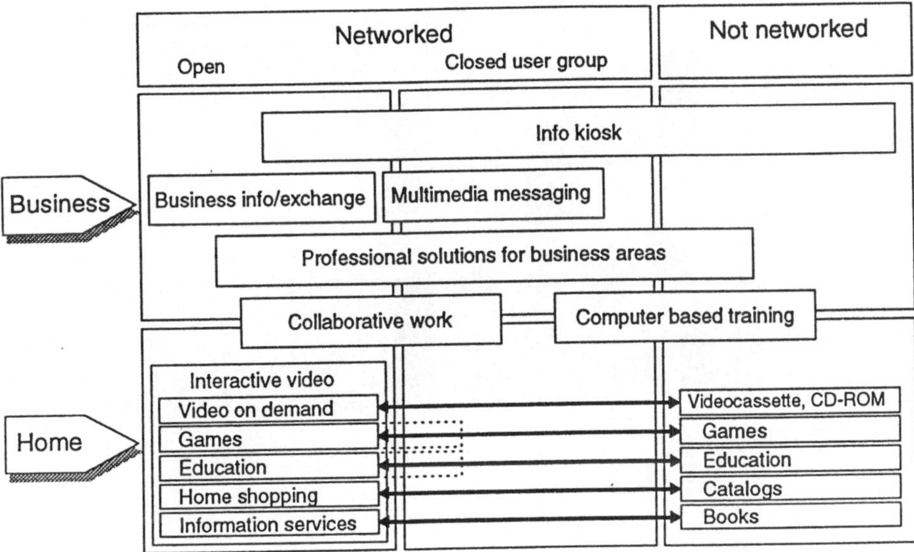

Fig. 3. Multimedia-Segments of applications

nehmern, die deutlich unter 50 Millionen liegt und damit für einen Durchbruch mit einer drastischen Kostensenkung relativ knapp bemessen ist.

Welche Konsequenzen ergeben sich daraus für die Infrastruktur? Zunächst einmal aufgrund der Unsicherheit der heutigen Prognosen die Notwendigkeit hoher Flexibilität und Evolutionsfähigkeit.

Ein Kanal für Video von mindestens gleicher Qualität wie beim Fernsehen zu jedem potentiellen Endkunden erscheint im Heimbereich eine unerläßliche Anforderung. Demgegenüber kann der Rückkanal zunächst bescheiden sein. In Zahlen: nach dem heutigen Stand sind für den Videokanal 4 bis 6 Mbit/s bei einer Kompression nach dem neuesten Stand (MPEG-2) erforderlich. Für den Rückkanal der genannten Anwendungen sind in der Größenordnung 16 kbit/s voll ausreichend. Schließt man im Heimbereich Collaborative Work mit ein, so gehen die Ansprüche für den Rückkanal in die Größenordnung eines bescheidenen Videokanals, d.h. 144 kbit/s bis zu einigen Mbit/s. Damit ist man im Übergang zum geschäftlichen Bereich, für den "Bitrate on Demand" gilt.

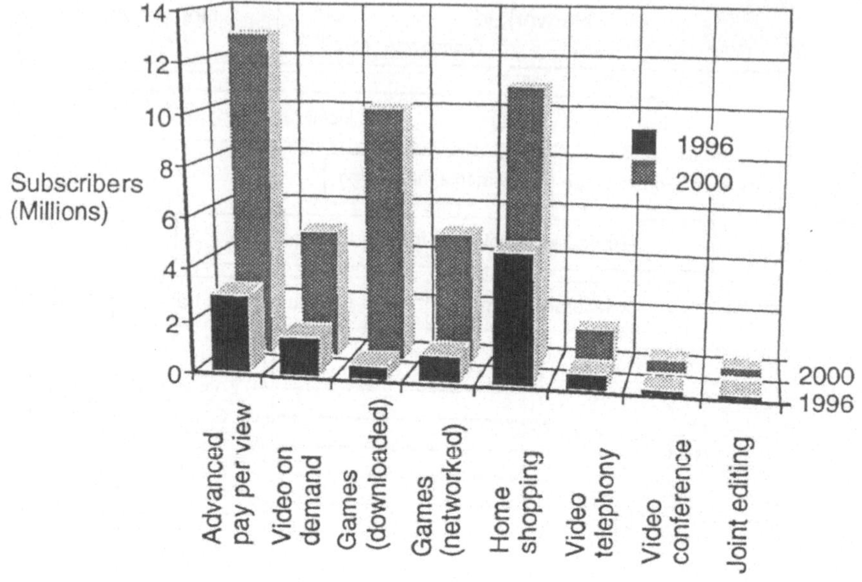

Fig. 4. Service penetration (residential and business) – Forecast for the US market until year 2000

4 Wertschöpfungskette und dafür erforderliche logische Architektur

Das innovative Multimediageschäft erfordert das Zusammenwirken einer Vielzahl von Partnern, das in den Bildern 5 und 6 gemäß unserem heutigen Wissensstand kurz zusammengefaßt ist.

Bild 5 zeigt das Zusammenwirken in einer Kette gemäß dem Fluß der Multimedia-Inhalte (content value chain oder content pipeline). Das erste Glied in der Kette stellen die Erzeuger dar. Sie reichen von den aus klassischen Autoren für Buch- und Zeitschrifteninhalte hervorgegangenen Multimediaautoren bis hin zu Werbeagenturen. Ganz bedeutende Mitglieder dieser Gruppe sind die Produzenten von Softwareapplikationen, Filmen und Spielen.

Die folgenden drei Glieder der Kette, nämlich die Organisatoren, Verteiler und Kunden sind in unseren Szenarien online vernetzt. Dabei sind die Organisatoren Unternehmen wie Verlagshäuser, Filmverleiher, Weiterbildungsinstitute, Versandhäuser und Banken, aber auch Programmdirektoren von Fernsehanstalten. Die eigentlichen Verteiler, die die Endkunden beliefern, sind Netzbetreiber aus dem Telekombereich, dem Kabelfernsehen, möglicherweise auch dem klassischen Rund-

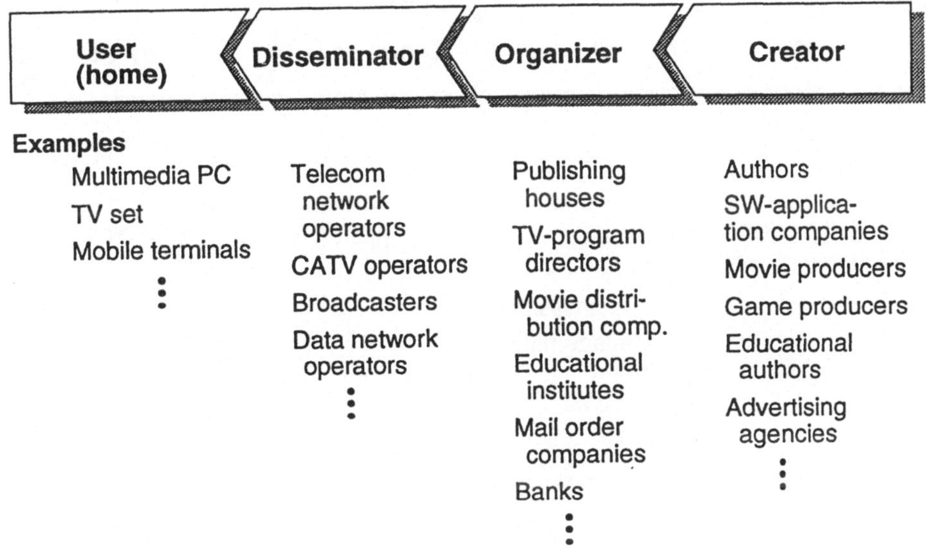

Fig. 5. Multimedia: Partners in the content value-chain

funk- und Fernsehbereich und nicht zuletzt Betreiber von Datennetzen. Als Endkunden werden angesprochen: Besitzer von Multimedia-PC's, von Fernsehern für
interaktives Video und von mobilen Terminals. Von dieser Kette und dem Zusammenwirken in dieser Kette ist zu erwarten, daß mit attraktiven Inhalten und ihrem
benutzerfreundlichen und kostengünstigen Anbieten an den Endkunden das Multimediageschäft in Gang kommt.

Das nächste Bild 6 zeigt, was in den einzelnen Gliedern der Kette benötigt wird.
Der Endkunde braucht die entsprechenden Terminals. Die Verteiler benötigen
geeignete Netze mit spezifischen Strukturen im Zugangsbereich in der Vermittlung,
der Übertragungstechnik und nicht zuletzt in der Software für Management- und
Netzintelligenz. Die Organisatoren brauchen Server, die in der Regel aus einer
Hierarchie von Speichern und Steuerung bestehen, um die Inhalte über den Verteiler
dem Endkunden zur Verfügung zu stellen. Bei den Erzeugern werden Studioeinrichtungen, aber insbesondere auch Softwaretools eingesetzt.

Das geschäftliche Zusammenwirken ist im Bild 7 in einer generischen logischen
Vernetzung zwischen den Organisatoren, im Netz durch die Content Server vertre-
ten, den Verteilern, unterteilt in die Funktionen "Switched Network" und "Intelligent
Peripheral (IP)", das die Aufgaben eines Brokers oder Service Providers erledigt und
den Endkunden dargestellt. Natürlich können am Geschäft mehrere Broker und
Content Server beteiligt sein, die der Endkunde, wenn er einen Multimediainhalt
sucht, nach seiner eigenen Wahl ansprechen kann. Die für dieses Geschäft nötigen
Verbindungen zwischen den einzelnen Partnern werden über ein vermitteltes
Telekomnetz hergestellt. Die im Netz dafür erforderlichen Funktionen sind bereits

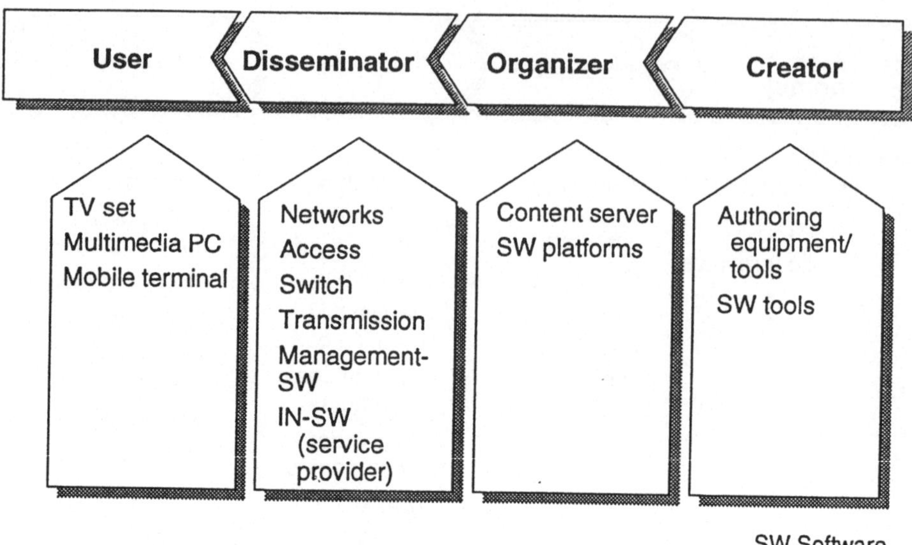

Fig. 6. Multimedia: Equipment and tools required

generisch bei den heutigen Kommunikationsnetzen standardisiert: Der Service Switching Point, das sind eigentlich Vermittlungseinrichtungen, der Service Control Point, das ist die Steuerung der Vermittlung, und die IP's. Natürlich können mehrere dieser Funktionen physikalisch oder geschäftlich zusammengelegt werden. Regulatorische Bestrebungen in Richtung Wettbewerb und offene Netze sowie Fallstudien z. B. am Internet sprechen jedoch für die generische Architektur nach Bild 7.

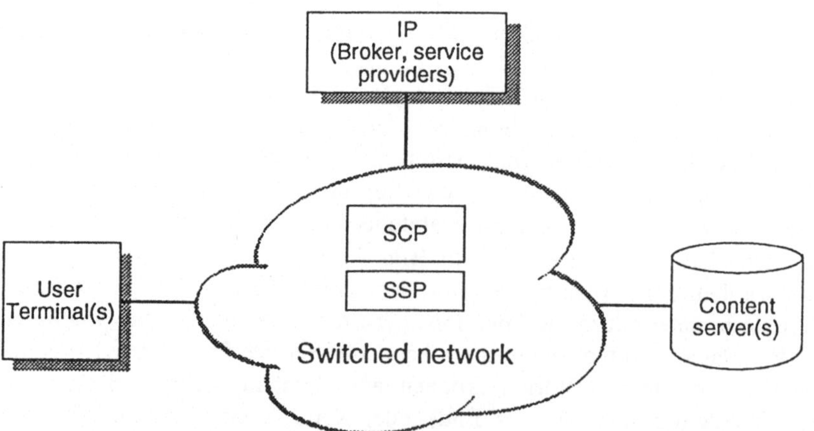

Fig. 7. Multimedia-Generic architecture

Bild 8 zeigt zur Abrundung ein vereinfachtes Schichtenmodell für die Kommunikation unter diesen Partnern. Dieses Bild macht deutlich, daß für das Zusammenwirken nicht nur die Hardware, sondern auch eine ganze Reihe von Protokollen und Software-Plattformen erforderlich sind.

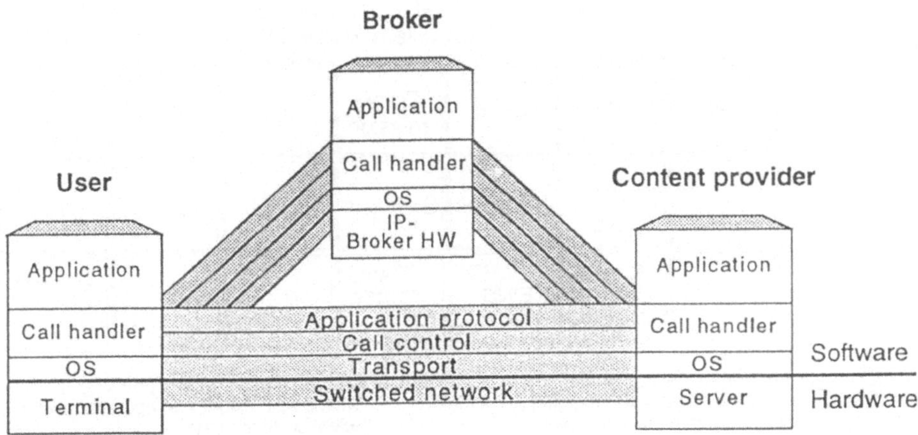

Fig. 8. Multimedia-Layered model

Die Integration einer derartigen Architektur aus zum Teil vorhandenen und neu entwickelten Hard- und Software-Komponenten stellt in Komplexität, Evolutionsfähigkeit aber auch in Entwicklungsgeschwindigkeit an alle Partner hohe Anforderungen. Bild 9 zeigt das Vorgehen eines Systemintegrators am Beispiel der Interaktiven Multimedia-Architektur IMMXpress der Siemens AG und ihrer Partner SUN und Scientific Atlanta für Video on Demand.

5 Netzarchitektur mit ATM

Bild 10 gibt eine Übersicht über die Anforderungen an Bitraten der verschiedenen Dienste vom Plain Old Telephone Service (POTS), ISDN, Kabelfernsehen zu Video on Demand, interaktivem Video und Datenkommunikation. Das Schmalband-ISDN, das bis 2 x 64 kbit/s reicht, deckt auch den Beginn des interaktiven Video ab, wenn man Videokompression intensiv einsetzt und bei der Bildqualität bescheidene Ansprüche stellt. Bild 10 macht auch deutlich, daß die Dienste des Minitel mit seinen 6 Millionen Teilnehmern in Frankreich, das Datex-J der Deutschen Telekom mit knapp 1 Million Teilnehmer und insbesondere das Internet mit weltweit 30 Millionen Teilnehmern sich mit einem Bruchteil der Bitrate des Schmalband-ISDN entwickeln

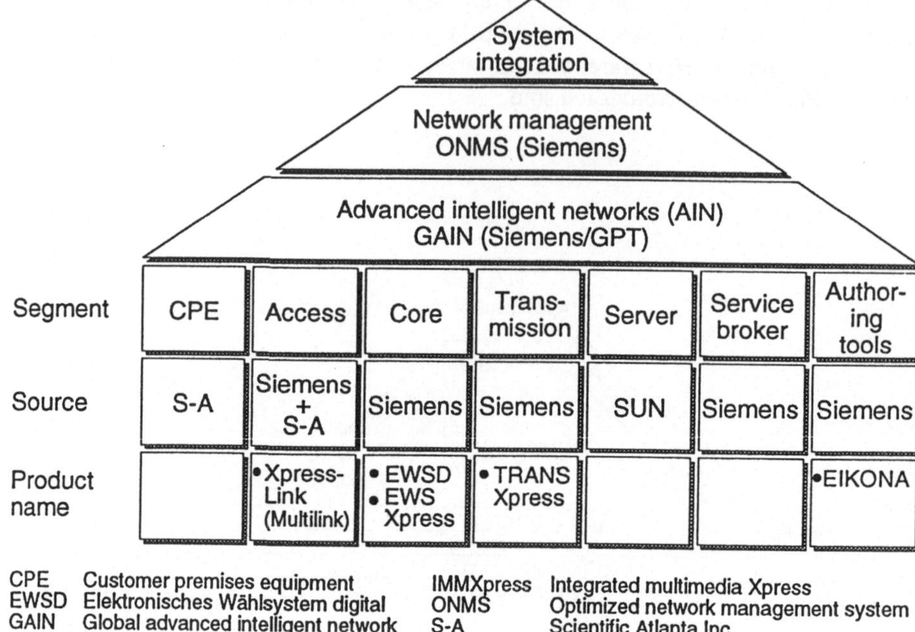

Segment	CPE	Access	Core	Trans-mission	Server	Service broker	Author-ing tools
Source	S-A	Siemens + S-A	Siemens	Siemens	SUN	Siemens	Siemens
Product name		• Xpress-Link (Multilink)	• EWSD • EWS Xpress	• TRANS Xpress			• EIKONA

CPE	Customer premises equipment	IMMXpress	Integrated multimedia Xpress
EWSD	Elektronisches Wählsystem digital	ONMS	Optimized network management system
GAIN	Global advanced intelligent network	S-A	Scientific Atlanta Inc.

Fig. 9. Definition of IMMXpress

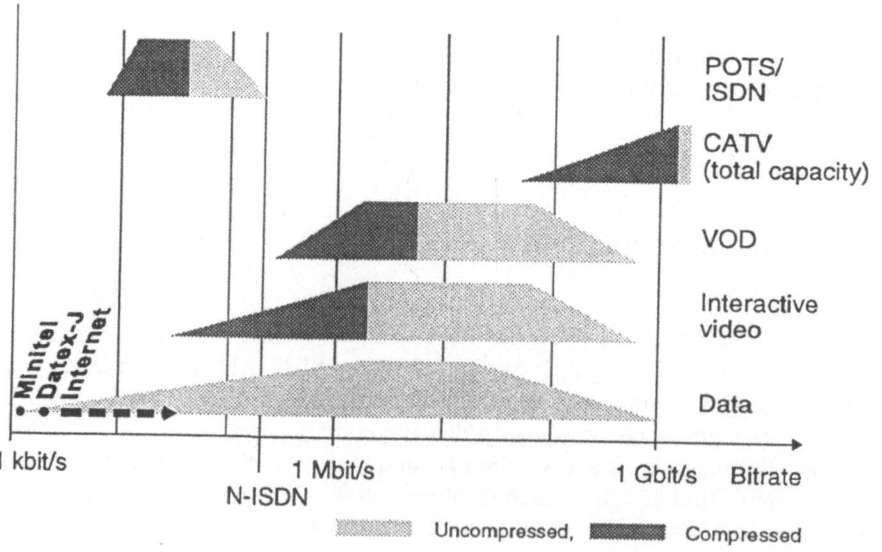

Fig. 10. Do we really need broadband

konnten. Daraus ist zu folgern, daß die konsequente Anwendung der Möglichkeiten des Schmalband-ISDN für diese Dienstegruppen noch eine Weiterentwicklung bis hin zum interaktiven Video erlaubt.

Für interaktives Video mit Fernsehqualität und Video on Demand kommt jedoch nur Breitband in Frage, wobei ATM, insbesondere aus Sicht einheitlicher Standards im Netz, die Technologie der Wahl ist.

ATM als Technologie der Wahl wird anhand der Bilder 11 und 12 erläutert. Bei ATM werden die digitalisierten und gegebenenfalls komprimierten Signale aus Audio, Video, Text, Daten und Bildern in Zellen mit festem Nutzinhalt (48 Byte) und Header (5 Byte) zusammengefaßt. Dies erlaubt – im Gegensatz zu den heutigen Datennetzen – die für bidirektionale Sprach- und Videokommunikation erforderlichen geringen Verzögerungszeiten.

In Bild 12 ist gezeigt, wie ATM gleich in mehreren Dimensionen erlaubt, auf Kundenwünsche einzugehen. In der Vertikalen ist die Bitrate dargestellt, die "on demand" bis in den Bereich von 1Gbit/s und mehr gesteigert und beliebig fein mit Granularität gewählt werden kann. Gemäß den Empfehlungen des ATM Forums sind in der Dimension der Quality of Service bzw. der Verzögerungszeiten vier Dienste- klassen vorgesehen, die den Anforderungen des Kunden sowie Kosten und Preisen der jeweiligen Applikation gerecht werden.

Die Netzarchitektur, die in Bild 7 bzw. Bild 8 konzipiert wurde, wird in Bild 13 unter besonderer Berücksichtigung des Zugangsnetzes dargestellt. Es erlaubt eine analoge und digitale Programmverteilung wie im heutigen und künftigen Kabel- fernsehen bzw. im Satellitenfernsehen. Darüber hinaus ermöglicht es POTS und N- ISDN, interaktives Video für Multimedia sowie Daten. Diese Dienstegruppen stehen dem Kunden über einen Netzabschluß (NT) zur Verfügung, der gleichzeitig für diese

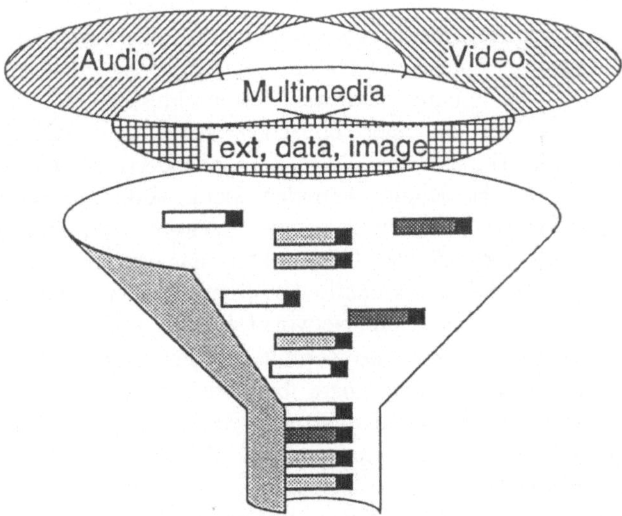

Fig. 11. ATM Asynchronous transfer mode

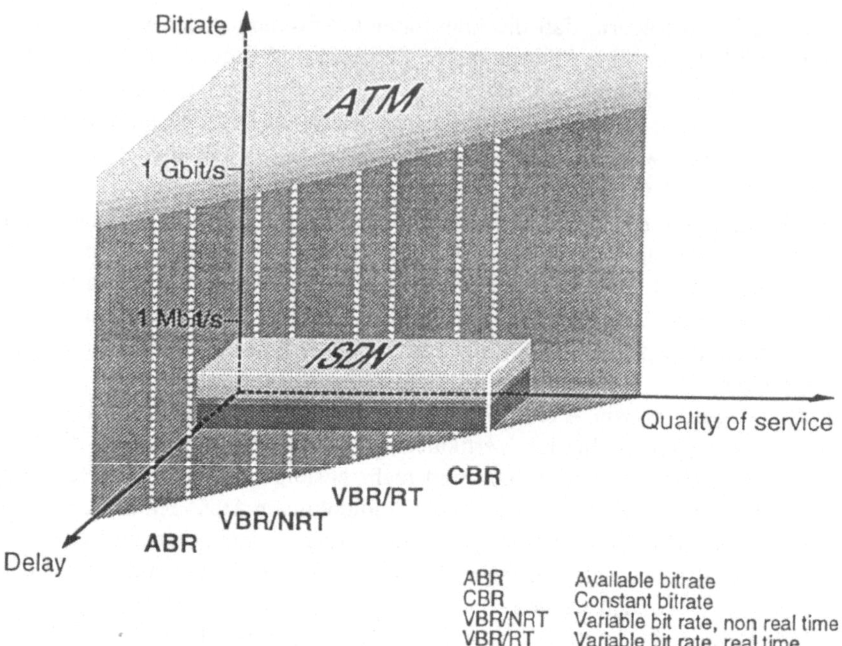

Fig. 12. ATM-Service coverage

Dienste eine Multiplexerfunktion enthält. Anschlußmöglichkeiten an die Telefonwelt (Kupfer-zweidraht), die Fernsehwelt (Koaxialkabel) und die Datenwelt (Ethernet bis ATM) stehen hier zur Verfügung. Der Netzabschluß kann sich an einem für analoge und digitale (ATM-Übertragung) ausgerüsteten Koax-Netz befinden, das die letzten 100 bis 300 Meter überbrückt und über eine Glasfaser-Speiseleitung von einer Kopfstation versorgt wird. Eine vergleichbare Funktion wie das Koax-Netz mit Faserspeisung kann durch ein passives optisches Netz oder eine optische Punkt-zu-Punkt Verbindung erzielt werden. Die Funktionalität des Netzabschlusses (NT) mit dem Multiplexer ist in diesem Fall in einer optischen Netzeinheit (ONU) implementiert, die sich am Bordstein (Fiber to the Curb), im Gebäude (Fiber to the Building) oder im Heim (Fiber to the Home) befinden kann. Aufgrund ihrer beträchtlichen Vorleistungen je potentiellem Benutzer und der zu erwartenden langen Lebensdauer stellt diese teilnehmerspezifische Infrastruktur das entscheidende Kriterium für das zu entwickelnde Durchbruchsszenario dar. Demgegenüber sind die spezifischen Erweiterungen des Kernnetzes (Core Network) zu den vorhandenen Infrastrukturen des analogen Kabelfernsehens, des vermittelten Schmalbandnetzes (POTS/ISDN) und des derzeit in der Anfangsphase befindlichen ATM-Netzes aufgrund der vorhandenen Flexibilität und Standardisierung weniger kritisch. Wie bereits angedeutet, trifft diese Aussage für die Netzintelligenz (IN) und die Content Server, die erst am Anfang der Entwicklung stehen, nicht zu. Da diese Einrichtungen jedoch von vielen Teilnehmern genutzt werden können, stellen sie keine kritischen

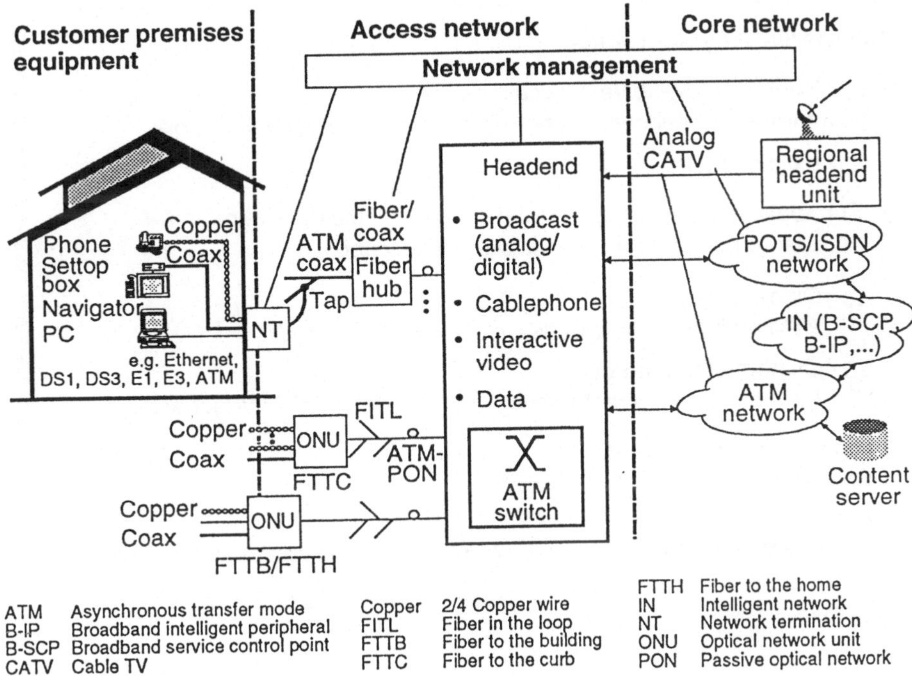

Fig. 13. Multimedia-network architecture

Komponenten dar, wenn sie im Zuge vorhandener Standards und der Evolution des Kernnetzes eingeführt werden.

6 Schlußfolgerungen

Zur abschließenden Beantwortung der Frage, welches der Multimedia-Szenarien den Durchbruch erzielt, ist zunächst nach den Anspüchen der Applikationen zu unterscheiden (Bild 14).
Hohe Chancen für einen ersten Durchbruch haben Multimedia-Applikationen, die auf Erfahrungen von Internet, Minitel, Datex-J aufbauen und das standardisierte Schmalband-ISDN-Netz mit 2 x 64 kBit/s verwenden. Seitens der Netz-Infrastruktur erfordern sie im wesentlichen die konsequente Fortsetzung der Digitalisierung der öffentlichen Netze (N-ISDN). Beträchtliche Anstrengungen sind jedoch in der Weiterentwicklung der Wertschöpfungskette der Inhalte – insbesondere im geschäftlichen Bereich – zu machen. Ganz wesentlich für die Akzeptanz wird es sein, z.B. durch die Verwendung der ATM-Netze mit angemessen hohen Bitraten und Servern mit kurzen Reaktionszeiten zu einer interaktiven Echtzeit-Kommunikation zwischen Partnern und zu Servern zu kommen.

Multimedia-Key scenarios

❏ For 2×64- to n×64-kbit/s applications,
   as information services, ... home shopping, ... collaborative work

    ⇨ existing ISDN

❏ For applications utilizing compressed (4 to 6 Mbit/s) video,
   as video on demand and other interactive video

    ⇨ Owners of coax:
      ATM by fiber/coax hybrids

    ⇨ Owners of twisted pair:
      ATM by fiber/copper hybrids: FTTC/FTTB → FTTH target architecture

❏ Higher risk for investment:
   Specific fiber/coax solutions including
   proprietary upstream-channel signalling protocols

Fig. 14. Conclusions

Applikationen mit interaktivem Video in der gewohnten Fernseh-Qualität für geschäftliche Anwendungen und insbesondere Video on Demand für den häuslichen Bereich erfordern – neben der Entwicklung neuer Wertschöpfungsketten – einen beträchtlichen Ausbau bzw. die Weiterentwicklung der vorhandenen Infrastruktur. Favoriten für den Durchbruch sind hier Breitbandnetze auf ATM-Basis, die im Zugang zum einzelnen Teilnehmer die letzten mehreren hundert Meter der vorhandenen Infrastruktur des jeweiligen "Disseminators" nutzen. Je nach Besitzverhältnissen kann dies ein Teil des Telefonnetzes oder des Kabelfernsehnetzes sein. Mittels Glasfaser als Speiseleitung (fiber feeder) wird soweit als erforderlich eine große Bitrate in die Nähe des Teilnehmers gebracht, was zu Faser/Kupfer- bzw. Faser/Koax-Hybridlösungen führt.

"Fiber to the Curb" und "Fiber to the Building" sind dabei als weitere Begriffe der Netzinfrastruktur anzuführen. Je nach Wachsen des Bitratenbedarfs beim einzelnen Teilnehmer und gemäß der Kostensenkung der optischen Komponenten wird dieses Szenario im Netz durch Verlegen von optischen Fasern bis zum Teilnehmer ("Fiber to the Home") aufgerüstet. Dies kann natürlich nur Hand in Hand mit der Weiterentwicklung der Leistung aller Glieder der Wertschöpfungskette erfolgen. Basistechnologien dafür stehen bereit. Jetzt gilt es, das Geschäft mit Gewinn für jeden in der Kette und jeden Zulieferer in Gang zu bringen.

Experiences and Strategies for Interactive Video

John Seazholtz

Introduction

It is a great pleasure for me to be here with you today and I am excited about the opportunity to discuss Bell Atlantic's experiences and strategies for interactive video telecommunications.

I know that all of you are already aware that the accelerating pace of change in communications, information and entertainment markets is transforming forever the definition of a "telephone company".

What I want you to come away with today, however, is a better understanding of both the direction that Bell Atlantic is taking relative to interactive video, and the zeal with which we are pursuing new growth opportunities created by the accelerating market changes — especially those related to interactive video.

I want to do this by highlighting three critical areas:

- ❑ The deployment of Bell Atlantic's powerful, open, flexible, full-service digital video dialtone network infrastructure;
- ❑ The formation of a strategic partnership composed of Bell Atlantic, NYNEX, and Pacific Telesis, that is dedicated to the creation of the next generation of home entertainment and information services;

and,

- ❑ Bell Atlantic's deployment of the capability to deliver commercially viable programming-on-demand.

For it is through bold initiatives such as these that Bell Atlantic intends to become one of the world's best communications, information, and entertainment company.

Let me begin with a discussion of Bell Atlantic's full service video dial tone platform.

Bell Atlantic's Full-Service Digital VDT Platform

Earlier this year, Bell Atlantic announced its intention to build a powerful, open, flexible, full-service digital video dialtone platform.

Not only will this platform provide today's analog telephony and entertainment services, but it will also provide the value-added services that will make our offerings qualitatively different from our competitors.

BAnet, the designated name for our VDT platform, is being deployed using the three architectures depicted in figure 1: a switched digital hybrid platform of fiber and coax, a switched digital fiber-to-the-curb platform, and ADSL (Asymmetric Digital Subscriber Line), which enables video signals to be transported over existing copper.

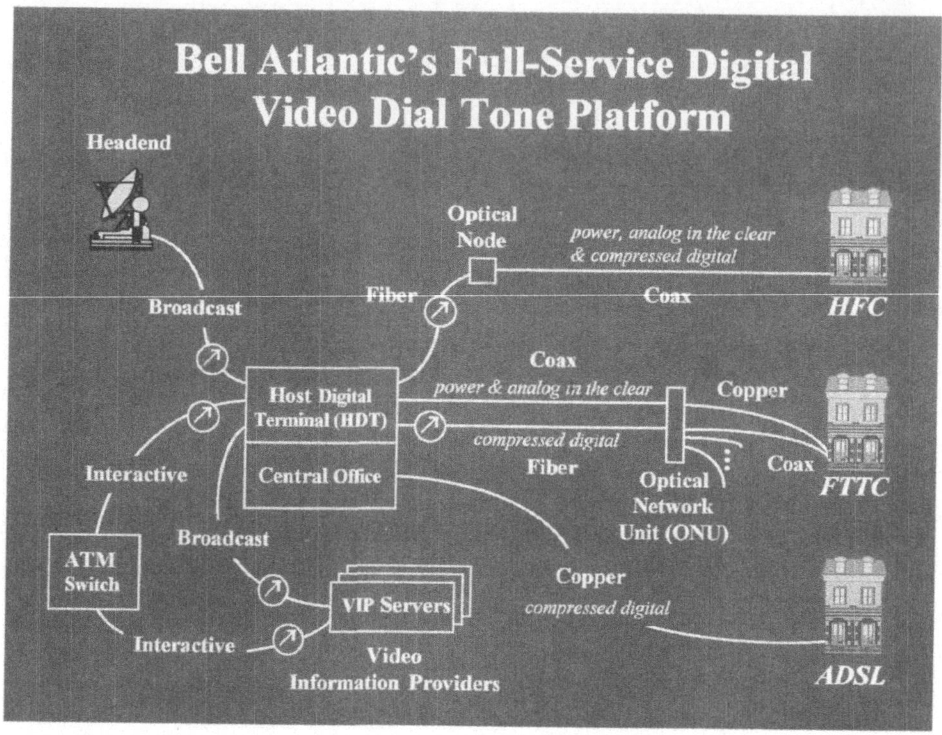

Bild 1: Bell Atlantic´s Full-Service Digital Video Dial Tone Platform

The *fiber-to-the-curb architecture*, already being deployed with Future Vision in New Jersey, provides almost unlimited capacity and can be deployed as market demand for interactive services develops.

The *hybrid fiber-coax architecture,* which we have already deployed in Pennsylvania at Penn State University, provides cost advantages over fiber-to-the-curb and can be deployed quickly to a large number of homes.

ADSL allows for quick video dialtone market entry in selected market areas to meet customer needs and/or competitive threats.

The actual mix of architectures deployed is dependent upon such factors as the strength of residential demand for broadband broadcast services, interactive multimedia services, and continuing advances in technologies.

I do want to point out that both the hybrid fiber-coax and the fiber-to-the-curb architectures provide for integrated ATM switched digital services.

Rather than develop a separate video switch, we intend to handle the expected large volumes of movies transmitted as digital video signals with ATM switches.

Bell Atlantic has plans for a technical trial next year and full service roll out in 1996 – with Siemens and Alcatel as our ATM switch vendors. By the end of the decade, we expect to have 50 ATM switches deployed in essentially an overlay network.

As we move forward, the challenge is to weave together a flexible system made up of a very complex and interrelated set of diverse components; from video servers, to ATM switches, to settop converters, to PCs, to the integrated software with the operating facilities and user interfaces that will make them work together.

It's clear that there will be analog, hybrid, and digital systems working in the network for a long time to come. It's also clear that, as markets converge and the broadband superhighway becomes the delivery system for an increasing variety of information providers, distribution networks will have to accommodate all kinds of programmers over all kinds of platforms.

Bell Atlantic's goal is to provide open standard interfaces to video information providers, both where they connect to the network and at the settops.

As the number of VIPs on Bell Atlantic's video dial tone platform increases, so too does the marketability of our platform over that of our competitors with their closed platform. Our customers want choices, and we intend for them to have choices.

Bell Atlantic will use technology solutions that range from fully digital switched broadband systems to hybrid analog-digital systems that deliver switched digital signals with an upstream control channel and digital settop for interactive services, and an analog package of basic channels for cable ready televisions.

Bell Atlantic's Deployment of *BAnet*

In May of this year, we selected AT&T Network Systems to be the network transport integrator and prime contractor for the project. AT&T will be responsible for ensuring that all the loop elements of *BAnet* – from our central offices to the home terminals – work together.

General instrument was selected to provide a range of equipment, including technologies that multiplex digital video signals into analog TV channels and settop components that customers need in order to access interactive multimedia services.

And, Broadband Technologies was selected to provide equipment to support a switched fiber-to-the-curb architecture.

Construction of *BAnet* is already underway in Dover Township, New Jersey – the first commercial deployment of switched digital fiber-to-the-curb technology in the United States.

In 1995, Bell Atlantic will have the capability of offering 384 channels of programming, entertainment and video information services to more than 38,000 homes and businesses in Dover Township.

The hybrid fiber-coax architecture will also be deployed in our six top mid-Atlantic markets beginning next year, and *BAnet* will rapidly expand into the remainder of our top 20 markets.

52

As a result, broadband, interactive multimedia services will be available to almost 4.0 million homes within the Bell Atlantic region by the end of 1998 – and that figure is slated to grow by another 1.2 million homes each year thereafter.

Each HFC system will initially have the capacity to provide 188 digital 6 Mbps broadcast channels and 23-37 analog channels. Beginning in late 1995, Bell Atlantic will also make several hundred digital pointcast channels available on each system.

At that time, the systems will permit delivery of traditional video programming, on-demand services such as movies and other video programs, and advanced interactive services such as home shopping, educational, and health care services.

Bell Atlantic is currently in the process of evaluating the responses to our RFQ for a family of settops, and I expect that it will be another couple of months or so before we are to make our vendor selection announcement.

Our customers may eventually be able to choose from as many as three Bell Atlantic provided settop models: a low-end settop that will handle analog and digital broadcasts; a mid-range settop that also incorporates limited IMTV capabilities, and a top-of-the-line settop that will handle the full range of both current and anticipated interactive services.

In the interim, we have already selected Philips Consumer Electronics and Compression Labs, Inc. as the settop providers for Dover Township and DiviCom Inc. and IBM for our video dialtone market trial in Northern Virginia.

Bell Atlantic is also working to facilitate the development of a common definition of settop requirements and an open architecture that supports those requirements and promotes interoperability.

Our customers will benefit from this effort in that they will be able to use a single settop terminal to receive broadband services from a variety of video information providers.

Third Generation Television

At the end of last month, Bell Atlantic, NYNEX and Pacific Telesis Group announced the formation of a partnership that is dedicated to the creation of the next generation of home entertainment and information services -- or what I will call "third generation television".

Broadcast TV was the first generation of television. Cable TV, with its new programming and service alternatives, was the second. Interactive multimedia is the third generation of television, and it has the power to absolutely transform the way we live, work and play.

The partnership has already established two new joint ventures to target the video services market:

- a media company to develop, license and acquire a portfolio of branded programming and services, and
- a technology and integration company to develop the systems needed to enable the delivery of interactive programming over the telephone companies' new video dial tone networks.

At the same time, the companies announced a strategic alliance with Creative Artists Agency, Inc. (CAA). Led by Michael Ovitz, who is widely regarded as the most influential person in the entertainment media, CAA will help establish relationships with, and assemble programming from, the broadcast networks, cable programmers, studios, artists and producers, as well as offer advice on executive staffing, business development and entertainment alliances.

CAA will also develop a comprehensive branding and marketing strategy and help create a user-friendly interface or navigator for their interactive services. Bell Atlantic's Stargazer will provide a significant head-start in this effort.

The partnership catapults Bell Atlantic's video strategy forward in several ways. The combined 30-million household customer base of the telco partners will provide program developers the incentive to sell us the best in video programming.

By covering both coasts of the United States and most major markets, the parterships will also provide the scope and scale our video business requires in order to be successful.

The partnership will establish Bell Atlantic and its partners as leaders in defining interactive video technology, the joint ventures will provide the base through which Bell Atlantic will pursue additional opportunities in content and programming.

Bell Atlantic's Video Services (BVS)

The commercial scale video delivery systems that *Bell Atlantic's Video Services (BVS)* has created in Reston, Virginia will be the comerstone of the new technology and integration company.

Earlier this summer, BVS installed commercial-scale video file servers in Reston and developed and implemented customer service, billing, operations and business support systems.

BVS has pulled all this together into a system that can deliver a consumer on-demand service, with competitive features and prices and with excellent customer service and support.

And with the completion of it´s *Digital Service Bureau*, BVS has succeeded in building what I believe is the world's first commercially viable video-on-demand service.

With its Digital Service Bureau, BVS cann meet the volume and cosst targets needed to keep the video in its on-demand offering fresh and affordable. In fact, we now have the ability to prepare 150 full-length movies each month for on-demand delivery over telephone lines. BVS currently has more than 700 titles from studios, broadcasters, cable channels and together programmers encoded and ready for viewing during the market trial.

The Digital Service Bureau is designed to expand frome its inital capacity of 20,000 minutes of video per month up to 50,000 minutes per month. In addition to supporting BVS's video-on-demand service, the Bureau intends to offer its services commercially.

When Bell Atlantic first began its video-on-demand technical test in March of 1993, the process of digitally encoding videos was essentially a cottage industry. Most of the encoding work around the United States consisted of 10-15 minute videos being processed on a piece-meal basis.

It took more than 150 hours and $150,000 for Bell Atlantic to encode its first full-length movie, the first time in the world that a full-length movie had been encoded.

Bell Atlantic Video Services has since taken the encoding process to an industrial scale – consistent with the demands that will be placed on commercial video delivery systems.

A year ago it took seventy-eight minutes. By next year we expect that to be down to three minutes.

As we automate more and more of the compression functions, our expectation is that we will be able to reduce the cost per movie to roughly the cost of making a video copy af a movie for a cable channel. And as soon as Bell Atlantic receives regulatory approval, BVS will begin a market test of its Stargazer programming-on-demand service to 2,000 customers using its Virginia-based video delivery systems.

The *Digital Production Center* that we operate in Reston, Virginia provides Video Information Providers with the ability to create interactive multimedia services and the ability to package them for delivery to customers.

Sevices available to qualified Video Information Providers include: digital conversion and compression, an operations center to house servers and databases, and a full-scale production studio that can create entertainment and information products.

Closing

I believe the possibilities for interactive multimedia are endless. Bell Atlantic will be in the forefront of developing these types of services – either alone or in partnership with public and private sector organizations.

But whether the services come from us or from others, our plan is for all of them to converge into one user interface – and I have already indicated that Bell Atlantic's Stargazer will serve as the model. Our interface will set a standard for the virtual shopping mall, virtual classroom, virtual clinic, virtual library, virtual newsstand, virtual video store, virtual arcade, virtual lottery machine, and more.

Choice, convenience and control. That's what it's all about. That's what people aren't getting today.

Powerful wireline and wireless networks, combined with user-friendly navigation systems, will make riding the information superhighway as easy as driving your car. And a lot more fun too.

Erfahrungen mit Bildtelefonie und Telekooperation im Privatbereich

Wolfgang P. Peters

1 Generelle Erfahrungen beim Durchsetzen von Innovationen

Bevor über spezifische Erfahrungen berichtet wird, sei eine generelle Beobachtung bei der Durchsetzung von Innovationen vorangestellt. Hierbei sei die Anmerkung erlaubt, daß der Verfasser dieses Beitrags sich seit Ende der 60er Jahre mit der Thematik beschäftigt, wie erfolgreiche Innovationen zustandekommen bzw. was falsch gemacht wurde, daß zunächst erfolgsversprechende Konzepte sich im nachhinein anders entwickelten als vorausgesagt. Im Telegrammstil folgende Beobachtungen.

Video 2000 galt lange Jahre als das technisch bessere System, weltweit durchgesetzt hat sich VHS. Der Erfinder von VHS, der quirlige Tokano von JVC hat sich jahrelang nicht weniger stark mit der Vermarktung "seines" Systems beschäftigt wie mit der Technik. Es war seine Idee, bespielte Kassetten parallel mit der Einführung der VHS-Recorder in großer Stückzahl in den Markt zu bringen.

Bei Minitel war es Jean-Paul Maury von France Télécom, bei dem von Beginn an *alle* Fäden vom Systemkonzept, dem von vornherein als Massenprodukt konzipierten Endgerät, dem Einbinden der Diensteanbieter, dem umfassenden Vermarktungskonzept bis hin zu Pressemeldungen zusammenliefen. Maury ging erst von Bord bzw. übernahm eine andere Tätigkeit, als der Durchbruch mit über 6 Millionen Teilnehmern erreicht war.

Die Erfolgsstory des "Walkman's" und seines Erfinders Akio Morita ist ähnlich spannend, ausführlich nachzulesen in dem Bestseller "Made in Japan".

Eine ganze Reihe anderer Erfolgsstories finden sich bei Thomas J. Peters und Robert H. Waterman in dem Klassiker "In Search of Excellence" bzw. der deutschen Ausgabe "Auf der Suche nach Bestleistungen".

Der Vision und dem unermüdlichen Engagement von Christian Schwarz-Schilling ist unsere heutige Medienlandschaft zu verdanken. Über einen mehrjährigen Zeitraum gab es keine andere Persönlichkeit in Deutschland, die sich auf hierarchisch hoher Ebene sowohl im technischen, als auch marktlichen Bereich besser auskannte als er. Es ist das Verdienst unseres langjährigen Bundespostministers, daß wir Zeitzeugen vieler spannendster, in voller Länge übertragender Tennis Grand Slam Turniere mit Boris Becker und seinem wiederholt unglaublichen Willen zum Siegen wurden. Die öffent-lich rechtlichen TV-Anstalten hätten derartig lange Übertragungszeiten nicht durchhalten können. C. Schwarz-Schilling ist es auch zu verdanken, daß innerhalb weniger Jahre ein beachtlicher zusätzlicher volkswirtschaftlicher Nutzen entstand.

Bei dem Themenkomplex ISDN ist die Vaterschaft etwas schwieriger auszumachen. Fakt ist jedoch, daß Helmut Schön als langjähriger Chef der DBP Vermittlungstechnik und anschließend in seiner Funktion als Mitglied des Vorstandes der Telekom einen maßgeblichen Anteil am Durchsetzen von ISDN hat.

Frank Müller-Römer, Technischer Direktor des Bayerischen Rundfunks, könnte morgen zum Vater einer großen Innovation avancieren, wenn seine Zukunftsvision des Digitalen Rundfunks (DAB) endlich von Erfolg gekrönt würde.

In den zurückliegenden 20 Jahren wurden aber nicht nur Erfolgsfaktoren ermittelt, sondern auch Untersuchungen angestellt, warum sich zunächst erfolgversprechende Konzepte anders entwickelten als vorausgesagt. Als erster Hauptfehler wurde das zu frühzeitige Ersetzen des "Vaters der Idee" kurz vor dem entscheidenden Marktdurchbruch ermittelt. Selbst bei bester Performance des Nachfolgers finden die "Gegner" des Konzeptes jetzt endlich ein Zeitfenster, ihre spezifischen Interessen durchzusetzen und damit zwangsläufig den geplanten Verlauf zu verzögern bis hin zu massiver Beeinträchtigung des ursprünglichen Konzeptes.

Ein zweiter Hauptfehler ist das nach wie vor zu große Defizit im Marketing. Seit mehr als 30 Jahren wird z.B. intensiv auf dem Gebiet der Datenkompressions- und Redun-danzreduktionsverfahren für Bild- und Tonsignale geforscht und entwickelt. Die Ergebnisse sind in Tausenden von Veröffentlichungen dokumentiert, unterschiedlichste Versuchsreihen gingen um die Welt. In krassem Widerspruch zu den eindrucksvollen Ingenieurleistungen steht in Europa die Vermarktung der erzielten Ergebnisse. Viele Verfahren sind längst in hochintegrierten Schaltkreisen implementiert und bilden das Herzstück serienmäßiger Bild-Telefone und Multimedia-Terminals. Experten beziffern den Aufwand für Forschung und Entwicklung von Datenkompressions- und Redundanzreduktionsverfahren für Bild- und Tonsignale einschließlich der Implementierung in hochintegrierte Schaltkreise allein in Deutschland auf etwa 150 Mio DM. Interessant ist auch der Aufwand für den Codieralgorithmus H261 und internationale Standardisierung. Weltweit sind hier in der Größenordnung ca. 200 Mannjahre aufgewandt worden, was wiederum einen Gegenwert von ca. 40 Mio DM entspricht. Vergleicht man dazu den gegenwärtigen viel zu geringen Vermarktungsaufwand bei Diensteanbietern und herstellender Industrie, so darf man sich nicht wundern, daß Bildanwendungen nur mühevoll vorankommen. Da machen wir doch irgend etwas falsch.

Diejenigen, die in den vergangenen 15 Monaten die Chance hatten, uns bei unseren Bild-Telefonie-Experimenten über die Schulter schauen zu dürfen, waren durchweg erstaunt bis sprachlos. Diese Feststellung galt sowohl dem heute erreichten technischen Stand der Bildübertragung im ISDN als auch den verschiedenen Anwendungen.

Besonderer Dank an dieser Stelle der Alcatel SEL für Finanzierung der Bildtelefonie- und Telekooperations-Experimente.

2 Erfahrungen mit Bildtelefonie in den frühen 80er Jahren im Privatbereich

2.1 Breitbandige oder schmalbandige Übertragung?

Die rasanten Fortschritte in der optischen Nachrichtentechnik haben in den frühen 80er Jahren eine Erwartungshaltung entstehen lassen, daß Breitband-Individualkommunikation bereits in wenigen Jahren für jedermann verfügbar sein könnte. Das altbewährte Kupfer spielte für Bildkommunikation vorübergehend keine nennenswerte Rolle mehr. Das BIGFON-Projekt sollte eine Initialzündung auslösen.

Die Initialzündung für Bildkommunikation erfolgte. Bildkommunikation entwickelte sich zu einem festen Bestandteil der Messekonzepte vieler Firmen und der Deutschen Bundespost. Was sich jedoch änderte, war die Focusierung der Bandbreite für Anwendungen im Privatbereich. Zum einen sind Bandbreiten oberhalb 2 Mbit/s für Individualkommunikation im Privatbereich auch auf absehbare Zeit nicht finanzierbar, zum anderen wurden enorme Fortschritte bei Datenreduktion und Datenkompressionsverfahren erzielt, so daß heute mit deutlich niedrigeren Bandbreiten eine befriedigende Bildqualität erreicht wird.

Besonders hervorzuheben bei diesem Evolutionsprozeß von Technologie, Verfahren, Diensten und Anwendungen sind die frühen Visionen von Jürgen Kanzow und seiner damaligen bzw. heute noch aktiven Teamkollegen; auch das finanzielle Engagement von DBP bzw. Telekom sowie einzelner Unternehmen über einen langen Zeitraum ist beachtlich.

Nicht zuletzt wurden zahlreiche Symposien wie auch die Münchner Kreis-Veranstaltung von 1984 mit Beiträgen, wie "Die vielversprechenden neuen Möglichkeiten der Breitband-Individual-Kommunikation" durch die BIGFON-Projekte angestoßen.

2.2 Taubstumme als erste größere Versuchsgruppe im BIGFON-Projekt der DBP

Die erste größere Versuchsgruppe im Privatbereich waren 22 Taubstumme im Rahmen der BIGFON-Versuche der Deutschen Bundespost in Berlin im Zeitraum 1983 bis 1989. Die Finanzierung des BIGFON-Projektes lag zu 50 % bei der DBP, zu 50 % bei den beteiligten Firmen. Die Idee, das Fernsehtelefon den Gehörlosen in Berlin zugänglich zu machen, wurde auf der Funkausstellung von 1981 geboren. "Plötzlich seien zwei Taubstumme aufgetaucht, hätten sich in die Kabinen gesetzt und wie wild eine Unterhaltung begonnen". Es wurden folgende Erfahrungen gewonnen:

- Die Taubstummen haben Bildtelefonie nach anfänglicher Skepsis begeistert aufgenommen.
- Das Bild-Telefon wurde in den sechs Jahren für die beteiligten Gehörlosen ebenso unentbehrlich, wie die Brille für den Menschen mit entsprechenden Sehstörungen.

58

- Alle Befragten waren von Bildtelefonieren "schwer begeistert", "Bild-Telefon ist der Traum eines jeden Gehörlosen".
- Die Bild-Telefone wurden im Durchschnitt drei bis viermal die Woche benutzt.
- Die durchschnittliche Nutzungsdauer pro Bild-Telefongespräch lag bei ca. 30 Minuten, längere Gespräche dauerten bis zu 4 Stunden.
- Man unterhält Bild-Telefonverbindungen zu Personen, die man persönlich kennt.
- Bildtelefonie eröffnet für Gehörlose ganz neue Lebensdimensionen und einen hohen Gewinn an Autonomie.
- Der befriedigte Grundnutzen läßt sich am ehesten mit dem Stichwort "plaudern" kennzeichnen.
- Man übt sich in der Kunst der Konversation und zwar in einem anspruchsvollen Sinne.
- Ergebnis langer BIGFON-Gespräche: "Es war, als ob man im Wohnzimmer beim Kaffeetrinken zusammensitzt".
- Die Ergebnisse belegen, daß eine erhebliche Verbesserung an Lebensqualität entstand.

Der Nutzen von Bildtelefonie für Gehörlose kann nur von denjenigen beurteilt werden, die sich eingehend mit den kommunikativen Handicaps dieser Mitbürger befaßt haben. Dies geht aus der Begleitstudie des Instituts für Zukunftsstudien und Technologiebe-wertung hervor, die im Auftrag der Telekom erstellt wurde.

2.3 Frühzeitige Identifizierung der Oma-Enkel-Beziehung

Die BIGFON-Aktivitäten brachten für die Bildkommunikation im Privatbereich noch andere Erkenntnisse. Eine davon war die frühzeitige Identifizierung der Oma-Enkel-Beziehung als erfolgversprechenden und gleichzeitig sympatischen Einstieg. Im BIGFON-Prospekt der Deutschen Bundespost von 1983 dominierte das Bild einer Oma, die ihren Enkel im Fernseher betrachtet. "Liebe Oma, soll ich Dir mal ein Bild zeigen, das ich heute für Dich gemalt habe?" Während Bild-Telefonieren damals von vielen als Spielerei abgetan und die Ehefrau mit Lockenwicklern als abschreckendes Beispiel herausgestellt wurde, gab es – wenn auch nur von wenigen – Visionen, wie sich Bildkommunikation im Privatbereich entwickeln könnte.

3 Erfahrungen aus dem Tamm-Berlin-Experiment 1993/94

3.1 Mutter-Tochter-Bildkommunikation

Spätestens nach dem internationalen Symposium "Telefon und Gesellschaft" der Forschungsgruppe Telekommunikation wissen wir, welche wichtige Rolle der Mutter für den Zusammenhalt der Familie über Zeiträume von mehreren Jahrzehnten zukommt. Wenn die Kinder das Haus verlassen, ist sie es, die durch lange Telefonate das Bindeglied herstellt. Dieser Tatbestand war auch vor Beginn des Bildtelefon-experiments Tamm-Berlin erfüllt.

Am 13. September 1993 wurde das Experiment gestartet. Erste nüchterne Erfahrung nach ca. 10 Bildverbindungen: Das Hinzuschalten der Bildkomponente bringt bei der Mutter-Tochterbeziehung zunächst nicht den erwarteten Mehrwert. Im Gegenteil, das Bild hätte in ca. 50 % der zwischen Mutter und Tochter durchgeführten Telefonate nach subjektiver Einschätzung eher gestört. Dies führte zu der Feststellung:

– Bildtelefonieren zwischen Mutter und Tochter ist in der Startphase ein Luxus, auf den man durchaus verzichten kann.

3.2 Oma-Enkel – Bildkommunikation

Völlig anders verliefen Bildtelefonate, wenn der Enkel im wahrsten Sinne des Wortes mit in's Bild kam.

– Innerhalb von 12 Monaten entwickelte sich Bildtelefonie
  zwischen Oma und Enkel zu einer "Droge Bildfernsprechen".

Wegen der räumlichen Distanz von ca. 600 km zwischen Tamm und Berlin ist der persönliche Kontakt auf drei bis vier Besuche pro Jahr beschränkt. Allein bei diesen persönlichen Besuchen wird sich auch weiterhin die eigentliche Oma-Enkel-Beziehung entwickeln. Nach solchen Besuchen hat die Intensität der Bildver-bindungen jedesmal zugenommen bis hin zu unmißverständlichen Äußerungen des inzwischen zwei Jahre jungen Enkels: Anschalten, ich will Oma und Opa Tamm sehen.

Der Inhalt der Bild-Telefongespräche war in der Regel ähnlich der Kommunikation bei Besuchen. Wer Erfahrung mit Kleinkindern hat, weiß, daß ständiges Lernen weite Teile der Kommunikation bestimmt. Ähnlich der Ablauf der Bild-Telefongespräche. Oma zeigt Gegenstände und Bildmotive, klein Patrick errät sie und gibt mit seiner "Sprache" zu erkennen, daß er die Motive erkannt hat.

Da sich auf beiden Seiten in der Regel alle vorhandenen Familienmitglieder einfanden, wurde eine weitere wichtige Erfahrung gemacht.

– Bild-Telefonieren ist nicht Telefonieren mit Bild
  sondern
– Bild-Telefonieren ist ein Besuch ohne körperliche Anwesenheit.

Eine andere Erfahrung: Während die Bildkommunikation zwischen Mutter und Tochter zunächst als reiner Luxus und in einer Reihe von Telefongesprächen eher als störend gewirkt hätte, entwickelte sich über den "Katalysator Enkel" ein gewöhnungs-abhängiger Zusatznutzen.

– Bildtelefonieren zwischen Mutter und Tochter gewinnt über den "Katalysator Enkel" an Normalität.

Weitere Erfahrungen:

- Bei Bildtelefonaten zeigte der zehnmonatige Enkel von Beginn an keine Scheu.
- Wöchentlich fanden ein bis zwei Bildtelefongespräche statt, durchschnittliche Dauer ca. 30 Minuten.
- Nach persönlichen Besuchen war die Nutzungshäufigkeit größer.
- Die Nutzungshäufigkeit nahm im Verlauf des einjährigen Versuchs zu.
- Der Hauptnutzen läßt sich mit Begriffen wie Freude, Spielen und Lernen beschreiben.
- Beide Seiten übten sich in der Kunst des sich Verstehens mit zunehmendem Erfolg.
- Im Mittelpunkt der Bild-Telefongespräche stand das Wiederholen des bei persönlichen Besuchen Gelernten.
- Man spürte den Stolz des Kleinkindes, Oma und Opa "verstanden" zu haben.

Die gewonnenen Erfahrungen weisen viele Ähnlichkeiten mit den Bild-Telefonversuchen mit Gehörlosen auf. Insbesondere die Erfahrung, daß der Nutzen von Bildtelefonie am besten von demjenigen beurteilt werden kann, der die "Sprache" einschließlich Gestik und Mimik seines Bild-Telefonpartners "versteht", hat sich voll bestätigt. Dies mag für den Außenstehenden trivial erscheinen, ist jedoch für ein erfolgreiches Marketing von essentieller Bedeutung.

Nicht verschwiegen werden sollte auch eine Erfahrung, über die in den 80er Jahren in Verbindung mit Bildkommunikation viel diskutiert wurde. Man bereitet sich auf Bildkommunikation anders vor als auf ein Telefongespräch. Die berühmten Lockenwickler waren nicht zu sehen, dafür lag bei den ersten Bildtelefongesprächen der Lippenstift immer in der Nähe des Bild-Telefons, eine weitere Bestätigung des Besuchscharakters einer Bildverbindung.

3.3 Virtuelle Familienfeiern

Die in den beiden ersten Experimenten verwendeten ISDN-Bild-Telefongeräte "Lisa C" und die Desktop-Videokonferenzeinheit S 02 der Telekom verfügen über einen zweiten Eingang für eine externe Kamera. Es war ein besonderes Erlebnis, als am Sonntag, den 18. September 1994 die erste virtuelle Familienfeier zwischen Tamm und Berlin zustandekam. Eine handelsübliche Videokamera mit Video-Ausgang wurde auf einem Stativ montiert und der Gesamteindruck des Wohnzimmers, der Geburtstagstisch und die anwesenden Familienmitglieder von Tamm nach Berlin übertragen. Spontane Aussage der Tochter in Berlin:

> Ich fühle mich fast wie bei Euch.

Es war ein ähnliches Ergebnis, wie bei den BIGFON-Versuchen in Berlin. Aussage nach längeren Bildtelefongesprächen: Es war, als ob man beim Kaffeetrinken zusammensitzt.

3.4 Erfahrungen mit verschiedenen Bildtelefonen

Die Videophon-Experimente mit Taubstummen in Berlin konnten 1983 nur mit breitbandiger Übertragung gestartet werden. Dadurch war gewährleistet, die Feinheiten der
Gebärdensprache übertragen zu können. Die für eine schmalbandigere Übertragung
erforderlichen Datenkompressions- und Redundanzreduktionsverfahren sowie entsprechende Codieralgorithmen waren zu diesem Zeitpunkt noch nicht serienreif.

Die Tamm-Berlin-Experimente wurden mit unterschiedlichen ISDN-Telefonen und
Übertragungsbandbreiten von 64 bis 128 kbit/s durchgeführt. Drei verschiedene Bild-
Telefone kamen zum Einsatz. Das Bild-Telefon "Lisa C" und die "Desktop-Videokonferenzeinheit S 02" sind Serieneinrichtungen der Telekom und in erster Linie für den
geschäftlichen Einsatz vorgesehen. Das VideoPhone 2838 von Alcatel ist von vornherein für geschäftliche *und* private Anwendungen konzipiert. Allen drei Gerätetypen
ist die ausgesprochen leichte Bedienbarkeit gemeinsam, die Möglichkeit der Eigen-
bildeinblendung sowie der internationale Bildtelefonstandard H 320.

Die Experimente wurden sowohl mit gleichen Bildtelefongeräten, als auch mit auf
beiden Seiten unterschiedlichen Gerätetypen durchgeführt, z.B. Kombination der
Desktop-Videokonferenzeinheit (im Büro) mit dem VideoPhone 2838 im Heimbereich.

3.4.1 ISDN Bildtelefon "Lisa C"

Die Bildqualität mit dem Bild-Telefon "Lisa C" der Telekom ist für Anwendungen im
Privatbereich mehr als ausreichend. Der bei diesem Gerät mögliche direkte Blickkontakt hat dazu beigetragen, Akzeptanzhürden insbesondere in der Startphase
abzubauen. Als angenehm wurde die Möglichkeit der Einblendung des Eigenbildes
empfunden, um Gewißheit zu erhalten, selbst immer "richtig im Bild zu sein". Auch
das Zeigen von Gegenständen konnte leicht korrigiert werden. Angenehm war auch
der 10 Zoll Farbmonitor, so daß auf beiden Seiten mehrere Personen problemlos mit
ins Bild kommen konnten. Beeindruckend war die Bildqualität bei dem Experiment
"Virtuelle Familienfeier".

3.4.2 ISDN Desktop-Videokonferenzeinheit "VKE S 02"

Die Auftisch Video-Konferenzeinheit "VKE S 02" der Telekom ist die Weiterentwicklung des Bildtelefons "Lisa C" von Alcatel. Da die Codier- und Decodiereinrich-
tung im Gerät untergebracht ist, ist der Einsatz als Desktop-Videokonferenzeinheit
gegeben. Hauptanwendungen sind neben Face to Face-Kommunikation das "Verbinden" auseinderliegender Besprechunsräume und Schaffung virtueller Besprechungen.
Als Wiedergabegerät wird hierbei zusätzlich ein Fernsehgerät mit größerer Bildröhre
eingesetzt. Weitere Daten: 10 Zoll Farbmonitor mit analoger Bandbreite > 5 MHz,
Auflösung 752 x 582 Pixels, wahlweise Bildübertragung mit 124,8 kbit/s, Decoder-
Bildrate bis zu 30 Bilder pro Sekunde. Diese vorzüglichen technischen Eigenschaften

und ein gegenwärtiger Preis unter DM 20 000 erklären, warum sich diese Auftisch-einheit zunehmend als Alternative zu herkömmlichen Videokonferenzeinheiten am Markt durchsetzt.

In dem Tamm-Berlin-Experiment hat sich dieses Gerät als hervorragendes "Marketing-Tool" für das Aufspüren weiterer Anwendungen im Privatbereich er-wiesen. Es gibt interessante Hinweise über mögliche Marktpotentiale im Bereich "Sicherheit", Bildinformationsdienste und vielfältigste Video on Demand-Anwen-dungen. Hierbei sind ausgenommen das Übertragen von Filmen. Zur Abgrenzung von Filmübertragungen haben wir für die untersuchten Experimente den Begriff *"personal video-on-demand"* gewählt. Durch die Möglichkeit der Bildübertragung mit 128 kbit/s war die Bildqualität bei Experimenten wie "Virtuelle Familienfeier" nochmals deutlich verbessert. Weitere personal Video-on-Demand-Anwendungen wurden untersucht bzw. sind in Vorbereitung.

3.4.3 ISDN VideoPhone 2838

Das Alcatel VideoPhone 2838 ist von vornherein für geschäftliche und private Nutzung konzipiert. Technische Daten: Euro-D-Kanal-Protokoll, Decoder-Bildrate bis zu 15 Bilder pro Sekunde, LCD-Display, Gewicht 2,1 kg.

Erfahrungen

- Da das VideoPhone 2838 nicht nennenswert größer als ein normales Komfort-Telefon ist (Abmessungen 246 x 270 x 191 mm), läßt es sich problemlos am gewohnten Telefon-Standort installieren. Wegen der guten Benutzerführung per Großdisplay ist eine Bedienungsanleitung für die Anwendung "Bildfern-sprechen" nicht erforderlich.
- Das Hinzuschalten des Bildes erfolgt harmonischer als bei den am Markt vorhandenen ISDN Videokonferenzeinheiten für geschäftliche Nutzung.
- Die Hemmschwelle für komplizierte Technik wird abgebaut, Neugier und Spieltrieb werden angeregt, den kleinen Zusatz "Videocommunication" aus-zuprobieren.
- Schnelle Gewöhnung an den relativ kleinen LCD-Bildschirm.
- Das kleinere Bildformat führte bei Face-to-Face-Kommunikation nicht zu dem erwarteten Qualitätseinbruch.
- Erste Versuche mit Gehörlosen waren erfolgversprechend.
- Die LCD-Wiedergabe wurde nicht als schlechtere Qualität empfunden.
- Gleichzeitig mehrere Gesprächspartner waren gut zu erkennen.
- Wegen des geringen Gewichtes ist das VideoPhone 2838 herumtragbar, durch das "Umstecken am Bus" sind Bildübertragungen von verschiedenen Räumen aus möglich.

3 Applikationen und Anforderungen

Voraussetzung für die Konzeption einer langlebigen Infrastruktur sind zuverlässige Aussagen über die Anforderungen. Dazu werden die heute bekannten Applikationen segmentiert betrachtet (Bild 3). Die Spalten in Bild 3 gliedern nach der Vernetzung; horizontal wird nach Geschäfts- und Heimanwendungen unterschieden.

3.5 "Entzugserscheinungen" bei Fehlen von Bildtelefonie?

Erfahrungen über das Fehlen gewohnter Bildverbindungen liegen nur begrenzt vor, "Entzugserscheinungen" sind jedoch zu erwarten. Kommt aus technischen oder organisatorischen Gründen – Austausch der Geräte, Umstellung von nationalem auf Euro-ISDN-Protokoll – vorübergehend keine Bildverbindung zustande, kann der virtuelle Besuch am Sonntag nicht stattfinden. Es fehlt plötzlich etwas. Man wird sich erstmals bewußt, daß man auf etwas schnell Liebgewonnenes verzichten muß. Der Teil des Raumes, der in den letzten Monaten in hohem Maße durch Freude und virtuelle Gemeinsamkeiten geprägt war, vermittelt eine gewisse Traurigkeit und Leere.

4 Defizite im Marketing beseitigen

4.1 Bewußtsein für entgangene Bildkommunikation schaffen

Unmittelbare Kommunikation zwischen Oma und Kleinkind ist bei vorhandener räumlicher Trennung nur in Besuchsfällen möglich. Durch Bildkommunikation kann diese Kommunikation intensiviert werden – trotz räumlicher Trennung. Der deutlich höhere Wert des persönlichen Besuches wird dabei in keiner Weise infrage gestellt.

Freunde und Bekannte, die unsere Bild-Telefonexperimente miterleben durften, waren durchweg mehr als überrascht über das bereits heute technisch Mögliche. Bei anderen "Omas" und "Opas" war ein Bewußtwerden über entgangene Kommunikation festzustellen.

4.2 Erlebnisorientiertes Marketing vorantreiben

Hinweise aus der herstellenden Industrie und von der Telekom ergaben: Der Absatz von Bild-Telefonen für den Privatbereich ist mehr als schleppend. Dies ist nicht überraschend. Die Situation wird sich erst ändern, wenn wir den produktorientierten Ansatz durch ein anwendungs- und erlebnisorientiertes Marketing substituiert haben. Wir müssen lernen, Erlebniswelten glaubwürdig zu vermitteln. Erste bescheidene Ansätze sind erkennbar. Auch einer verstärkten Werbung kommt eine besondere Bedeutung zu.

4.3 Auf der Suche nach Boris Jelzin Effekten

Zusätzlich hilfreich sind charismatische Leitbilder. Bei uns in Deutschland scheinen Führungspersönlichkeiten Hemmschwellen zu haben, sich in der Öffentlichkeit zu innovativen Telekommunikationsanwendungen zu bekennen. Es ist für viele schwer vorstellbar, den Bundeskanzler oder einzelne Minister zuhause am Multimediaterminal oder am einfachen Bildtelefon "zu erleben". Auf derartige Leitbilder können wir aber nicht verzichten. Wir müssen Wege finden, diesen Personenkreis für Bildtelefonie und Telekooperation zu begeistern.

Mit dem Besuch von Präsident Jelzin am 13. Mai 1994 in Stuttgart entstand ein überzeugendes charismatisches Leitbild für Bildkommunikation. Die festgehaltene Bildfolge vermittelt einen ungefähren Eindruck dieser spontanen Akzeptanz des Bild-Telefongesprächs mit seiner Frau Naina. Alle TV-Sender haben zu ihren Hauptsendezeiten ausführlich über dieses "private" Bildtelefongespräch berichtet. Die Umrechnung in Werbeminuten hätte einen Gegenwert von ca. 1,0 bis 1,2 Millionen DM ergeben. Wir haben dieses Erlebnis als "Boris Jelzin Effekt" definiert.

–   Unter dem Boris Jelzin Effekt ist die von der Öffentlichkeit leicht nachvollziehbare spontane Akzeptanz einer innovativen Telekommunikationsanwendung durch eine politisch oder unternehmerisch tätige Persönlichkeit und Verbreitung dieser positiven Reaktion über die Medien zu verstehen.

4.4 Von anderen erfolgreichen Innovationen lernen

Die Japaner haben anfangs unsere Produkte kopiert und, darauf aufbauend, konkurrenzfähigere, bessere Produkte gemacht. "Kreativer Klau" nennt Tom Peters die Fähigkeit, von anderen erfolgreichen Innovationen zu lernen. Der Erfolg von VHS kam letztlich dadurch zustande, daß parallel mit der Einführung der VHS Video-Recorder bespielte VHS-Kassetten in großer Zahl in den Markt gebracht wurden.

Beim Kauf eines Bild-Telefons – der Bild-Telefon-fähige PC bzw. das Multimediaterminal sind hier eingeschlossen – müssen unmittelbar nach Kauf solcher Geräte "lohnende" Bildziele anwählbar sein. Beim Kauf des ersten Videorecorders entstand noch am gleichen Tag das Heimkino, ein ähnlicher Nutzen muß sich sofort für das Bild-Telefon einstellen.

5 Ausblick: "Wie gehts weiter?"

Akzeptanz für neue Telekommunikationsanwendungen entsteht in unseren Köpfen als Vision, sie wird dort vorausgedacht, wo das Wissen über das technisch Machbare konzentriert ist. Akzeptanz entsteht nicht in Feldversuchen. Feldversuche sind nichts anderes als eine Bestätigung sorgfältig ausgetüftelter Visionen.

Antoine de Saint-Exupéry: "Wenn Du ein Schiff bauen willst, so trommle nicht Männer zusammen, um Holz zu beschaffen, Werkzeuge vorzubereiten, Aufgaben zu vergeben, um die Arbeit zu erleichtern, sondern lehre die Männer die Sehnsucht nach dem endlosen weiten Meer". Bei der gegenwärtigen öffentlichen Diskussion zum Thema Video-on-Demand drängt sich der Eindruck auf, daß wir schon viel zu viel Material und Helfer haben, dafür kaum Visionen.

Wie sieht die Multimediakommunikation im Heimbereich aus? Steht das Terminal im Kinderzimmer, in der Küche oder im Wohnzimmer? Ist der Bildschirm PC-orientiert und steht in Armlänge vor uns oder entwickelt sich der TV-Set mit Fernbedienung zum zukünftigen Multimediatreffpunkt? Erobert die CD ROM den größten Teil der Multi-media-Session im Privatbereich oder schaffen die Netzbetreiber mit attraktiven Serviceangeboten und dem entscheidenden Vorteil von "Live" den Sprung an die Spitze? Oder sind es benutzerfreundliche Bildtelefone, wie das Alcatel 2838, die sich schneller am Markt durchsetzen, als es sich viele heute vorstellen können?

Bei der Vorbereitung dieses Beitrags wurde mir von Woche zu Woche bewußter, daß wir dringend weitere

– Sponsoren, Schirmherren und charismatische Leitbilder

brauchen, um mit innovativen Anwendungen im Privatbereich schneller voranzukommen. Wie sich ein neuer Massendienst "Bildtelefonieren" dann durchsetzt, wird der Wettbewerb zeigen.

"Sponsoring" im Privatbereich beginnt damit, daß zumindest wir, die wir Kommunikationsanwendungen vorantreiben wollen, höhere Telefonrechnungen nicht nur der Ehefrau, sondern auch der Kinder bewußt akzeptieren. Auch das Verschenken der Swatch-Uhr der Telekom mit eingebautem Cityrufempfänger ist eine Art des Sponsoring. Der bisher nicht vermarktete Werbeslogan, "Kinder, wenn ihr telefoniert, benutzt immer die Leitung Eurer Eltern, damit Eure eigene Leitung frei bleibt für die kommenden Gespräche Eurer Freunde", erzeugt zwar in der Regel viel Heiterkeit, ist aber durchaus ernst gemeint, wenn wir Kommunikation im Privatbereich stärker pushen wollen.

Es gibt Sponsoren für Parkbänke, warum nicht auch für anwählbare Kameras, gerichtet auf Attraktionen in Berlin, Paris, London oder auf den Mount Fudschi in Japan?

Wir müssen das Feuer an möglichst vielen Stellen anzünden, um einen Flächenbrand zu erzeugen, ähnlich dem vielfältigen Start bei ISDN mit Sprach-, Text- und Datenanwendungen. Gelingt es, eine große Zahl überzeugender Bildtelefonerlebnisse zu generieren, bin ich überzeugt, daß wir uns auch der Unterstützung der Print- und elektronischen Medien bei der Vermarktung von Bildtelefonie und Telekooperation im Privatbereich sicher sein können.

Mit wenigen Worten wird der Ablauf erklärt. Auf dem Bildschirm sind zu sehen seine Frau Naina Jelzin, das Eigenbild des Präsidenten, darunter der Ausschnitt eines simulierten Telefonverzeichnisses in kyrillischer Schrift, in der Mitte der Name Naina Jelzin und die dazugehörige Bild-Telefonnummer.

Kurze Zeit später wird die Bildverbindung zwischen Präsident Boris Jelzin und seiner Frau Naina, die sich zu diesem Zeitpunkt im Blühenden Barock in Ludwigsburg befindet, aufgebaut. Die Bildverbindung löst spontane Freude aus und wird am gleichen Abend über alle öffentlich rechtlichen und privaten TV-Sender in den Hauptsendezeiten der Nachrichten fast ausnahmslos in voller Länge ausgestrahlt.

Die Fotos wurden aufgenommen anläßlich des Besuches von Präsident Boris Jelzin am 13. Mai 1994 bei Alcatel SEL in Stuttgart

Quellenhinweise:

Jürgen Kanzow: BIGFON – alle Fernmeldedienste auf einer Glasfaser, Zeitschrift für das Post- und Fernmeldewesen, Heft 2, 27.11.1981

Stuttgarter Zeitung: Lichtblick für Taubstumme – Bildtelefon begeistert aufgenommen – Versuche der Post in Berlin, Stuttgart, 13.03.1984

G.Ringli: Stellenwert der Gebärde in Erziehung und Schulung, Graz, 1981

H.Dunkelmann, W. Canzler, R. Kreibich: Videokommunikation als Medium für Gehörlose – soziologische Begleituntersuchung zum Systemversuch BIGFON, Berlin 1990

Wolfgang P. Peters: Die vielversprechenden Möglichkeiten der Breitband-Individual-kommunikation, Zeitschrift für das Post- und Fernmeldewesen 1981/Dienste und Nutzen des Breitband ISDN, Münchner Kreis 1984/Bildtelefone für jeden Geschmack, net 5/93

Akio Morita: Made in Japan, Bayreuth 1986

Thomas J. Peters, Robert Watermann: In Search of Excellence, New York 1982

Tom Peters: Kreatives Chaos, Hamburg 1988

Forschungsgruppe Telefonkommunikation (Hrsg.): Telefon und Gesellschaft Stuttgart-Hohenheim 1989

Ingrid Peters, Wolfgang P. Peters: Der Tele-Nachbar, Stuttgart 1991

Bayerischer Rundfunk: Sehen Statt Hören/BIGFON: Erprobung der Zukunft, 24.05.85

ARD, ZDF, DW, ntv, SAT 1, RTL: Berichterstattung über Besuch Präsident Boris Jelzin in Stuttgart, 13.05.94

Frank Wircks: Digitaler Rundfunk – Europa auf der Überholspur, Top Business, November '94

Dr.-Ing. Wolfgang P.Peters (1939) studierte Elektrotechnik und Wirtschaftswissenschaften an der TU Braunschweig und promovierte über das Thema "Innovationsverhalten von Unternehmen". Nach Tätigkeiten in der Investitionsgütermarktforschung und in der DFVLR trat er 1972 in die Standard Elektrik Lorenz AG ein, übernahm 1974 die Vertriebsleitung Vermittlungssysteme, 1980 die Gesamtvertriebsleitung im Geschäftsbereich Post. 1986 – 1988 war er Leiter Marketing, seit 1990 ist er Leiter des Geschäftsbereichs Telecom Inland und EG. Seit 1991 ist er Vorsitzender der Fachabteilung Öffentliche Netze im Fachverband Kommunikationstechnik des ZVEI. Er ist seit 1964 verheiratet, hat zwei Töchter, einen Schwiegersohn und einen Enkel.

VideoPhone and Videoconferencing

Henrique Malvar

Slide 1: Why Videoconferencing?

- Result: revenue growth
- Problem-solving time is greatly reduced
- Faster decisions mean less time-to-market
- Time = $$, time saved means increased revenue

Slide 1

Slide 2: Why Videoconferencing?

- Result: cost reduction
- More videoconferencing means less travel
- Money saved in travel is usually significant
- Side benefit: the only possible "crash" in a videoconference is equipment malfunction – no fatalities

WHY VIDEOCONFERENCING?

Results: Top And Bottom Line

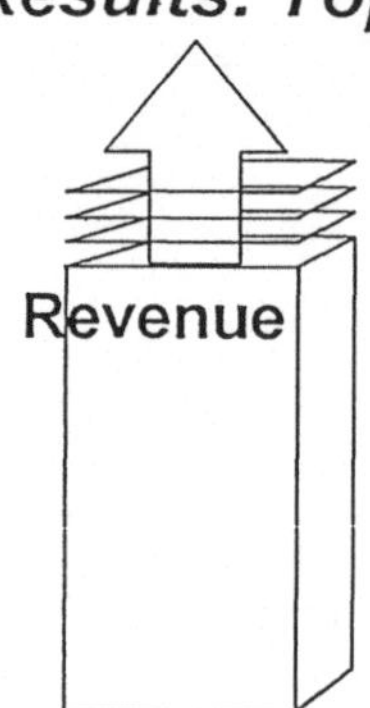

Slide 2

WHY BASIC-RATE ISDN? COST:

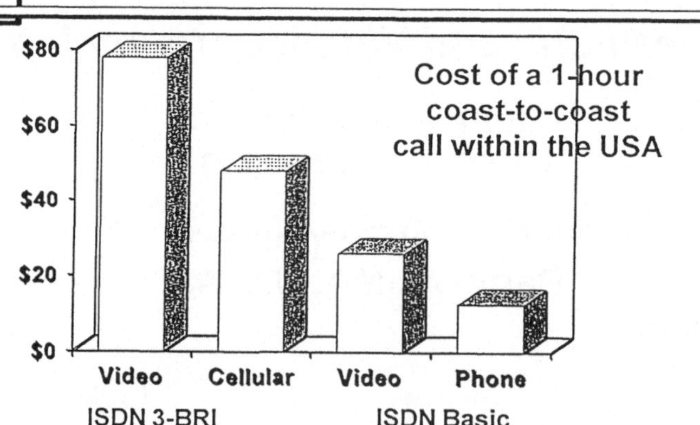

Slide 3

Slide 3: Why basic-rate ISDN? Cost:

- Cost of a one-hour video call coast-to-coast in the US:
  - $ 78 – video using triple BRI – 6 x 64 kbps = 384 kbps
    (potential very high video quality in the near future, quite good today)

- $ 48 – cellular phone (voice or fax) call
- $ 26 – video using basic-rate ISDN – single BRI connection,
  2 x 64 kbps = 128 kbps total rate
- $ 12 – standard voice/fax call
- $ 2 000 and up – dedicated satellite link for analog video
- Low cost means broad availability
- In Germany, ISDN is widely available today
- Basic-rate ISDN will be the winner in benefit/cost for some time
- Today, over 90 % of video calls are over basic rate lines, dominance will continue for a few years, at least

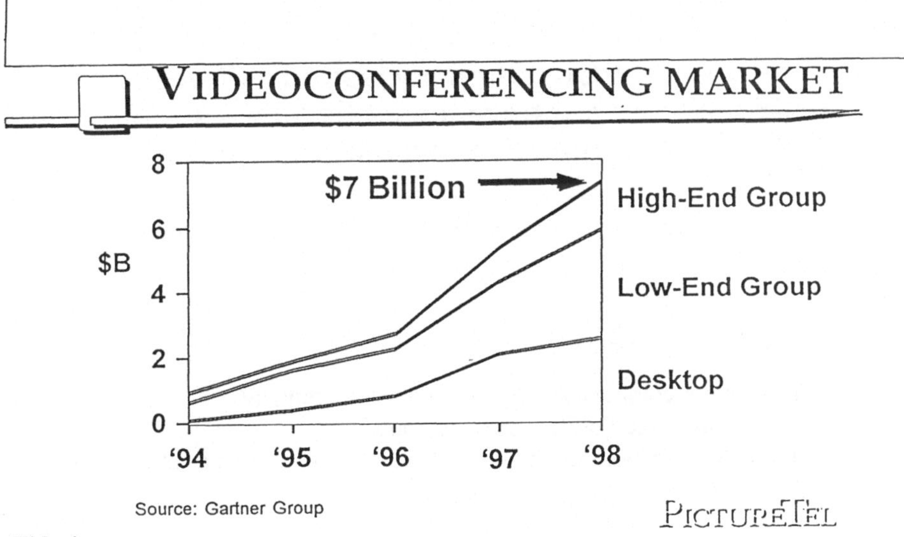

Slide 4

Slide 4: Videoconferencing market

- $ 700 million in 1994, worldwide – desktop ≈ 5 %
- $ 7 billion by 1998, worldwide – desktop ≈ 33 %
- wide availability of desktop videoconferencing will change the way people meet and work together
- informal meetings will be much easier to schedule
- desktop-to-room connectivity allows people anywhere in the world to join a meeting!

Slide 5: Collaboration at the desktop

- 1984 – early days – "talking heads" model; it was a major feature just to see people
- 1994 – present – "seeing is not enough" model; audio and video are given
- people want to work together

- "groupware" – software that allows group collaboration in the same instance of an application is essential
- typical scenario: within the call, people work together on the same document, spreadsheet, design, whatever

WHY VIDEOCONFERENCING?

Results: Top And Bottom Line

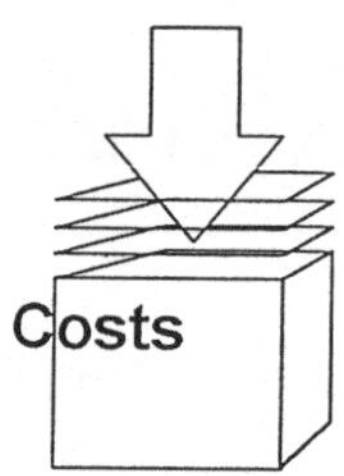

"Our company issued a directive to cut travel costs by 50% – a directive that has been met with videoconferencing"

(Leading Global Telecommunications Co.)

Slide 5

PICTURETEL

Slide 6: Representative Customers

- Most major companies use group videoconferencing
- Almost all of the Fortune 100 use group VC
- In less than a year, maybe all of Fortune 500 will be using desktop VC
- Technology is useful for any business

REPRESENTATIVE CUSTOMERS

- Aerospace
- Automotive
- Chemical
- Communications
- Computer
- Education
- Financial
- Insurance
- Food Processing

- Healthcare
- Legal
- Manufacturing
- Petroleum
- Pharmaceutical
- Retail
- Services
- Transportation
- Utilities

Slide 6

PICTURETEL

VCS APPLICATIONS

- Universities: distance learning
- Banks: customer service
- Engineering: design reviews
- Security: surveillance
- Telecommuting: distance consulting
- Purchasing: initial product inspection

PICTURETEL

Slide 7

Slide 7: VCS applications

Universities: distance learning
- Banks: customer service
- Engineering: design reviews
- Security: surveillance
- Telecommuting: distance consulting
- Purchasing: initial product inspection
- *Conferences: talks by people who cannot attend the conference*

Slide 8: Importance of standards

- Multivendor interoperability – remember the FAX history? Faxes did not take off until industry used standards for communication protocols and data formatting
- ITU-T is the main body for standards in telecommunications, including videoconferencing
- There is still room for value-add in extensions – e.g. not all faxes are equal
- Keyword is *interoperability* – that is what the customer care about; it means: *Who can I talk to?*
- PictureTel active in H.320-standards for videoconferencing and T.120-standards for document conferencing

IMPORTANCE OF STANDARDS

- Multivendor interoperability
- Value-add in extensions
- PictureTel active in H.320 and T.120

Slide 8

Slide 9: Document conferencing

- ITU-T T.120 is the major set of standards
- Layered protocol suite, OSI-style, allows interconnection over a suite of networks – ISDN, LAN, PSTN (analog phone lines)
- Multipoint whiteboard (interactive), clipboard, file transfer
- To be frozen by 2H'95, products in 1H'95
- Proprietary now – e.g. PictureTel's LIVE Share, Intel's ProShare, IBM's Person-to Person
- PictureTel and BT are major supporters
- Most major players working on T.120 implementation; e.g. Intel, IBM, Microsoft
- T.120 support expected to be built into operating systems by 1996

Slide 10: Future Technologies I

- Reliable video over LAN, with WAN access. (PictureTel has Live LAN now). Advantages:
  - low cost; no need for ISDN at every desktop
  - leverage existing infrastructure
- ATM – longer term – compression still necessary (the more I have, the ATM-like LANs (e.g. isochronous Ethernet) will allow heavy video traffic without network congestion
- Cable providers: two-way switched ISDN rates to the home; cable set-top box will be the connection to the "information superhighway" – telephone, videophone, data

DOCUMENT CONFERENCING

ITU-T T.120 Standards:

- Layered protocol suite, OSI-style
- Multipoint whiteboard (interactive), clipboard, file transfer
- To be frozen by 2H'95, products in 1H'95
- Proprietary now - e.g. LIVE Share
- PictureTel a major supporter

PICTURETEL

Slide 9

FUTURE TECHNOLOGIES I

New data channels:

- Reliable video over LAN, with WAN access (PictureTel has Live LAN now)
- ATM - longer term - compression still necessary (more I have, more I use)
- Cable providers: two-way switched ISDN rates to the home

Slide 10   PICTURETEL

Slide 11:   Future Technologies II

- Video and data in the same high-resolution screen
- Larger screens – increased use as costs go down
- Group screen will resemble huge desktop screens, with simpler user interface

- Smart cameras – automatic PTZ: Today, burden of controlling the camera still a problem in videoconferencing; technologies for alleviating this problem are being introduced, e.g. follow-me cameras
- Large interactive whiteboards: The whiteboard will never leave the conference room; T.120 will allow multiple sites to have the same white board contents, with each site capable of annotating on it

FUTURE TECHNOLOGIES II

Improved peripherals:

- Video and data in the same high-resolution screen
- Larger screens
- Smart cameras – automatic PTZ
- Large interactive whiteboards

PICTURETEL

Slide 11

Multimedia in der Medizin - Integration und Kommunikationen heterogener und verteilter medizinischer Daten und Funktionen zu einer elektronischen Patientenakte

E. Fleck, H. Oswald

Die Verwendung von multimedialen Daten hat in der Medizin eine lange Tradition. Die Informationen, die zur Erstellung einer Diagnose oder zum Planen einer Therapie notwendig sind, bestehen meist aus einer Sammlung von unterschiedlichsten Untersuchungen, die bei handschriftlichen Notizen oder Aufzeichungen beginnen, Graphiken (z.B. EKG), Krankenblätter, Befunde, Tonaufzeichnungen umfassen, und bis hin zu hochkomplexen digitalen räumlichen oder zeitlichen Bildsequenzen und daraus abgeleiteten Computervisiualisierungen reichen. Diese zur optimalen Versorgung des Patienten akquirierten Daten sind sehr oft über verschiedene Institutionen verteilt. Damit wird ein darauf notwendiger Zugriff zeitraubend und umständlich. Obwohl die eigentliche Integration und Verarbeitung der multimedialen Informationen durch den Mediziner erfolgt, leistet ein moderner, computerbasierter Arbeitsplatz wertvolle Hilfe, indem die Speicherung, die Integration, das Wiederfinden, das Verarbeiten und Ausdünnen, und die Repräsentation der angeforderten Daten wesentlich unterstützt wird.

Die Medizin ermöglicht also eine Musterapplikation für diese multimediale Technologie. *Hypermedia* bietet die geeignete Basis für die Strukturierung von komplexen medizinischen Dokumenten, die sich aus Text, Bildern, Video- und Audiokomponenten zusammensetzen. *Objektorientierte Datenbanken* erlauben die adäquate Speicherung, Abfrage und das Wiederfinden von strukturierten Multimediadokumenten. Die *Kommunikation* von multimedialen Dokumenten eröffnet die Möglichkeit der kooperativen Zusammenarbeit an einem Computerarbeitsplatz über den Austausch und den entfernten Zugriff auf entsprechende Daten. Die Hauptziele, die damit erreicht werden sollen, lassen sich wie folgt zusammenfassen:

- *Qualitätssteigerung*
  - Transparenter Zugriff auf Originaldaten und Befunde
  - Transparenz von medizinischen Handlungen
  - Aktuelle Verfügbarkeit von Daten
- *Steigerung der Effizienz*
  - Optimierter Einsatz von Ressourcen
  - Vermeidung von Wiederholungsuntersuchungen
- *Kosteneffektive Medizin*
  - Einbindung administrativer Belange

Multimedia

Dokumente	**Verarbeitung**
Text	Textverarbeitung
Graphik	Desktop Publishing
Bild	Bildberarbeitung, -editieren
Bewegtbild	Videoschnitt, -bearbeitung
Ton	Conferencing
	Video-on-demand

$\Rightarrow$ **Hypermedia**

Multimedia in der Medizin

Dokumente	**Verarbeitung**
Text, Befund	Textverarbeitung
Kurven, Graphik	Befundgenerierung
Meßwerte, Tabellen	Quantitative Bildanalyse
Ton	Bildsegmentierung
Einzelbild, Bildsequenz	Generative Computergraphik
Computervisualisierung	Semantische Kombination
	Wissensbasierte Analyse

$\Rightarrow$ **Elektronische Patientenakte**

Abb. 1 Projektion von Multimedia auf medizinische Anwendungen

Die Integration und die Kommunikation von medizinischen Daten eines Patienten stellen das Ziel in einer Forschungsinitiative dar, die am Deutschen Herzzentrum Berlin und an der Freien Universität Berlin, unter Mitwirkung der Technischen Universität, in den letzten Jahren durchgeführt wurde. Das BERMED Projekt, das den Hauptteil dieser Initiative ausmacht und von der DeTeBerkom gefördert wird, hatte sowohl die Entwicklung einer Infrastruktur für die Integration und sichere Kommunikation von multimedialen medizinischen Daten zum Ergebnis, wie auch die Realisierung eines adäquaten medizinischen Arbeitsplatzes. Darüber hinaus wurden innerhalb des Projektes Konzepte entwickelt, die dazu führten, daß am Campus des Universitätsklinikums eine Testinstallation für ein ATM Netz eingerichtet wurde und derzeit an einem klinikweiten digitalen Archiv für digitale medizinische Bildinformation gearbeitet wird.

Struktur von Multimedialen Daten in der Medizin

In der Medizin stellt sich das grundsätzliche Problem, daß eine Handhabung von inkonsistenten Informationsbeständen durch eine möglichst effiziente Plausibilitätskontrolle zu einer Aussage über den Zustand des Patienten bzw. dessen Krankheit erfolgen muß. Alles was einen Patientenzustand beschreibt, setzt sich aus einer Unmenge von Einzelbefunden und -daten zusammen, die an unterschiedlichen Stellen zu finden sind, und die unterschiedliche, oft sehr komplexe Regeln zur Extraktion der entscheidenden Information benötigen. Ein strukturiertes multimediales Dokument besteht im Prinzip aus einzelnen Dokumenten von unterschiedlichsten Formaten, die in ihrer Gesamtheit den medizinischen Fall beschreiben. Die Informationsstruktur darin beruht auf der Synchronisation zwischen den unterschiedlichen Typen der Medien und den semantischen Beziehungen zwischen separierten Dokumenten oder Dokumententeilen. Eine der wichtigsten Beziehungen im Zusammenhang von medizinischen Dokumenten beschreiben den Untersuchungs- und Behandlungsverlauf eines Patienten. Die dabei entstandenen Dokumente oder Teile von Dokumenten sind sowohl örtlich wie auch funktional getrennt, und Ziel muß es sein die entsprechenden Teile von Daten zu verbinden, um den semantischen Inhalt wieder herzustellen. Als Beispiel sei ein Arztbrief genannt, in dem textuell der Kurzbefund, Ergebnis einer komplexen Analyse, eines EKGs des Patienten steht, das in einer speziellen Datenbank abgespeichert und bei Bedarf über eine Referenz im Arztbrief abrufbar und auch darstellbar ist. Damit ist aber auch das Prinzip der Multimedialität angesprochen. Die Technologie für Multimediadokumente benützt eine Reihe von Industriestandards, die in der Medizin durch spezielle medizinische Standards bereichert werden.

Handlungsprinzipien in der Medizin

- Handhabung inkonsistenter Informationsbestände
  durch Plausibilitätskontrolle
- Befundkontrolle
  durch Kombination von Originaldaten
- Verbesserung der Bewertung
  durch geeignete Quantifizierungsalgorithmen

Neue Formen der Informations- und Kommunikationstechnologie bieten eine breite Basis für die Umsetzung dieser Handlungsprinzipien zu einem umfassenden System, in dem unterschiedliche Dienstangebote und Anwendungskomponenten auf einem Informationsmanagement und einer Infrastruktur zur Anwendung kommen.

Die Elektronische Patientenakte

Moderne Krankenhäuser verfügen heute bereits über eine große Anzahl von digitalen Systemen für die Akquisition, Verarbeitung und Speicherung von patienten-relevanten und anderen Daten. Beispiele dafür sind Verwaltungs- und Abrechnungssysteme, digitale bildgebende Syteme, Laborsysteme oder Intensivüberwachungssysteme. Gewöhnlich arbeiten alle diese Installationen als isolierte Inseln. Der Mediziner müßte sich explizit über ein Terminal oder eine Workstation den Zugriff zu den Einzelsystemen verschaffen. Im BERMED Projekt wurde eine logische und funktionale Integration von einer Reihe von Subsystemen erarbeitet. Diese Integration und sichere Kommunikation von verteilten Daten war Ergebnis einer Entwicklung einer Plattform des *Open Distributed Management Systems* (ODMS). Eine wesentliche Komponente dieser ODMS Infrastruktur ist die sogenannte *Meta-Patient Record*, wo die Information über alle verfügbaren Dokumente des Patienten gespeichert werden.

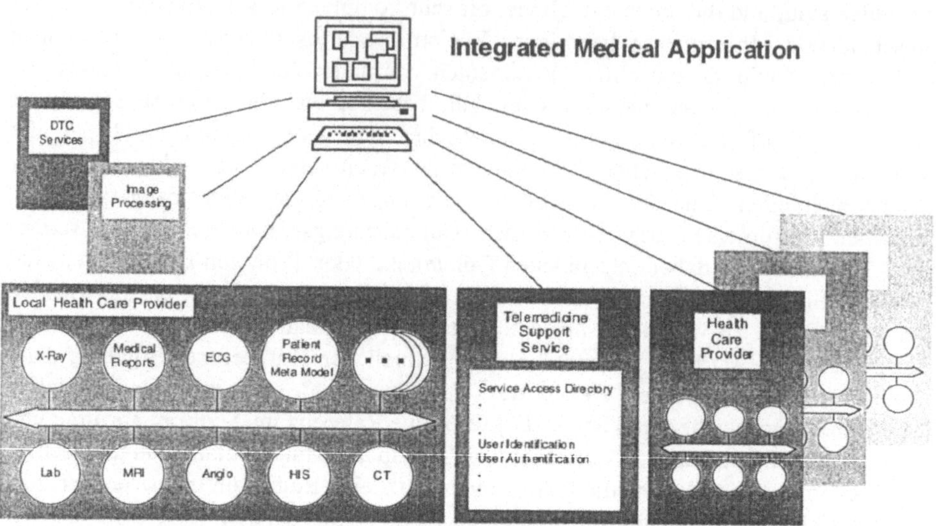

Abb. 2 Integrierte Medizinische Anwendung in der BERMED Architektur

Eine logische Integration, die auf der Ausnutzung eines Meta-Records beruht, hat entscheidende Vorteile gegenüber zentralisierten Ansätzen. Damit wird eine skalierbare Systemlösung unterstützt, die eine virtuelle, nicht physische Integration von Dokumenten, nicht nur innerhalb eines Krankenhauses ermöglicht, sondern auf regionale, nationale und internationale Teilnehmer bzw. Interessenten erweiterbar ist. Indem die Verteiltheit unterstützt und explizit im Systemdesign ausgenützt wird, sind Datenduplikate und Konsistenzprobleme vermeidbar, und die Qualitätssicherung der Daten bleibt in der Verantwortung des Erzeugers. Der Schutz vor Mißbrauch der hochsensiblen Patientendaten kann besser gewährleistet werden, wenn die Daten beim verantwortlichen Arzt bleiben.

Die derzeitige Implementierung des ODMS benützt OSF/DCE Servicefunktionalitäten.

Die Integrierte Medizinische Applikation erlaubt dem Mediziner an einer Workstation den transparenten Zugriff auf die komplette Patientenakte.

Die Funktionen, die am Arbeitsplatz verfügbar sind, werden durch die Integrierte Medizinische Anwendung gewährleistet. In Abhängigkeit des Einsatzbereiches und der Rolle des Arztes ist diese konfigurierbar und die verschiedenen Werkzeuge sind in einem graphischen Desktop integriert. Zu den angebotenen Funktionalitäten gehören u.a. das patientenorientierte Dokumentenretrieval auf der gesamten elektronischen Patientenakte, Werkzeuge zur einfachen Nachverarbeitung von Bildern und Bildquantifizierungstools z.B. zur Volumenberechnung und Gefäßvermessung, sowie eine Desktop-Konferenz-Komponente.

Ziel war die Schaffung eines medizinischen Arbeitsplatzes, dessen Funktionalität in Abhängigkeit des jeweiligen Einsatzbereiches konfigurierbar ist. Als allgemeine Anforderungen an einen solchen Arbeitsplatz sind u.a. zu nennen:

- Integrierte Darstellung der kompletten elektronischen Patientenakte. Die Darstellungsart und Navigationshilfen sollen an die jeweiligen Arbeitsabläufe oder die persönlichen Bedürfnissen angepaßt werden können.
- Funktionale Integration von konfigurierbaren Werkzeugen (z.B. für die Bildauswertung). Die jeweils angebotene Funktionalität soll sich dabei automatisch nach der Art der angezeigten Dokumente richten: z.B. soll bei angiographischen Sequenzen automatisch eine Gefäßvermessung angeboten werden.
- Unterstützung der unterschiedlichen Benutzerrollen. Die Rolle des Benutzers und Funktion des Arbeitsplatzes stellt unterschiedliche Anforderungen an das Angebot von Werkzeugen. In der Kardiologie gibt es beispielsweise spezielle Arbeitsplätze für die Bildauswertung und die Patientenadministration. Rollenabhängig kann das notwendige Angebot von Werkzeugen des Arbeitsplatzes konfiguriert werden.
- Konsistente und benutzergerechte Oberfläche. Neben den unterschiedlichen Voraussetzungen der Benutzer werden für die Gestaltung dieses interaktiven Systems mit graphischer Benutzungsschnittstelle die unterschiedlichen Vorkenntnisse der Benutzer im Umgang mit Computern sowie die Häufigkeit der Benutzung berücksichtigt.

Die Funktionalität der integrierten Dokumentenanzeige, verbunden mit den Möglichkeiten einer Bildmanipulation, stellt die zentrale Komponente des integrierten medizinischen Arbeitsplatzes dar, die im Rahmen von BERMED, gemäß den unterschiedlichen Anforderungen der verschiedenen Arbeitsbereiche (z.B. externen Ärzte, Radiologen und Kardiologen), realisiert wurde. Damit wird ein transparenter Zugriff auf die heterogenen Dokumente verschiedener Anbieter ermöglicht und in Form einer einheitlichen Dokumentenliste präsentiert.

Das Retrieval ermöglicht den Zugang zu den Patientendaten des DHZB, sowie der Kardiologie und Radiologie des UKRV. Der Zugang ist patientenorientiert: nur Daten zu genau einem Patienten werden zur gleichen Zeit angezeigt. Die allgemeine Funktionalität des Dokumentenretrievals ist:

- Auswahl eines Patienten
- Liste aller verfügbaren Dokumente der integrierten Systeme
- Anzeige von Textinformationen, Einzelbildern, Bildserien, EKG, gescannter Dokumente
- Bildverarbeitungsfunktionen
- Ausdruck einzelner Informationen

Die Integrierte Medizinische Anwendung stellt neben der Visualisierung der Dokumente aus der Patientenakte zusätzlich Werkzeuge zur Verfügung, z.B. für die Bildverarbeitung, die automatische Befundgenerierung (BAIK), sowie die zusätzlich Funktionalität einer Desktop-Konferenz. Die Applikation wurde vollständig nach den Prinzipien objekt-orientierter Systeme entwickelt. Die Umsetzung orientierte sich am Begriff des Multimedia-Objektes, wobei unterschiedliche Patientendaten mit ihren Methoden für den Zugriff und für die Anzeige modelliert wurden.

Standards für medizinische digitale Bilder

Die Entwicklung von geeigneten Standards für medizinische Bilddaten wurde durch die Initiative des *American College for Radiology* (ACR) und der *National Electronical Manufacturers Association* (NEMA) koordiniert. Damit entstand eine weitgehend von Geräteherstellern unabhängige Basis für den standardisierten Austausch von Bilddaten, die in der Version 2.3 von nahezu allen Herstellern von medizinischen bildgebenden Geräten für digitale Angiographie und Röntgen, Computer Tomographie und Magnetresonanz Bildgebung angeboten werden. Die Grundinformation, wie Patienten und Untersuchungs ID, die Anzahl der Bildpunkte und der Grauwertumfang sind einheitlich. Um herstellerspezifische Information abspeichern zu können, werden sogenannte Shadow Groups verwendet.

Der neue DICOM-Standard (Digital Image Communication) Version 3.0 ist der Nachfolger von ACR-NEMA 2.0 und basiert auf dem ISO Open System Interconnection Model. Damit werden Applikations Layer Services angeboten, die eine Querry Schnittstelle realisieren, und gewünschte Schnittstelle zu Radiologischen Informationssystemen und Fileformaten für verschiedene Medien. Die Definition von sogenannten Profilen erlaubt die Anpassung an unterschiedliche Einsatzbereiche und die Implementierung über OSI oder TCP/IP Netzwerken. Das Problem der Shadow Groups wurde beibehalten. Dieser Standard darf trotzdem als ein wichtiger Schritt zur Vereinheitlichung von Bildformaten in der Medizin gesehen werden, der die Interoperabilität von bildgebenden Systemen mit digitalen Archiven und medizinischen Arbeitsplätzen unterstützt. Eine Ergänzung dieses Standards durch weitaus mächtigere, wie den IPI Standard (Image Processing and Interchange), ist in Diskussion, damit wäre eine Anbindung an Standards, die sich außerhalb der Medizin durchsetzen, gewährleistet.

Multimediale Informationssysteme

Für die Entwicklung von multimedialen Informationssystemen ist ein Datenmodell notwendig, das den Informationstyp der multimedialen Dokumente beschreibt. Fünf Kategorien dieser Informationstypen lassen sich unterscheiden:

- Nicht interpretierbare Multimedia-Information (große binäre Objekte);
- Informationen über Multimedia Information, wie Synchronisationsinformation für Audio und Video, Bildheader, Information oder Attribute zu Textdokumenten;
- Alphanumerische Information: Textdokumente
- Relationen zwischen Multimedia- und anderen Objekten: Information, die sich auf Inhalte von semantischem Wissen bezieht (z.B. Elektronischer Patienten Rekord);
- Information und Methoden für die Konstruktion und Darstellung von Relationen zwischen Multimediaobjekten (z.B. Hypermedia Links und Knoten).

Multimedia Informationssysteme erlauben dem Benutzer, Anfragen auf der Basis von semantischem Wissen an das System zu stellen. Neben einem patientenorientierten

Zugriff, sollen derartige Systeme auch einen inhaltsorientierten Retrievalmechanismus unterstützen, der zum Beispiel Ähnlichkeitsmerkmale (feature extraction) oder semantische Informationen aus Bildern benützt.

Multimedia Datenbanken unterstützen die Speicherung und das Management von multimedialen Objekten, die Definition und Bewahrung von konsistenten, logischen Relationen und die Bereitstellung dieser Synthese aus Objekten und Wissen an Applikationen und Nutzer.

Aufbauend auf einer aufgeklärten Netzwerk-Infrastruktur, realisiert die im Projekt BERMED entwickelte und eingesetzte offene und verteilte Informationsmanagement-Plattform (ODMS) die logische Integration, sichere Kommunikation und benutzerspezifische Anzeige multimedialer Patientendokumente aus digitalen Archiven, Informationssystemen, bildgebenden Modalitäten und anderen digitalen Informationsbeständen aus diversen medizinischen Subsystemen.

Das Ziel ist die Schaffung einer vollständigen und konsistenten, multimedialen und verteilten elektronischen Patientenakte. Alle Dokumente sollen dezentral an ihren Akquisitionsorten erhalten bleiben; dies hat wesentliche Vorteile gegenüber einem Ansatz, bei dem alle Dokumente zentral gespeichert und von dort weiter verteilt werden.

In diese Plattform sind eine Reihe von Diensten und Komponenten integriert, wobei die Integrierte Medizinische Anwendung selbst eigentlich auch als Komponente zu sehen ist.

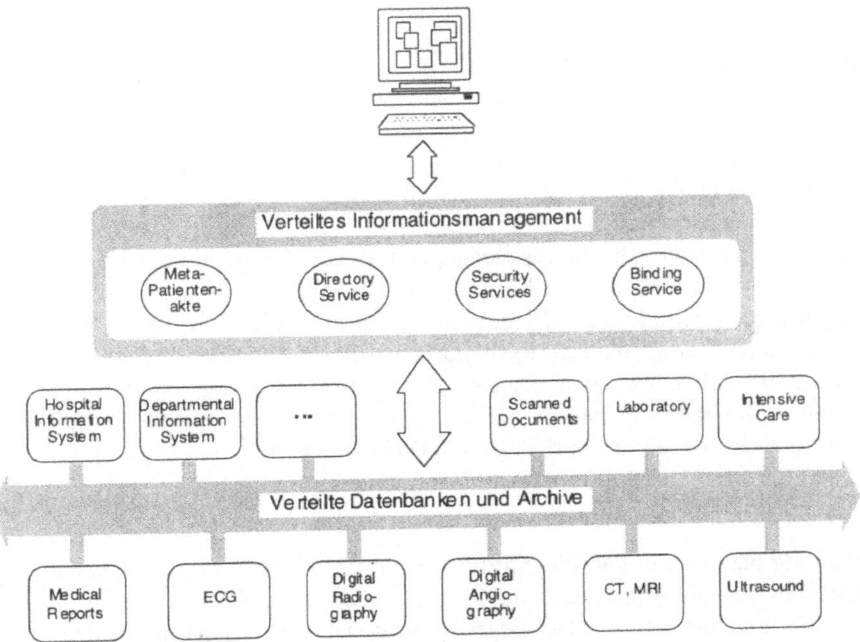

Abb. 3 Verteiltes Informationsmanagement in BERMED

Komponente: Digitale Bildverarbeitung und Computergraphik

Die Anforderungen in der Medizin an die digitale Bildverarbeitung und Computergraphik erstrecken sich im Projekt über ein sehr breites Spektrum: Horizontal von der Integration und Bilddarstellung bis zur Quantifizierung und dreidimensionalen Visualisierung, vertikal von MR und CT-Sequenzen über angiographischen Bildaten bis zu mikroskopischen Schnittbildern und Elektrophoresegelen. Die Integrationsmodule für die unterschiedlichen Modalitäten werden direkt über die bildgebenden Systeme gesteuert. Für die integrierte medizinische Anwendung sind Bearbeitungsfunktionen an die Darstellung von Bilddaten gekoppelt. Die Quantifizierung von Kardangiographischen Bildserien wurde ausgehend von einer stand-alone Lösung, die für digitalisierte Filmbilder konzipiert war, in den integrierten medizinischen Arbeitsplatz als Funktionalität eingebaut. Für das breite Spektrum von Bildsegmentierungsanforderungen, komplexen Visualisierungen und der Möglichkeit, unterschiedliche Bilddaten zu kombinieren, kommen eine Reihe von Komponenten zur Anwendung, die sowohl in der Klinik, wie auch in den Entwicklungsstandorten verfügbar sind.

Komponente: Administrationsunterstützung

Im Krankenhaus stehen der Verwaltung meist Systeme zur Unterstützung der administrativen Tätigkeiten in der Finanzbuchhaltung, dem Personalbüro sowie in Einkauf und Lager zur Verfügung. Ein relevanter Anteil der in diesen Systemen verarbeiteten Daten hat ihren Ursprung in medizinischen Abläufen. Trotzdem erfolgt die Datenakquisition heute üblicherweise offline, d.h. die Erfassung administrativer Information geschieht auf Formularen, die dann an anderer Stelle in die entsprechenden Verwaltungssysteme eingegeben werden. Bei einem solchen Verfahren findet die Kontrolle der erfaßten Information mit zeitlichem Verzug in der Verwaltung statt, die dann nicht plausible oder unvollständige Angaben durch Rückfragen klären bzw. ergänzen muß. Oft ist eine Korrektur nicht möglich, weil der Urheber der Information nicht mehr festzustellen ist. Ein beträchtlicher Fehler in der Gesamtinformation ist die Folge.

Werden diagnostische und therapeutische Maßnahmen rechnergestützt dokumentiert, läßt sich der überwiegende Anteil der für administrative Zwecke benötigten Daten indirekt aus der medizinischen Dokumentation ableiten. Die Erfassung der Information ohne oder mit nur geringem zeitlichen Verzug am Ort der Entstehung durch kompetentes medizinisches Personal, führt zu wesentlich vollständigeren und korrekteren Daten. Die Online-Erfassung ermöglicht auch Plausibilitätsprüfungen mit bereits im System vorhandenen Informationen, was insgesamt zu einem wesentlich verläßlicheren Datenbestand führt.

Komponente: Desktop-Konferenz

Die Erfahrung hat gezeigt, daß die Anforderungen in der Medizin zur Unterstützung von Konferenzen und Präsentationen mit herkömmlichen Videokonferenzen nur begrenzt erfüllt werden können. Der Begriff synchroner oder echtzeitfähiger Desktop-Konferenzen (DTC) wird für Systeme verwendet, die Telekonferenzen mit Audio und Video in Desktop-Workstations integrieren. Im Gegensatz zu analogen Video-

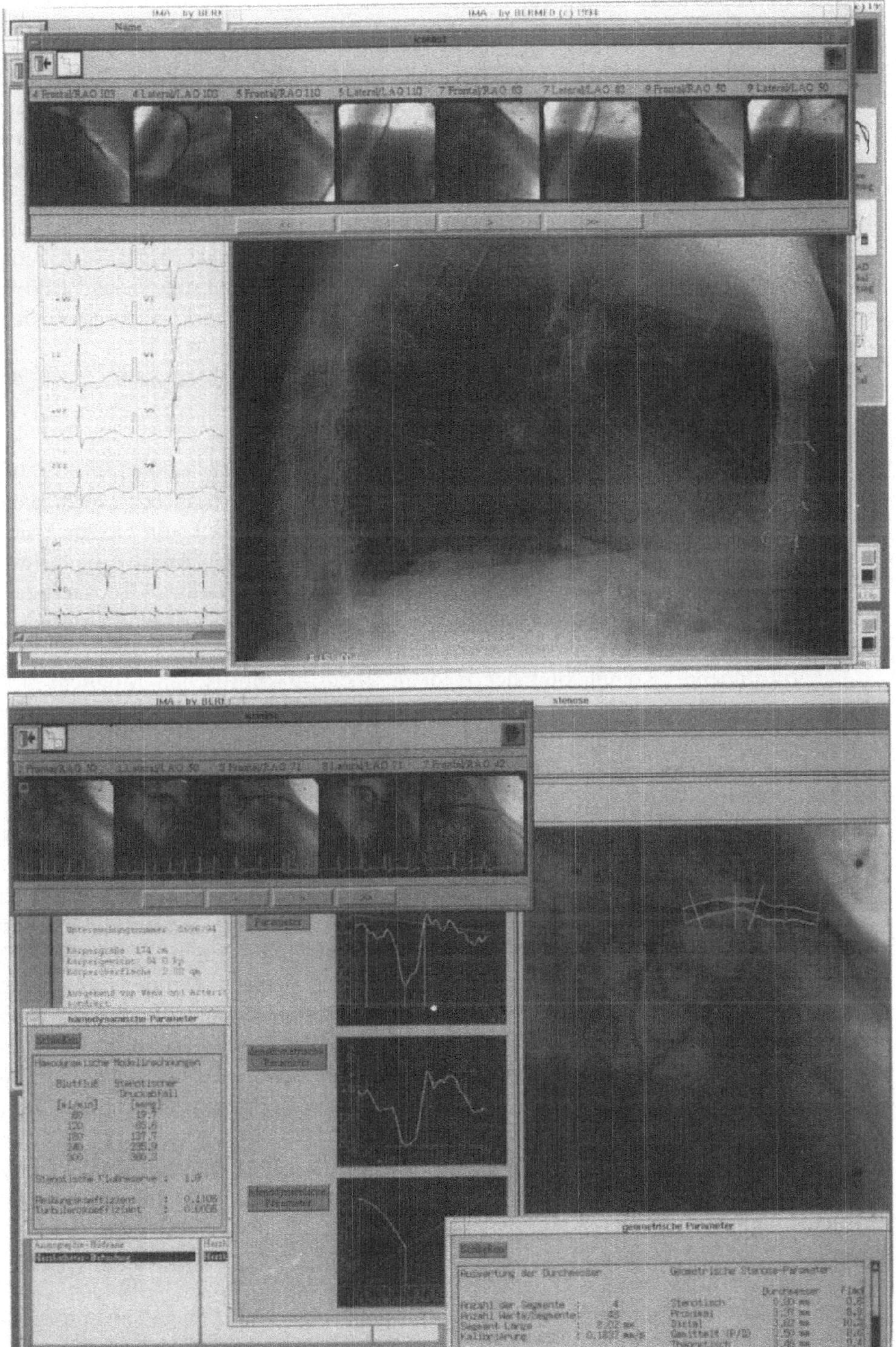

Abb. 4 Beispiele für den Desktop der Integrierten Medizinischen Anwendung. Die Darstellung integriert verschiedene Dokumente aus verteilten Archiven, z.B. Thoraxbild, Koronarangiogrammsequenz, EKG und Befund, über den Zugriff auf die Patientenakte.

konferenzsystemen erlauben integrierte DTC-Systeme den direkten Zugriff, die Präsentation und weitere Verarbeitungsmöglichkeiten der vollständigen elektronischen Patientenakte. Zusätzlich sind sie kostengünstiger, räumlich ungebundener und ermöglichen auch Kommunikationsverbindungen bei mittlerer und hoher Bandbreite.

Eine Analyse der Präsentation von Radiologen zeigte die Wichtigkeit adäquater Unterstützung von Gestik durch Telepointer und Life-Kommunikation (Video und Audio) und angemessener Verarbeitungsgeschwindigkeit. Der gemeinsame Arbeitsraum, der sich auf dem Monitor in Form von Fenstern z.B. mit Texten und Bildern darstellt, ermöglicht Ärzten, die sich in unterschiedlichen Kliniken befinden, denselben Satz von Multimediadaten zu betrachten und zu bearbeiten.

Zusammenfassung

Die im Projekt gewonnenen Erfahrungen haben gezeigt, daß ein zwingende Notwendigkeit besteht, eine hohe und zeitgerechte Verfügbarkeit von Originaldaten zu gewährleisten. Dies ist nur durch die Installation geeigneter Archive und Netzwerke zu erreichen. Bei den Netzwerken wird man verschiedene Technologien kombinieren müssen, um Randbedingungen, wie vertretbare Kosten, notwendige Bandbreite und hohe Verfügbarkeit zu erfüllen.

Die zunehmende Komplexität der medizinischen, diagnostischen Möglichkeiten durch eine Vielfalt von Geräten, Systemen und Modalitäten, bedingt einen hohen Aufwand an Integrationsarbeit, um die dargestellte, elektronische Patientenakte vollständig zu realisieren. Die Einführung und Einhaltung von Standardschnittstellen, z.B. DICOM und HL7, und die Verwendung einer offenen Informationsmanagementstruktur werden eine adäquate Voraussetzung für eine praktikable und effektive Lösung bieten.

Der Betrieb eines derartigen Systems mit den beschriebenen Diensten erfordert einen nicht zu unterschätzenden Aufwand für die Betreung, Bereitstellung und Wartung. Dies kann durch eine hauseigene Krankenhaus-EDV-Abteilung mit ihren oft beschränkten Ressourcen nicht mehr sinnvoll abgedeckt werden. Mit der Einbindung von mehreren Nutzern eines solchen Systems und durch eine Etablierung von krankenhausübergreifenden Organisationen, etwa eine Betriebsgesellschaft als Konsortium unterschiedlicher Partner, könnte gewährleisten, daß sowohl der Betrieb als auch die Bereitstellung von notwendiger Infastruktur wirtschaftlich durchgeführt wird.

Abzusehen ist auch, daß durch die Etablierung dieses Informationsangebotes und bei allgemeiner Verfügbarkeit in der medizinischen Betreuung, sowohl medizinische wie auch organisatorische Arbeitsabläufe, qualitativ und quantitativ entscheidend unterstützt werden können. Dies wird eine Änderung von traditionellen, organisatorischen Abläufen nach sich ziehen, der zu erwartende Nutzen wird den sich absehbar ändernden Anforderungen aus der Gesundheitspolitik weitgehend entgegenkommen und damit auch bezahlbar.

Literaturverzeichnis

E. Fleck (ed), Open Systems in Medicine, IOS Press Amsterdam, 1994

H. Ricke, J. Kanzow (Hrsg): BERKOM – Breitbandkommunikation im Glasfasernetz, R.v.Deckers's Verlag Heidelberg

E. Fleck, H. Oswald (Hrsg): Neue Techniken und Konzepte der Diagnoseunterstützung bei Herz- Kreislauferkrankungen, Blackwell Wissenschaftsverlag Berlin 1992

E. Fleck, H. Hansen, B. Mahr, H. Oswald: Das PADKOM-Projekt: Patientendaten-Kommunikation. In: BERKOM – Breitbandkommunikation im Glasfasernetz. Hrsg.: H. Ricke, J. Kanzow, R.v.Deckers's Verlag Heidelberg 1991, S. 92-104.

E. Fleck, H. Hansen, B. Mahr, H. Oswald: Integration and Communication of Medical Patient
Data. Medica Mundi 1992; 37: No.1: 10-20

L. Kleinholz and M. Ohly, Multimedia Medical Conferencing: Design and Experience in the BERMED Project, Proc. IEEE ICMCS'94, International Conference on Multimedia Computing and Systems, Boston, May 1994

IOM (Institute of Medicine): The Computer-Based Patient Record: An Essential Technology for Healthcare, 1991

Ball MJ. and Collen MF. Eds.: Aspect of the Computer-Based Patient Record
Springer Verlag, 1992

Multi Media Banking

David J. Parsons

Abstract

For many financial organisations, information technology has become a competitive necessity demanding high levels of investment. Financial organisations, especially, banks, will therefore have business needs which will ultimately translate into a series of technological demands. At the same time, technological developments will allow businesses to exploit opportunities which may not have been possible in the past. Multimedia is one such technology. It is no longer a tool of the future. Multimedia is available now and will be a significant factor in the way businesses and other organisations carry out their business in the future.

1 Introduction

This paper is a synopsis of a presentation given by David Parsons at the New Markets with Multimedia Congress organised by Münchner Kreis and the Federal Ministry for Research and Technology in Munich, Germany 30th November – 1st December 1994. The author believes that multimedia technology will be a significant influence on the way banks and other financial institutions carry out their business in the future. It is important, therefore, to consider both the potential promises of multimedia and the challenges to be addressed if multimedia technology is to be profitably exploited for banking applications.

The paper briefly reviews a series of generic business drivers and trends facing most, if not all, financial organisations today. Generic technical requirements are then suggested. The relevance of multimedia within the context of business and technical requirements is then discussed. Some example applications are then briefly described. Finally, challenges posed by multimedia are suggested, which in the opinion of the author need to be addressed if the full benefits and capabilities of the technology are to be realised in the Banking Sector.

The paper does not address any detailed technical matters relating to multimedia. The banking systems describing applications of multimedia are not addressed in any detail.

2 Commercial Business Drivers & Trends

Banks today operate in an environment characterised by change where the rate of change seems to be constantly increasing. They therefore need to address a number of factors that act as key business drivers. Many banks also regard Information Technology as a competitive necessity that needs to address and provide 'solutions' to such generic business drivers. The following summarises some generic factors which impact most banks.

Banks are faced with an ongoing need to attack their cost structures whilst seeking to increase their revenues. Banks also need to improve the way they manage the risks associated with their businesses. Within the banking market place customers are becoming more demanding leading to a need to maintain and wherever possible increase customer satisfaction levels. New entrants to traditional banking markets are exploiting new delivery channels which in turn presents demands for the development of new and enhanced value added products as banks learn to react quickly to market forces.

It is also often suggested that we have today moved into an information age. It should therefore not be surprising that banks are starting to exploit the huge volumes of data they already maintain. As the amount and variety of information and the number of information providers continue to increase, banks want to turn their data into useful and meaningful information. There is therefore a demand for technology to process ever growing information bases and to interface to an increasingly diverse range of users.

3 Technical Requirements & the Role of IT

The author believes that in today's business environment, the sole purpose of IT is to add value to the business and perceives IT as becoming an essential contributor to the creation of wealth. For most banks IT is already a commercial necessity. Success will, however, always depend on how IT is used and exploited. However, banks also see today a rapid pace of technological change that is unlikely to wane and will not stop and they know that technology is allowing competitors to attack their traditional markets.

Consequently, in an environment where IT is essential to compete, whilst also a source of market competition, banks quite rightly have come to expect much of the IT investments and infrastructures that support their operations and services. The following then are often demanded :

High levels of integrity, availability, capacity, reliability and performance are almost the minimum standard. Banks need their IT systems to do the right thing, the right way, everytime 24 hours each and every day without problem.

Given the costs of many IT investments banks expect *to be able to operate and manage multiple applications* and not need to consider application or function specific systems.

Given the growing complexities of today's technology banks expect *to be able to use their technological capability without having to understand rocket science.* The tools and methods available to use and exploit technology must be easy to use.

To integrate new systems within an existing infrastructure when newer technologies of business benefit are implemented. Today banks often cannot risk system revolutions. Instead systems are expect to evolve. This implies the ability of the old to run with the new and vice versa.

Integrated infrastructures based on *open standards to allow system evolution; vendor independence; and more rapid response to change.*

Systems to allow banks and the users of their systems *a single point of access* to their data and services whilst shielding them from the underlying complexities of the processing, storage and communications infrastructures.

In summary, banks expect their IT infrastructure to allow them to manage, control and exploit the investments made in IT in a cost effective manner whilst protecting that investment for the future.

4 Promise and Relevance of Multimedia Systems

The author believes that there are as many definitions of the term multimedia as there are individuals and organisations making those definitions. No apologies are made therefore for introducing the author's own definition. i.e. *multimedia is technology which facilitates a human systems interface of choice.* As such the technology is seen as part of a move towards identifying the best medium for both communicating and understanding information. From an applications point of view multimedia applications may be defined as being those which can handle a mix of media – sound, text, numbers, graphics, still image and motion video. The promise and relevance of the technology is that information can be communicated to individual users in a way which is makes it straightforward to understand and digest the information being communicated. Ultimately, the technology will allow a user to interact with a system in whatever way is most appropriate or natural to that user. From a Banking point of view users may be regarded as internal – the bank staff themselves – and external – the bank's customers.

Many examples of multimedia applications will be presented at this conference. Given the potential of multimedia to reach into all areas of the home and business, potential applications are many and varied. Whilst some applications will be used by an individual bank for their own use, others will require alliances with a non banking business partner.

Education and training are perhaps the areas which have enjoyed most success to date. Other examples of potential use include :

Retailing: Retailers are beginning to move towards multimedia to sell goods and services. e.g. Car manufacturers and dealers are showing interest in using multimedia to market and sell cars. There may be opportunities to sell banking services such as finance and motor insurance on the back of such initiatives.

Estate Agents: Multimedia will provide the means to record details of properties onto either CD-ROM or cable TV. It will be possible to include tours of properties using motion video. Again, there may be some potential to sell mortgages and insurance within such Estate Agency applications.

Self Service: With more emphasis on automation of banking, multimedia provides an attractive means to sell products and services. It can also provide help and guidance to customers who have product queries. It could be exploited in banking halls, at rail stations, in the home, etc.

Marketing: Rather than using brochures, bank marketing departments could provide products and service information using CD ROM, cable TV, etc.

Office Systems: With increasing reliance on IT to support both the banking infrastructure and customers, multimedia will make more effective use of information and present it in an easy to assimilate form. For example, internal reference information such as details of a Bank's performance, customer information profiles, video conferencing, and video mail all become possible.

Infotainment: The delivery of games, films, music recordings, and videos into the home is beginning to appear, particularly in the USA. Delivery is via cable TV or satellite. Payment is usually made by credit card. Additional services such as home shopping and travel could provide further banking opportunities.

The Disabled: Because multimedia offers a variety and mix of media for input and output, systems can be more easily adapted to help disabled people to use banking systems more effectively.

5 Some Banking Examples

In 1992 the author was asked to present a personal view of IT around the Year 2000 to a meeting of the United Kingdom Institute of Electrical Engineers. Part of my theme was that the technological developments of the future will enable the exploitation of different forms of information to be more effective and more efficient. I also suggested that Information Technology around the year 2000 will allow any individual to access all information and services they are authorised to use from a single point of access at any time, from any location, and in any form. This vision of "anywhere, anytime access" would be based on far more "human friendly" interfaces and will demand that the underlying technologies "disappear" into the fabric of everyday life until they are indistinguishable from it.

The author believes that multimedia is a technology fundamental to the achievement of "anywhere, anytime, anyhow" banking. There are several examples of multimedia based developments in banks which will over time lead to the "any" concept being possible. A selection of these follows :

National Westminster Bank have a project called Rate (Remote Access to Experts). This is an insurance application which allows customers to consult with an on screen expert using a video conferencing link. Previously branch staff needed to telephone insurance experts with any complex queries. Now insurance experts and customers are linked by video for a more personal interface.

Bristol & West Building Society have a Home Selector system which uses a touch screen interface to allow customers to browse through details of properties for sale. The system also includes a customer requirements matching feature. It is supported by a complete estate agency management system.

NationsBank have used multimedia to produce internal staff briefings on the progress of the construction of a new department building under construction. Nations claim that the initial system which was developed by one of their own enthusiasts cost only $600. They are now planning to use multimedia for kiosk banking services where they believe it will address the problem of some customers being embarrassed at their ignorance of financial matters.

The UK's *Co-Operative Bank* have recently opened their first Bankpoint kiosk which allows customers a range of traditional auto teller services and a direct link to their 'Armchair Banking Service' which allows the customer a live two way link to the bank's telephone bankers. The service is available 24 hours 7 days a week.

Banc One of Columbus Ohio are using multimedia to train staff in 1500 branches in 14 US states. They claim to have reduced training costs by 50% over a three to five year period and have delivered a consistent training message that otherwise would not have been achieved.

Barclays Bank have been developing multimedia systems for several years. Projects include the EC Funded HOMESTEAD (Home Shopping by Television and Disc) and OASIS-2 (On-line Automated Sales and Information Systems) projects. Both projects are developing new concepts in shopping – whether at home or in store. About 18 months ago, Barclays established a Multimedia Group as part of their Network Services Division. This group brings together individuals from the previously separate areas of video training, traditional IT, interactive and project design. The author expects to see many other organisations creating a multimedia group.

The above are a few examples which serve to illustrate the growing use of multimedia systems in banking and financial services.

6 Future Challenges

However, if multimedia systems are to be exploited in the financial world several challenges need to be addressed. Consequently, whilst there is considerable activity and interest in multimedia systems, much work is needed to achieve commercially viable systems and suitable applications. The challenges include :

–   provision of appropriate software support and development tools
–   standards for portability of multi media applications
–   how to exploit existing systems in multimedia environments
–   education to address any shortage of commercial skills

6.1   Software Support and Development Tools

To plan and develop effectively in a multimedia environment *robust tools and methods* are required which will:

- assist programmers to produce portable and scalable applications software
- generate applications and programs to reduce software development effort
- be architecturally independent & adhere to standards
- have acceptable and scalable performance
- enable commercial users to accurately predict performance.
- help reverse engineer multimedia into existing codes
- hide the detail and complexity of multimedia from users
- be 'easy to use'
- demonstrably improve programmer productivity

A *wide range of tools and methods will be required* and will need to include multimedia versions of tools currently accepted as standard. For example, compilers, code generators, simulation and modelling, reverse engineering, debuggers, profilers, code analysis, multimedia libraries, etc.

6.2   Standards for Portability

Standards need to be defined in all areas. Encouraging signs are being seen with many manufacturers using standard multimedia chip sets and interconnections. Many independent software companies are already developing a wide range of multimedia based applications.

However, user requirements such as system evolution, vendor independence and investment protection are greatly facilitated when the software they are using is portable. *Software portability* would allow applications to port and scale across (and within!) systems, should ease any migration towards newer technologies and should facilitate systems interconnection and interworking. Software development tools to facilitate portability are therefore needed – the key requirement being that users simply do not want to be faced with a need to rewrite their software everytime a new technology they wish to use becomes available.

Standards development and software portability should be helped significantly as the results of programmes such as the ESPRIT Peripheral Systems, Business systems and house automation Projects become available.

6.3   Exploiting Multimedia in Existing Systems

During the conference there have been presentations on how many organisations are exploiting the benefits of multimedia systems for business advantage. Many implementations of multimedia systems to date have been for new applications. Whilst use of multimedia for new and innovative applications together with all the valuable experience that derive from such developments is to be welcomed and encouraged, the need to exploit *multimedia within today's existing systems is also important.*

It is encouraging to note the enormous recognition being made by software houses, consultants, academic researchers, and vendors addressing the needs of the multimedia market The author would encourage all those involved in the development of multimedia to recognise the wealth of legacy systems installed in banks and the value they continue to add to their banking users. However, it is essential that new developments recognise the existing legacy situation that faces many large organisations. Legacy systems, sometimes referred to as dusty decks, are often mission critical and will have developed over many years. The author prefers to regard such systems as part of a bank's *heritage* – they are often systems that have served an enterprise well and have contributed to success and profits over many years. For many banks total rewrites of their core systems are simply too expensive and too risky to seek change by total system replacement. Migration and evolution are therefore key factors if banks are to consider using multimedia technologies within their current core applications.

The author believes therefore, that, wherever possible, banks will want to *exploit the newer technologies but with today's systems.* They will also want to be able *to integrate newer* technologies and *process richer multimedia data types* (sound, image, video, etc.) as part of their existing enterprise systems that will often be based on the traditional main frame. Users will also want software tools that will help address any skills shortage that can arise when newer technologies are exploited.

The challenge faced is to make it possible for users to exploit the benefits of multimedia systems ideally in a transparent way or at least in a way that requires minimal reworking.

6.4 Education

An important challenge will be *educating the financial world* of the multimedia opportunities of the future to enable users to both exploit the new technology and integrate it within today's systems.

To exploit multimedia systems, *systems developers will need to think multimedia.* Users will need more skill. Operating multimedia devices using voice, video, graphics and text is in a different league to operating a more standard PC or workstation device.

Users should be encouraged to help themselves. They should seek out any existing experience that they may already have. One possible source of untapped expertise might well come from among their training departments, video communications divisions and marketing graphics designers.

Users should acquaint themselves with the work being funded by the European Commission, and in the UK EPSRC and the DTI. Users should also be talking to the Universities and major suppliers.

7 Some conclusions

Given the current interest in multimedia and the rapid growth of multimedia systems in most industry sectors, the technology is set to become a dominant force. Most financial organisations are likely to show considerable interest in multimedia systems. Consequently multimedia systems must be poised for continued future growth as a technology which will allow banking users to exploit larger multimedia data bases and to use more flexible applications user interfaces.

Undoubtedly, future processing systems will include multimedia capabilities although the underlying technology should not always be obvious. However, several major areas remain to be addressed before the potential of the multimedia can be exploited to the full.

Multimedia is a technology which focuses on human technology interactions. As such the user becomes a key to successful exploitation. Much of the technology is in place – however, if multimedia is to take off and its potential exploited we must be prepared to meet the challenges it poses. Especially if we are ever to achieve the concept of 'anywhere, anytime, anyhow' banking.

The promises of multimedia are real – but so are the challenges!

Brief Biography

David Parsons retired in late 1993 from his role as Advanced Technology Director, Group Information Systems, Barclays Bank Plc where his responsibilities included long term research to identify new and emerging technologies that had potential business benefit to the bank.

He was with Barclays for over 35 years, working in branch banking before transferring to the technology division in 1963. Prior to his appointment as Advanced Technology Director, he held senior roles in Telecommunications/networking and Technical Research.

He is a member of the Supervisory Board of the London Parallel Applications Centre and a past member of Intel's European Board of Advisors. He sits on the Manchester committee of the British Computer Society and acts as both a membership assessor and professional reviewer for the BCS.

He is regular conference speaker and University lecturer in both the UK and mainland Europe. He has written extensively on a wide range of computing and technology topics and has authored several articles for publication.

He now operates as a Senior Management Consultant/Independent Technology Advisor and may be contacted at:

David J Parsons
Independent Technology Advisor,
1 Kent Drive
Congleton
Cheshire, CW12 1SD
United Kingdom.
Telephone :   (UK) 01 260 271 596 (International) +44 1 260 271 596
Facsimile :   (UK) 01 260 270 875 (International) +44 1 260 270 875
E'mail :   parsons@cs.man.ac.uk

Multimedia-Kommunikation in Administrationen

Jürgen Kanzow

Mein Thema lautet: "Multimedia in Administrationen" und es ist damit mit Sicherheit das langweiligste Thema von allen, wobei ich Administration noch etwas einschränken werde auf das, was man üblicherweise mit Behörden und ähnlichen Dingen meint. Administration ist aber auf der anderen Seite etwas, was überall stattfindet. Und von daher ist es zwar ein scheinbar langweiliger, aber mit Abstand der größte Markt, den es für Multimedia gibt. Wenn man einmal sehr vereinfachend davon ausgeht, daß im Verwaltungsbereich Papier und Bleistift neben dem Telefon die maßgeblichen Kommunikationsmittel sind, dann kann man sich vorstellen, daß der Markt etwa dadurch beschrieben wird, was wir heute im Telefonbereich im Nebenstellenanlagensektor an Telefonen finden. Das sind alleine in der Bundesrepublik 18 Millionen, und da Maschinen noch nicht gelernt haben zu telefonieren, muß man davon ausgehen, daß hier an diesen Arbeitsplätzen mit Papier, Bleistift und Telefon gearbeitet wird. Und das sind die Arbeitsplätze, über die ich reden möchte. Und diese Arbeitsplätze sind ja üblicherweise dann auch noch mit Mitarbeitern besetzt. Und wenn Sie nun einmal kalkulieren, wieviel so ein Mitarbeiter kostet pro Jahr und das mit den Millionen Stückzahlen multiplizieren, die an Arbeitsplätzen da sind, dann kommen Sie auf Größenordnungen, bei denen selbst dem Mathematiker notwendigerweise noch die Nullen nachzuzählen auferlegt werden muß, damit er richtig liegt. Bei 18 Millionen und 200 000 Mark pro Arbeitsplatzkosten im Jahr, einschließlich des Mitarbeiters, kommt man also auf 36 Billionen Mark, wenn ich richtig unterrichtet wurde. Und wenn Sie sich nur einmal überlegen, was es bedeutet, hiervon 10% durch Multimedia einzusparen, dann sind das immer noch sehr große Zahlen. Und dieses ist der Markt über den wir eigentlich reden. Administrationen sind ein Bereich, in dem man die Probleme besonders deutlich machen kann, die sich bei der Einführung von Multimedia-Kommunikation ergeben. Aber ich möchte vorher in aller Kürze ein paar grundlegende Punkte ansprechen.

Sicherlich ist über die technische Seite der Multimedia-Kommunikation heute schon gesprochen worden. Ich möchte in aller Kürze noch einmal wiederholen, was unter Multimedia-Kommunikation zu verstehen ist, und wo die Probleme bei der technischen Realisierung liegen. Ich möchte dann versuchen, aus meiner langjährigen Erfahrung als Mitarbeiter im Bundespostministerium darzustellen, wie die Arbeitsabläufe in Administrationen sind. Ich würde Ihnen dann gerne einige Stichworte zum Thema "Multimedia in Adminstrationen" und zum Thema "Regierungsumzug von Bonn nach Berlin" vortragen und sagen, was wir dort tun. Abschließend ein paar allgemeine Gedanken zur Einführung von Multimedia in Administrationen.

Übersicht

- Multimediakommunikation

- Arbeitsabläufe in Administrationen

- Multimedia in Administrationen

- Bonn - Berlin
  BRAVO I und BRAVO II

- Überlegungen zur Einführung

Bild 1

Die Multimedia-Kommunikation setzt sich zusammen aus den beiden Komponenten Dokumentenübertragung / -bearbeitung und der persönlichen Kommunikation zwischen den Mitarbeitern.

Multimediakommunikation

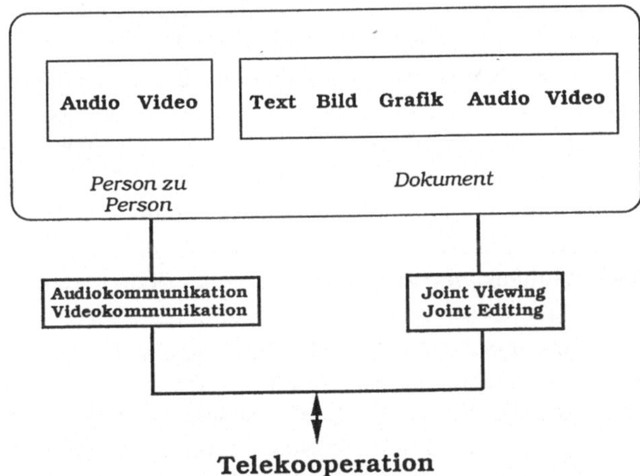

Bild 2

Für die persönliche Kommunikation steht neben Audio, das wir vom Telefon her kennen. heute, mit im Vordergrund die Videokommunikation. Das Dokument enthält unter dem Aspekt der computergestützten Dokumentenbearbeitung, nicht nur, wie wir es heute kennen, Text oder Festbild, sondern auch Grafik, Audio und Video. Wobei Grafik nicht als Festbild, sondern als Datensatz übermittelt wird. Die Dokumentenübertragung zwischen den Arbeitsplätzen, die Erstellung der Dokumente auf dem Computer, die Übertragung über schnelle Netze und das gemeinsame Betrachten und Bearbeiten der Dokumente ist Kennzeichen für das, was wir allgemein dann unter Telekooperation bezeichnen und verstehen. Was Sie hier erkennen können, ist die Vermischung bisher sauber voneinander getrennter Bereiche. Das Telefon gehört eindeutig zu dem klassischen Bereich der Telekommunikation, die Dokumentenübermittlung, oder die Computerkommunikation zum Bereich der Datenkommunikation. Die Telefone werden von anderen Fabriken hergestellt als die Computer, der Verkauf von Computern folgt anderen Regeln als der Verkauf von Telefonen. Und so gibt es eine ganze Reihe von Dingen, die hier nicht nur technisch, sondern auch mental zusammengebracht werden müssen. Und die große Frage, und ich will auch gleich wieder damit aufhören, weil das nicht mein Thema ist, aber die große Frage für die industrielle Entwicklung wird sein, geht die Entwicklung vom Computer aus, wird der Computer anfangen zu telefonieren, wie es der Vertreter des Hauses IBM heute morgen so treffend darstellte, oder wird das Telefon etwas erweitert, ein bißchen mehr Bild und dann ein bißchen mehr Computer, denn schließlich ist Computertechnik in einigen Jahren ein Chip, und kein Geheimnis mehr. Was aber auf jeden Fall erforderlich ist, ist daß jeder mit jedem diese Art von Kommunikation ausüben kann, so, wie wir heute weltweit mit 800 Millionen Partnern telefonieren können, muß auch Multimedia-Kommunikation weltweit kompatibel sein. Und das, was wir brauchen, ist nicht irgendein Spezialsystem von einem weltberühmten Softwarehersteller, sondern was wir ganz dringend brauchen ist eine einheitliche, übergreifende Standardisierung für die Multimedia-Kommunikation. Und daß wir uns in Berlin ein wenig darum bemühen, mag sie in dem Zusammenhang nicht überraschen. Das Ganze wird überhaupt nur laufen, wenn es wirklich weltumspannend funktioniert. Und wenn diese Grundelemente der Multimedia-Kommunikation betrachtet, dann weiß man auch, daß alles das, was wir über Anwendungen soeben gehört haben, auf dieser Basis aufsetzt. Alle Anwendungen, die Herr Prof. Fleck vorgestellt hat, oder die, die eben im Bankbereich vorgestellt wurden, setzen auf diesen Grundelementen der Multimedia-Kommunikation auf. Und so, wie es auch kein unterschiedliches Papier gibt in der Klinik, oder im Bankenbereich, oder in den Administrationen, braucht es auch keine Unterschiede in der Multimedia-Kommunikation zu geben. Das muß erledigt werden, und zwar ganz schnell und ganz zügig. Doch zurück zu den Administrationen. Sie kennen ja alle Administrationen aus verschiedenen Richtungen, das eine ist, Sie schreiben an einen Minister einen Brief und bekommen irgendwann eine Antwort. Das ist die Administration, die ich hier etwas erläutern werde. Die andere Administration ist die, bei der Sie einen Antrag auf Ermäßigung der Lohnsteuer einreichen und dann irgendwann bekommen Sie einen Rechnerausdruck. Das ist die Administration, die ich nicht meine, weil hier Arbeitsabläufe bereits hochgradig im Computer bearbeitet werden. Was ich meine, sind Arbeitsabläufe, die wirklich noch mit Papier zu tun haben. Und wie Sie wissen, ist eine klassische Administration hierarchisch wie eine Armee gegliedert: es gibt einen Boß, und dann gibt es drei Unterbosse, und dann gibt es vier Teilbosse, und dann gibt es die Bearbeiter. Und wenn Sie an einer Administration schreiben, dann folgt diesen Hierarchien auch der Brief.

Wenn Sie an einen Minister schreiben, bekommt der Brief zunächst einmal einen grünen Strich, dann geht er weiter an seinen Vertreter, der einen roten Strich anfügt, und es geht so weiter mit den Farben.

Arbeitsabläufe in Administrationen

- **Allgemeine Vorgangsbearbeitung (Eingang)**
  - Kenntnisnahme/Bearbeitungshinweise durch übergeordnete Hierarchie
  - Weiterleitung an zuständiges Sachgebiet

- **Allgemeine Vorgangsbearbeitung (Ausgang)**
  - Entwurf im Sachgebiet
  - Mitzeichnung durch mitbetroffene Sachgebiete
  - Schlußzeichnung durch übergeordnete Hierarchiestufe

- **Vorgangsarten**
  - Schreiben an Personen und Institutionen
  - Verfügungen an nachgeordnete Dienststellen
  - Bescheide

- **Information und interne Abstimmung**
  - Allgemein zugängliche Informationen
  - Vorgangskopien, Abschriften
  - Telefon, Fax
  - Besprechungen

Bild 3

Gewitzte Sekretärinnen haben diese Stifte parat und malen dann in Abwesenheit des Ministers einen grünen Strich dran. Dann kommt ein grünes K ran, was "Kenntnisnahme" bedeutet, das heißt, der Minister möchte vor dem Abgang die Antwort sehen, oder "Rücksprache", was ganz besonders gefürchtet ist, denn dann muß auch noch darüber geredet werden, was geschrieben werden soll. So ist das alles ganz sorgfältig organisiert, und eine Verwaltung ist eben so aufgeteilt, daß am Ende die Arbeit so portioniert ist, daß genau für 8 Stunden am Tage einer damit ausgefüllt ist, diese Portion abzuarbeiten. Das Aufgabengebiet wird dann meistens mit einem oder mehreren Aktenzeichen gekennzeichnet. Leider Gottes läßt sich das tatsächliche Leben nicht so portionieren, so daß zunächst einmal davon auszugehen ist, daß ein Schreiben dort landet, wo am meisten Zuständigkeit vermutet wird, daß aber bei der Beantwortung dieses Schreibens durchaus mehrere Aspekte mit zu berücksichtigen sind. Dann setzt das sog. Mitzeichnungsverfahren ein, was besonders gefürchtet ist im Bereich der Innovation, weil hier besonders viele nichtinnovative Bereiche mitzeichnen müssen. Auf jeden Fall bedeutet das immer, daß wenn zwei Untere sich abstimmen, der dazugehörige Obere auch mitzeichnen muß. Und so geht der ganze Vorgang, wie das so schön heißt, schrittweise wieder nach oben. Und irgendwo, wenn der Minister kein K drangemacht hat, wird es dann von einem Abteilungsleiter oder einem Unterabteilungsleiter oder gar, etwa bei modernen "leanproduzierenden" Verwaltungen, von einem Referatsleiter abgezeichnet und rausgeschickt.

Nun, wenn Sie über Bonn-Berlin diskutieren – und ich will hier ein bißchen vorgreifen – dann ist das wichtigste, daß all diese grünen, gelben und roten Striche sich auch elektronisch wiederfinden. Das heißt also, der Ansatz ist der, man möge das elektronische System genauso machen, wie das papiergebundene System. Und das wird sicherlich eins der ersten Probleme sein, über das wir gleich zu reden haben werden.

Wenn man darüber nachdenkt, wie ein Bearbeiter oder ein Mitglied dieser Hierarchie seine Informationen bekommt um sich nun auf dem laufenden zu halten, dann gibt es Abschriften von Vorgängen, die rausgegangen sind – es gibt natürlich die klassischen Informationen über Publikationen, es gibt auch Gerichtsurteile, dort wo man gezwungen ist, sich nach Rechtsprechung zu bewegen, was nicht negativ sein soll – die Verwaltung arbeitet ja immer rechtlich einwandfrei – aber es gibt eben manche, die auf die aktuelle Rechtsprechung besonders achten müssen. Dann natürlich Telefon, Fax zunehmend. Fax gehört heute zu den, auch von der Verwaltung oder in der Administration entdeckten Einrichtungen, und man hört gelegentlich, daß sie jetzt aus dem Keller von der zentralen Schreibstelle schon auf die einzelnen Abteilungen verteilt werden, so daß mehr als ein Faxgerät im Haus ist. Was natürlich schon wieder ganz fürchterliche Probleme mit sich bringt, weil es natürlich außerordentlich schwer ist, bei einem Fax die Informationsleiter von oben nach unten einzuhalten Deshalb haben viele Administrationen die Faxgeräte auch nicht so besonders gern. Aber es kommt eben doch gelegentlich dazu, daß hiervon reger Gebrauch gemacht wird.

Besprechungen finden natürlich statt, wenn auch in kleinerer Anzahl, als das immer als zentrales Problem zwischen Bonn und Berlin dargestellt wird. Vor allen Dingen die Besprechungen zwischen den Ministerien sind eigentlich nur die Spitze eines Eisberges, und zwar eine ganz kleine Spitze eines ungewöhnlich tief reichenden Eisberges. Die Kommunikation, die Vorgangsbearbeitung findet üblicherweise innerhalb der Administrationen statt und alle Administrationen sind bemüht, die Schnittstellen zu den anderen Administrationen möglichst deutlich zu machen, und nach Möglichkeit sie auch so zu beachten, daß wenig Austausch ist. Auch entgegen manchen Äußerungen ist der Bundeskanzler nicht in jeden Vorgang einbezogen – das Bundeskanzleramt auch nicht – also das Hauptproblem bei der Analyse der Arbeitsabläufe in Administrationen ist eigentlich, deutlich zu machen, daß die Kommunikation im wesentlichen innerhalb einer Administration stattfindet, und dort, wo Leistungsverwaltungen gemeint sind, beispielsweise die Finanzbehörden, ist natürlich auch eine lebhafte Kommunikation nach außen gerichtet festzustellen, aber dann immer wieder im eigenen Bereich.

Das ist alles nichts sensationell neues und das meinte ich, als ich sagte, es ist eigentlich ziemlich langweilig. Wenn man sich nun Multimedia in Administrationen vorstellt, dann heißt das natürlich zunächst, daß die technischen Elemente vorhanden sein müssen.

Diese technischen Elemente sind zum einen der Arbeitsplatz mit Vidoetelefon und mit einem PC zur Dokumentenerstellung und -bearbeitung. Weiterhin so etwas wie eine elektronische Handakte, die mit dem PC und mit seinem internen Speicher eigentlich normalerweise sowieso verbunden ist. Die persönliche Handakte ist sicherlich ein wichtiges Instrument, das dem einzelnen Bearbeiter genauso allein zugänglich bleiben muß, wie es heute die papiergebundene Handakte ist. Das ist sein Geheimnis, da liegt vieles von seinem Wissen drin, auch vieles von der Historie, von Entscheidungen, die an seinem Platz ihren Ausgang genommen haben.

Nun ist ein PC an einem Arbeitsplatz ja heute auch keine Sensation. Der PC wird üblicherweise mehr und mehr als elektronische Schreibmaschine verwendet und, gerade in technischen Bereichen, dann auch von den Sachbearbeitern benutzt, was

Multimedia in Administrationen

- **Arbeitsplatz**
  - Video-Telefon für die persönliche Kommunikation
  - PC zur Dokumentenerstellung und -bearbeitung
  - Elektronische Handakte

- **Vernetzung der Arbeitsplätze**
  - Multimedia-Inhousenetz (ATM-Nebenstellenanlage)

- **Vorgangsbearbeitung**
  - Multimedia Mail
  - Multimedia Telekooperation (CSCW)

- **Archive**
  - Allgemeines Archiv
  - Aktuelles Vorgangsarchiv (Mitzeichnungsarchiv)

- **Sicherheit**
  - Berechtigungsnachweis
  - Verschlüsselung

Bild 4

meistens zu einer erheblicher Verringerung der Geschwindigkeit der Dokumentenerstellung führt, weil die Bearbeiter viel langsamer schreiben, als die dafür ausgebildeten Fachkräfte. Das ist ein Nebeneffekt, der zu beobachten ist, aber der PC als solcher ist nicht der Ausgangspunkt. Der Ausgangspunkt für die elektronische Dokumentenbearbeitung wird sicherlich die Vernetzung der Arbeitsplätze sein. Diese Vernetzung der Arbeitsplätze über Multimedia-Inhouse-Netze stellt deutlich höhere Anforderungen an die Kommunikation, als die Übermittlung von elektronischen Dokumenten nach draußen. Und zwar deshalb, weil man bei der Bearbeitung von Vorgängen sehr schnell in die Situation kommt, daß man nicht nur *ein* Stück Papier betrachten muß, sondern daß man blättern muß, daß man nachschauen muß, daß die großen Informationsmengen, auf die man häufig zugreifen muß bei der Bearbeitung, schnell übermittelt werden. Und hier ist ein Feld der Integration von persönlicher Kommunikation per Audio und Video und der Dokumentenkommunikation und der Dokumentenbearbeitung, das ein prädestiniertes Feld für den Einsatz von ATM zu sein scheint. Hier wird sich also einiges tun, und die Integration der Techniken am Arbeitsplatz, PC und Telefon, führt dazu, daß wir auch eine Integration der Kommunikation im Inhouse-Bereich haben, und hier mit hohen Anforderungen zu rechnen haben. Daher ATM. Für die Vorgangsbearbeitung selber, also das Erstellen der Dokumente oder das Bearbeiten von Dokumenten, die an anderen Arbeitsplätzen entstanden sind, werden Multimedia-Mail und Multimedia-Telekooperation benötigt, standardisierte Multimediadienste, die nicht anwendungsbezogen sein sollen, wie ich das eingangs erläutert habe. Weiterhin werden Archive gebraucht. Die Archive sind heute noch ein technisches Problem – überraschenderweise – diese Multimedia-Archive sind noch nicht fertig. Der Arbeitsplatz ist weitgehend fertig. Hier müssen wir daran arbeiten, daß er so gestaltet wird, daß der Zugang zum Arbeitsplatz nicht ein dreisemestriges Informatikstudium erfordert, wie das die Datenverarbeitung bis heute kennzeichnet, sondern, daß die Bedienung wirklich einfach ist, und wir Techniken an den Arbeitsplatz bekommen wie flache Bildschirme beispielsweise, die den Arbeitsplatz so wenig technikorientiert erscheinen lassen, wie es irgend möglich ist. Von den Bedienoberflächen ist immer wieder gesprochen worden. Daß wir hier Benutzerfreundlichkeit brauchen, die es auch noch nicht in dem wünschenswerten Umfang gibt, ist auch klar. Doch ich bin sicher, all diese Probleme werden in Kürze gelöst sein. Arbeitsplatz und -vernetzung werden kostenmäßig in die Größenordnung von 10.000 Mark pro Arbeitsplatz kommen. 5.000 Mark für die Technik am Arbeitsplatz selber, also den PC plus, und 5.000 Mark für die Vernetzung.

Und nun möchte ich noch einmal zurückkommen auf die 10% Einsparung, die möglich erscheinen. Wenn Sie diese 10% messen an den heutigen Kosten eines Arbeitsplatzes, der ja nicht alleine den Schreibtisch, sondern auch den Bearbeiter mit einschließt, dann merken Sie, daß 10% Einsparung eigentlich die direkten Kosten bei weitem übersteigen. Denn wir reden über Investitionen in der Größenordnung von 10.000 Mark, die sich abschreiben, sagen wir einmal: über vier Jahre, das sind zweieinhalbtausend Mark pro Jahr, und Einsparungen, die im Kostenfaktor 10 über diesen Kosten liegen. Das heißt, hier ist ein enormes Potential alleine aus diesem direkten Vergleich gegeben, und das Potential wird sicherlich noch viel größer, wenn man daran denkt, daß die Arbeitsverfahren, die Multimedia-Kommunikation erlaubt – und zwar nicht die Kommunikation allein, sondern die computergestützte Bearbeitung der Vorgänge – daß diese Einsparungen durch mehr Effektivität noch wesentlich größer sein werden.

Nun zum Thema Bonn-Berlin: in Zahlen. 20 000 Arbeitsplätze in Bonn, die größenordnungsmäßig zur Hälfte nach Berlin verlagert werden sollen.

Bonn - Berlin

- **Probleme**
  - Regierungssitz Berlin
  - Zwei Standorte für Ministerien generell
  - Getrennte Standorte führen zur Aufteilung von Ministerien

- **BRAVO I** (Breitbandkommunikation in Verteilten Organisationen)
  - Multimedia-Arbeitsplätze in Bonn und Berlin für 5 Ministerien
  - Verbindung Bonn-Berlin über VBN (Vermitteltes Breitbandnetz)
  - Keine weitergehende Vernetzung innerhalb der Standorte ("Edel-FAX")

- **BRAVO II** (ab 1995 geplant)
  - Beschränkung auf *ein* Ministerium
  - Vernetzung von mehreren Arbeitsplätzen an den beiden Standorten
  - Auswahl der Arbeitsplätze mit Blick auf zusammenhängende Arbeitsabläufe
  - Minimierung von Medienbrüchen (Papier-Elektronik-Papier)
  - Benutzerfreundliche Technik

Bild 5

Nun geht man ja davon aus, daß diese Standortfrage so gelöst wird, daß eine bestimmte Anzahl von Ministerien in Bonn verbleiben, und daß eine andere Anzahl von Ministerien nach Berlin wechselt. Dieses wird im Ansatz auch so sein, aber alle Bonner Ministerien haben mindestens einen Kopf in Berlin. Und es wird letztlich darauf hinaus laufen – aus einer ganzen Reihe von pragmatischen Gründen – daß mehr oder minder alle Ministerien, sowohl in Bonn, als auch in Berlin, vertreten sein werden. Und dieses führt nun zu der schwierigen Situation, daß es Schnitte quer durch die Organisationen gibt. Und das ist nicht mehr eine Minimierung, sondern eine Maximierung von Schnittstellen. Und ich sage ganz einfach: "Bonn und Berlin" wird ohne Multimedia-Kommunikation überhaupt nicht funktionieren. Und wir werden gleich noch einmal sehen, daß dieses nicht nur ein leistungsstarkes Netz zwischen Bonn und Berlin erfordert, sondern, daß wir wirklich die Arbeitsabläufe in den Ministerien miteinander vernetzen müssen, weil es dann ziemlich gleichgültig wird, wo der einzelne Arbeitsplatz steht.

Wir haben, um einmal so ein bißchen zu zeigen, was heute möglich ist mit einer Technik, die aus heutiger Sicht schon uralt ist, weil sie über drei Jahre alt ist, das Projekt BRAVO gestartet. BRAVO ergab sich "zufälligerweise" aus der Bezeichnung "Breitbandkommunikation in verteilten Organisationen". Wir haben ungefähr 16 Multimedia-Arbeitsplätze in Ministerien aufgebaut, die in Berlin und in Bonn heute schon vertreten sind. Im Finanzministerium und in der Treuhandanstalt, im Bundeskanzleramt, Bundespostministerium, Bundesinnenministerium, BMFT, usw. Und was wir hier eingerichtet haben, sind Arbeitsplätze, die miteinander über das vermittelte Breitbandnetz kommunizieren können, also mit einer Superqualität, und keinerlei Einschränkungen in der Qualität, was die Videokommunikation anbelangt, und keinerlei Einschränkungen in der Qualität der Dokumentenkooperation, keine zeitliche Verzögerung, kein gar nichts. Was jedoch noch nicht stattfindet, ist eine Vernetzung von mehreren Arbeitsplätzen innerhalb der jeweiligen Standorte, es ist also eine echte Peer-to-Peer – Kommunikation, wie man das heute nennt. Dieses System wird für bestimmte Anwendungen genutzt, und unser Versuch, das zum Ende des Jahres auslaufen zu lassen, ist auf grimmigen Protest der Benutzer dieser Stationen gestoßen, so daß wir jetzt das Ganze noch umrüsten müssen, obwohl es eigentlich seinen ersten Zweck erfüllt hat, nämlich zu zeigen, daß es geht. Wir planen BRAVO II mit dem Ziel, die Vernetzung mehrerer Arbeitsplätze innerhalb eines Ministeriums zu untersuchen, und zwar Arbeitsabläufen folgend. Wir wollen also nicht eine Vielzahl von Ministerien mit dieser neuen Technik ausrüsten, sondern wir wollen einfach einmal sehen, ob es nicht gelingt, zusammenhängende Arbeitsabläufe, zusammenhängende Arbeitsplätze in Bonn und Berlin miteinander innerhalb Bonns und innerhalb Berlins zu vernetzen und dann die Kommunikation zwischen den beiden Standorten darauf aufzusetzen. Wir benötigen sicherlich mehr als 16 Arbeitsplätze, um Arbeitsabläufe vollständig zu erfassen und so die Minimierung der Medienbrüche, d.h. als Übergang von Papier auf Elektronik und wieder zurück auf Papier, zu erreichen.

Wenn wir über die Einführung von Multimedia etwas allgemeiner nachdenken, dann müssen wir von folgendem ausgehen:
Multimedia-Kommunikation ist ein Hilfsmittel zur Verbesserung von Arbeitsabläufen, wobei die Verbesserung der Arbeitsabläufe im wesentlichen darauf zurückzuführen ist, daß computergestützt gearbeitet wird. Multimedia kann nicht diskutiert werden vom öffentlichen Netz ausgehend in die angeschlossenen Institutionen. Die Umstellung auf Multimedia muß von innen nach außen erfolgen. Und die Einführung von Multimedia-Kommunikation ist ein betriebswirtschaftlicher Vorgang. Sie ist nicht

Überlegungen zur Einführung von Multimedia

- **Grundsätzliche Feststellungen**
  - Die Einführung von Multimediakommunikation in Administrationen
    ist ein Ansatz zur Verbesserung der Arbeitsabläufe (Lean administration)
  - Multimediakommunikation beginnt daher mit der internen Umstellung
    der Arbeitsplätze und der Arbeitsabläufe
  - Multimediakommunikation zwischen verschiedenen Standorten muß sich als Folge
    der internen Umstellung ergeben, nicht unter dem Gesichtspunkt der Einsparung
    von Reisekosten

- **Kosten und Nutzen**
  - Kosten je herkömmlichen Arbeitsplatz etwa 250 TDM pro Jahr
  - Investitionen für Multimedia-Arbeitsplatz plus Vernetzung 10 TDM
  - Verbesserung durch Multimedia mindestens 10%

- **Einführung von Multimedia in Administrationen**
  - Die Einführung muß in den Köpfen der Mitarbeiter beginnen
  - Sie muß entlang von Arbeitsabläufen erfolgen und neue Organisationsstrukturen
    akzeptieren
  - Sie muß sich an betriebswirtschaftlichen Überlegungen orientieren
  - Sie muß sich von Innen nach Außen entwickeln

Bild 6

zu betrachten mit den Augen des Wahrers der Portokasse, nach dem Motto: es kostet mehr und wir müssen so wenig wie möglich davon haben, sondern hier ist eine grundlegende Überarbeitung von Verwaltungsabläufen möglich und nötig.

Nur wenn man das Ganze betrachtet unter dem Aspekt, daß wir uns auf das Informationszeitalter mit Riesenschritten zubewegen wollen, daß wir alle möglichen Hilfsmittel in Anspruch nehmen, um unsere Produktion so flach wie möglich zu steuern, dann gilt diese Forderung sicherlich auch für Verwaltungen. Und wenn man das Thema Multimedia-Kommunikation unter dem Aspekt einer *lean administration* behandelt, dann kommen die notwendigerweise erforderlichen betriebswirtschaftlichen Überlegungen auch im Verwaltungsbereich dazu. Und dann läßt sich das ganz schnell und einfach rechnen. Das heißt also, wir müssen zunächst einmal umdenken. Und wir müssen sicherlich, wenn es um Administrationen geht, auch akzeptieren, daß wir einen Schritt von der Steinzeit ins Futurum 2 zu tun haben mit der Einführung der Multimedia-Kommunikation. Das ist eine Angelegenheit, die natürlich auch sehr viel mit den Köpfen der Beteiligten zu tun hat. Man muß aber auf der anderen Seite auch sehen, gerade was Bonn-Berlin anbelangt, daß wir hier möglicherweise eine ganz erhebliche Entlastung der persönlichen Streßsituation des Zwanges zum Umzug haben. Multimedia-Kommunikation ist nicht an einen Ort gebunden. Multimedia-Kommunikation wie wir es verstehen, vernetzt Arbeitsplätze an beliebiger Stelle. Und deshalb kann es durchaus auch möglich sein, daß man unter dem Eindruck des Aufbaus von solchen Bürosystemen, die Multimedia-Kommunikation ermöglichen, dann Arbeitsplätze, die eigentlich in Berlin sind, in Bonn beläßt, und ggfls. umgekehrt. Und das geht soweit, daß dieselben Techniken natürlich auch angewandt werden, wenn wir über Telearbeit sprechen, die ja bekanntermaßen hochgradig von zu Hause aus stattfindet. Das sollte man mit in die Diskussion nehmen und mit überlegen.

Daß wir über die Organisationsstrukturen nachdenken müssen, die heute in Administrationen gegeben sind, ergibt sich, glaube ich, von ganz alleine. Wenn wir die grünen und sonstigen Striche technisch nachempfinden müssen, werden wir sicherlich weniger Erfolg haben, als wenn wir uns an den Arbeitsabläufen orientieren. Dieses bedeutet auch ein Umdenken in der Organisation eines Ministeriums oder einer Verwaltung. Auch dieses muß geschehen. die anderen beiden Gesichtspunkte, Betriebswirtschaft und von innen nach außen, habe ich Ihnen schon hinreichend erläutert.

Mit anderen Worten: die Technik wird rechtzeitig da sein. Und was jetzt nötig ist, ist, daß sich die Administrationen auch als ein maßgeblicher Teil des Veränderungsprozesses, dem wir alle unterliegen, verstehen. Ich glaube, daß die einzelnen Mitarbeiter dieses auch wissen. Aber es muß gezielt angefaßt werden. Und es muß der politische Wille, dieses zu tun, am Anfang stehen, und es muß ein betriebswirtschaftliches Handeln folgen. Wenn dieses gelingt – und Bonn-Berlin ist Ausgangspunkt für diese Dinge vielleicht deshalb, weil hier ein Zwang ist, etwas zu tun – dann schaffen wir Lösungen, die wir exportieren können. Und damit schaffen wir vielleicht den Übergang zu Produkten der Informationsgesellschaft.

Die Weiterentwicklung der Netze

Rolf Heidemann

Durch die Fortschritte bei der Bild- und Toncodierung, die zu einer deutlichen Reduzierung der erforderlichen Bitraten führt, werden sich interaktive Videodienste, wie zum Beispiel Pay-TV, Video-on-Demand, interaktive Datenabruf-, Informations- und Nachrichtendienste, mit vertretbarem Aufwand implementieren lassen.

Gemeinsames Merkmal aller dieser Dienste ist, daß sie im Gegensatz zum Kabelfernsehen einen mehr oder weniger breitbandigen Rückkanal für die bidirektionale Kommunikation benötigen. Um auch die Fortschritte bei der Speicherung der Information in den verschiedenartigen Servern, bei der bitratenflexiblen Vermittlung und bei der leistungsfähigen Decodierung, Signalmischung und Darstellung beim Teilnehmer mittels des Fernsehgerätes oder des PC nutzen zu können, ist die digitale Übertragung unumgänglich.

Eine Vielzahl von Netzplattformen eignet sich prinzipiell für die Übertragung der Signale zwischen der Zentrale und dem Teilnehmer:

- Breitbandkabelnetz auf der Basis des Kupfer-Koaxialkabels
- Fernsprechnetz auf der Basis der Kupfer-Doppelader
- Mikro- oder picozelluläre Funknetze im Mikro- und Millimeterwellenbereich inklusive geeigneter Zubringernetze, z.B. auf Glasfaserbasis
- Glasfasernetze, Fibre-To-The-Home (FTTH).

Besonders vielversprechende Gesamtlösungen ergeben sich aus dem Konzept der hybriden Netze, die aus der Kombination der oben genannten Grundtypen hervorgehen, z.B. Hybrid-Faser-Koax, Fibre To-The-Curbe (FTTC) und Fibre-To-The-Building (FTTB), bei denen die letzten 300 Meter ("last mile") mit Kupfer überbrückt werden.

Im vorliegenden Beitrag werden exemplarisch die Vor- und Nachteile der Zugangsnetztypen diskutiert und zwar unter folgenden primären Gesichtspunkten:

- Weitestgehende Nutzung der vorhandenen Netze
- Bereitstellung des gesamten Netzes zwischen der oder den Zentralen und den Endgeräten, d.h. inklusive der In-Haus-Verkabelung und deren Wartung
- Keine, oder nur minimale Zusatzinstallationen beim Teilnehmer, sondern nur im Hoheitsbereich des Netzbetreibers
- Zusatzinstallationen nur bei den Teilnehmern, die neue Dienste in Anspruch nehmen, keine bei den restlichen

— Evolutionsfähigkeit, z.B. bezüglich der Kanalzahl und der Dienste HDTV (20-30 Mbit/s) zusätzlich zu MPEG (1-8 Mbit/s).

Die Analyse wird durch experimentelle Ergebnisse der Alcatel Forschung und durch praktische Erfahrung bei der Installation und Inbetriebnahme des Telekom Feldversuches "Neue Videodienste im Berliner Kabelnetz" untermauert.

Die Weiterentwicklung der Netze

Rolf Heidemann
Forschungszentrum
Alcatel SEL, Stuttgart

- Anforderungen an Netze für zukünftige Breitbanddienste
- Nutzung des Telefonnetzes für Videodienste
- Einsatz des Breitband-Verteilnetzes
- Eigenschaften hybrider Glasfasernetze
- Zusammenfassung

R. Heidemann, ZFZ/NO, 29.11.1994

Breitbanddienste für den Privatkunden

SEL

Kurzfristiger Schwerpunkt ist Videounterhaltung:

- Pay-TV
    - Pay-per-channel, PPC
    - Pay-per-view, PPV

- Near video-on-demand, NVOD

- Interaktives VOD, IVOD

- Video-Home shopping

- Fernausbildung, Video, interaktiv
        •
        •
        •

Interaktivität

R. Hedermann, ZFZ/hO, 28.11.1994

Das zukünftige Video- und Multimedianetz

SEL

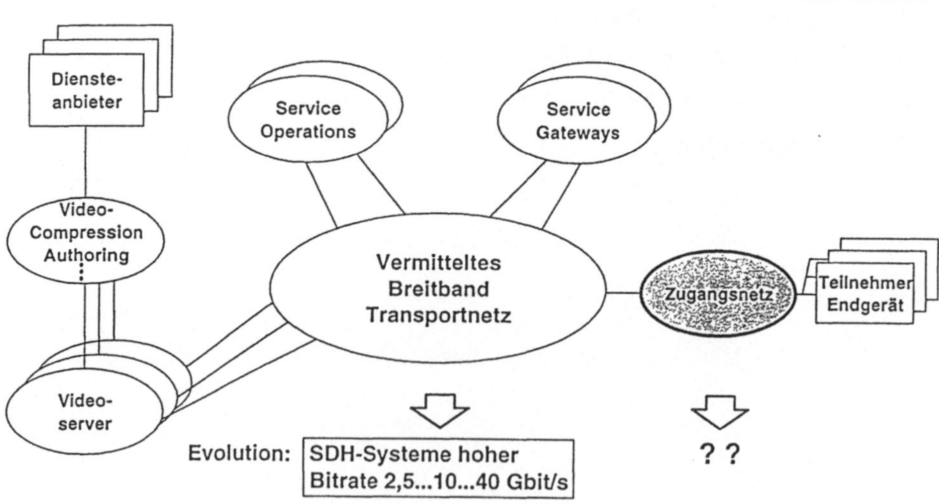

R. Hedermann, ZFZ/hO, 28.11.1994

Für Breitbanddienste prinzipiell nötige Erweiterungen

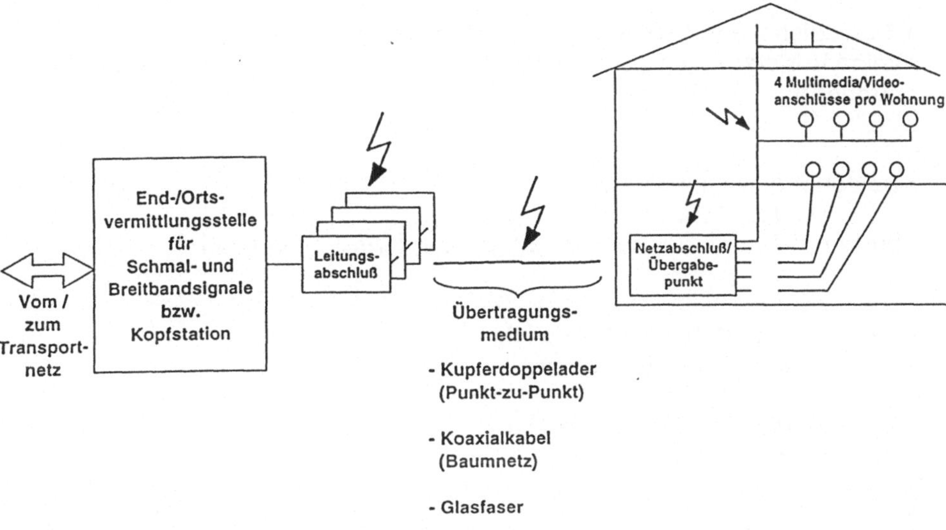

R. Heidemann, ZFZ/NO, 28.11.1994

Anforderungen an Optimaltechniken für Zugangsnetze (1)

• Organische Einbettung in End-to-End-Konzept: Vermittlung ... Terminal

• Nutzung vorhandener Kabelanlagen des Zugangsnetzes

• Zusatzinstallationen nur im Hoheitsbereich des Netzbetreibers

• Keine neuen Netze im Haus oder in der Wohnung

R. Heidemann, ZFZ/NO, 28.11.1994

110

- Zusätzliche Geräte (Set-Top,...) nur bei den Multimediakunden,
  keine Vorleistungen bei den "Nur-Telefon-" oder "Nur-Kabelfernseh-
  kunden"

- Bestehende Dienste wie,
       Telefon, ISDN, Kabelfernsehen
  dürfen nicht gestört, beeinträchtigt oder verdrängt werden.

- Die Evolutionsfähigkeit bezüglich
       - Kanalzahl pro Teilnehmer
       - Bitrate pro Kanal
       - Bandbreite der Rückkanäle
  muß gegeben sein.

R. Heidemann, ZFZ/NO, 28.11.1994

---

mittels ADSL (<u>A</u>symmetric <u>D</u>igital <u>S</u>ubscriber <u>L</u>ine) - Verfahren

- Prinzip:

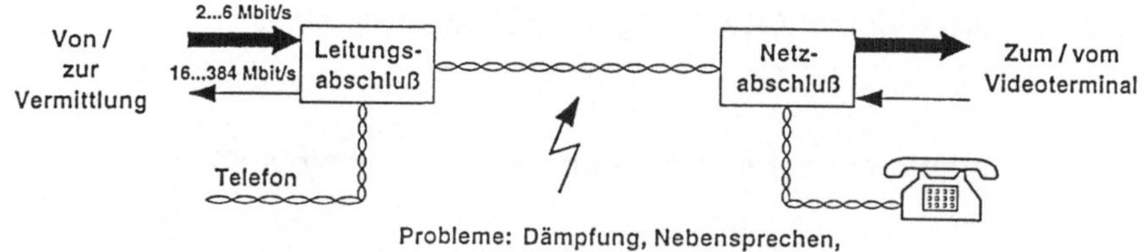

- Reichweiten*:

      3 km bei 2 Mbit/s ≙ 1 x MPEG1-Video
      2 km bei 4 Mbit/s
      1,6 km bei 6 Mbit/s ≙ 1 x MPEG2- oder 3 x MPEG1-Video

*Abschätzungen der Telekom für Betrieb im realen Netz

R. Heidemann, ZFZ/NO, 28.11.1994

SEL

ADSL-Installationen in der Wohnung (1)

Ausgangssituation beim Telefon- und Kabelfernsehkunden

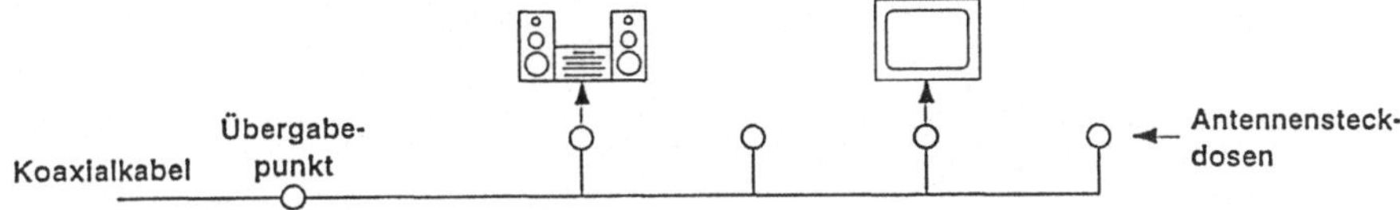

R. Hademann, ZFZ/NQ, 28.11.1994

SEL

ADSL-Installationen in der Wohnung (2)

Zusätzliches Kupfer-Doppeladernetz

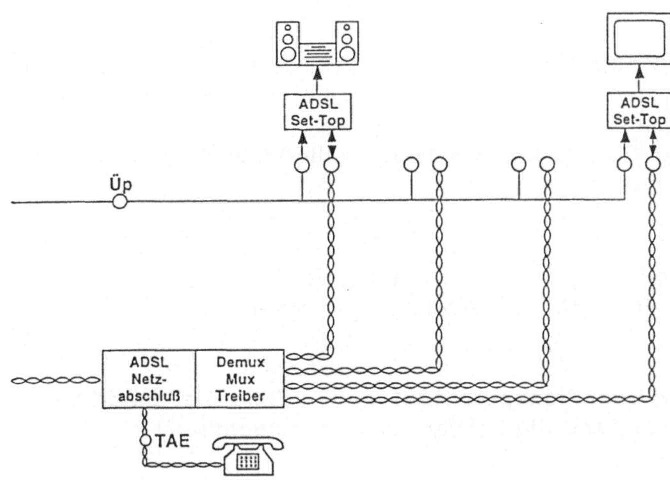

R. Hademann, ZFZ/NQ, 28.11.1994

ADSL-Installationen in der Wohnung (3)

SEL

Nutzung des vorhandenen Koaxialkabels

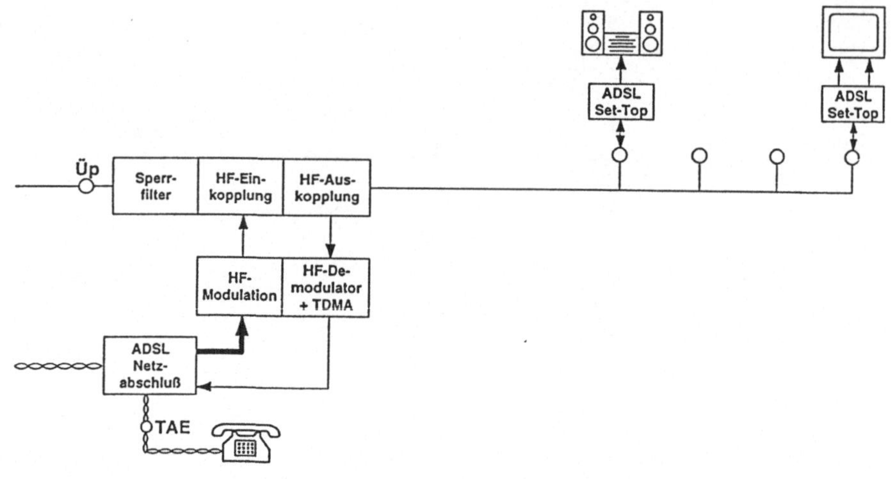

R. Heidemann, ZFZ/IQ, 28.11.1994

Ist das Telefonnetz für Breitbanddienste nutzbar ?

SEL

Im Prinzip ja, aber:

• Heutige Kosten der   - teilnehmerindividuellen Einrichtungen
                       - Zusatzinstallationen in der Wohnung

lassen sich schwer abschätzen, da die Entwicklung noch sehr
im Fluß ist.

• Die Auswirkung der geringen und auch bitratenabhängigen
Reichweite auf die Netzplanung sind offen.

• Geringes Evolutionspotential für zukünftige Breitbanddienste.
(Weitere Fortschritte bei der Codierungstechnik ?)

R. Heidemann, ZFZ/IQ, 28.11.1994

ALCATEL
SEL
Nutzung des Breitbandverteilnetzes für neue Videodienste

Struktur des existierenden Telekom-Netzes
(21 Mio anschließbare Wohneinheiten)

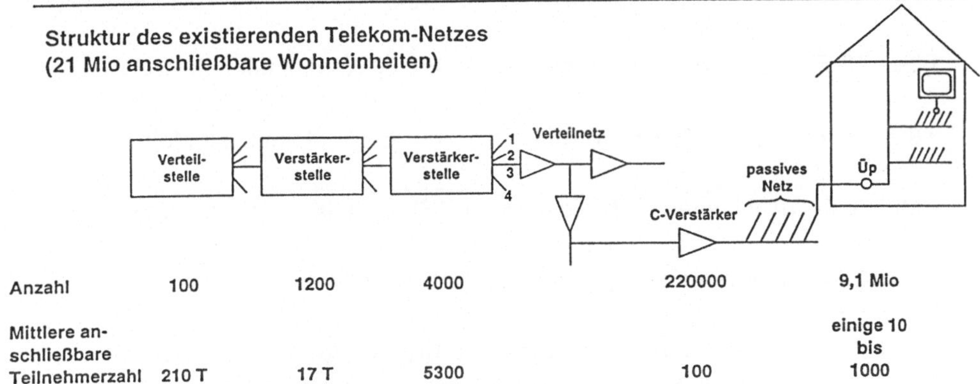

Anzahl	100	1200	4000	220000	9,1 Mio
Mittlere an- schließbare Teilnehmerzahl	210 T	17 T	5300	100	einige 10 bis 1000

- Hierarchisch strukturiertes Baumnetz
- Große Schwankungsbreite der Teilnehmerzahl pro Netzelement
- End-to-end Bandbreite (abwärts) einige 100 MHz, minimal 300 MHz
- Geeignet für analoge und digitale Übertragung
  (Unterträgermodulation mittels NQAM, N=16...256)

ALCATEL
SEL
Welche Dienste lassen sich implementieren ?

Randbedingungen:

- **Heutiges Leihverhalten bei Videokassetten:**

$$\frac{\text{Hit-Film / Top 10}}{\text{Stock-Film}} = \frac{8}{1} \longrightarrow \text{Top 10 per NVOD abwickeln}$$

- **Stand der MPEG1/2-Codierung:**

Gespeicherte Filme/Inhalte $\longrightarrow$ **2 Mbit/s pro NVOD-Programm**

Life-Ereignisse $\longrightarrow$ **6 Mbit/s pro PPC/PPV-Programm**

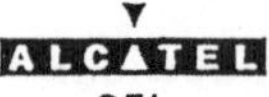
SEL

Kurzfristige Implementierung digitaler Videodienste

- Top 10-Filme, 15 Minuten-Raster ⟶ 60 Kanäle mit je 2 Mbit/s

- 6 PPC- und PPV- Life-Programme ⟶ 6 Kanäle mit je 6 Mbit/s

- Mittels 64QAM lassen sich diese in |4 HF-Kanälen| unterbringen.

→ Zentrale Einspeisung "oben" im Netz möglich.

→ Aber: Robustes Übertragungsverfahren nötig,
   um jegliches Einmessen, Nachrüsten, ...
   insbesondere im In-Haus-Bereich zu vermeiden.

→ Rückkanal nicht zwingend erforderlich.

R. Hedemann, ZFZ/43, 25.11.1994

SEL

Weitergehende Entwicklung neuer Dienste

Annahmen:

- Volle Interaktivität

- Qualitätsmix inkl. HDTV: 2 / 6 / 25 Mbit/s mit 50 / 40 / 10 %

- Erste Nutzung durch heute leihaktive Kunden

- Verkehrswerte in "Busy hour" entsprechend TV- und TV+VCR-Nutzung

→ |Einspeisung von 3 zusätzlichen QAM-HF-Kanälen dort wo
einige 100 bis 1000 Wohneinheiten anschließbar sind.|

→ Zukunftssicher ist: Fibre-to-the-last-amplifier
   als Glasfaser-Hybridnetz, Hybrid-Fibre-Coax

R. Hedemann, ZFZ/43, 25.11.1994

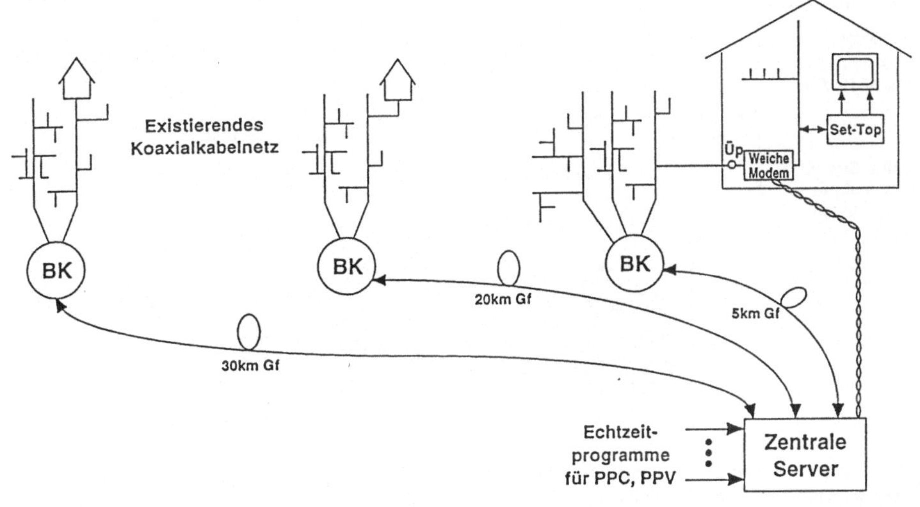
ALCATEL
SEL
Telekom-Feldversuch
"Neue Videodienste im Berliner Kabelnetz"
Existierendes
Koaxialkabelnetz
Set-Top
Üp
Weiche
Modem
BK
BK
BK
20km Gf
30km Gf
5km Gf
Echtzeit-
programme
für PPC, PPV
Zentrale
Server

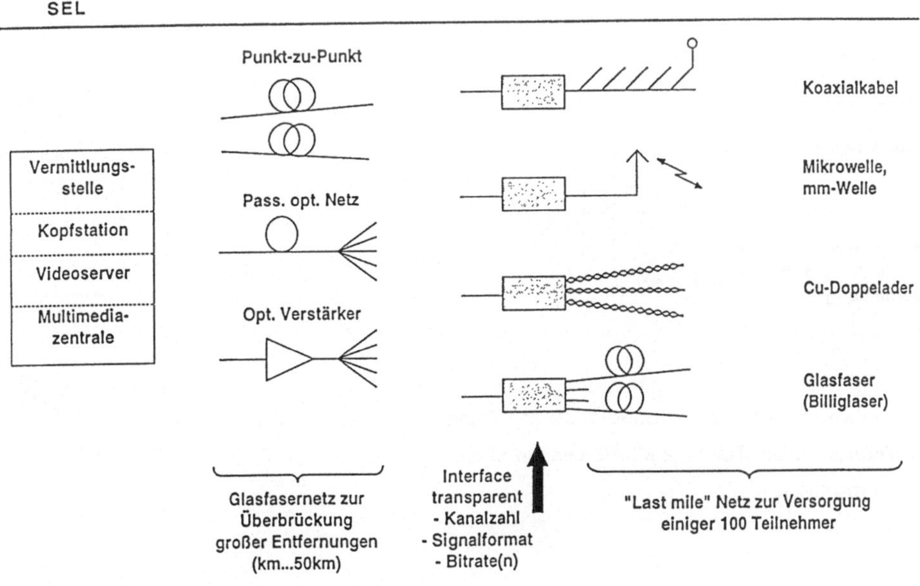
ALCATEL
SEL
Glasfaser Hybridnetze
Punkt-zu-Punkt
Koaxialkabel
Vermittlungs-
stelle
Mikrowelle,
mm-Welle
Pass. opt. Netz
Kopfstation
Videoserver
Cu-Doppelader
Multimedia-
zentrale
Opt. Verstärker
Glasfaser
(Billiglaser)
Glasfasernetz zur
Überbrückung
großer Entfernungen
(km...50km)
Interface
transparent
- Kanalzahl
- Signalformat
- Bitrate(n)
"Last mile" Netz zur Versorgung
einiger 100 Teilnehmer

Experimente zur Nutzung der OPAL94-Technologie

Verteildienste

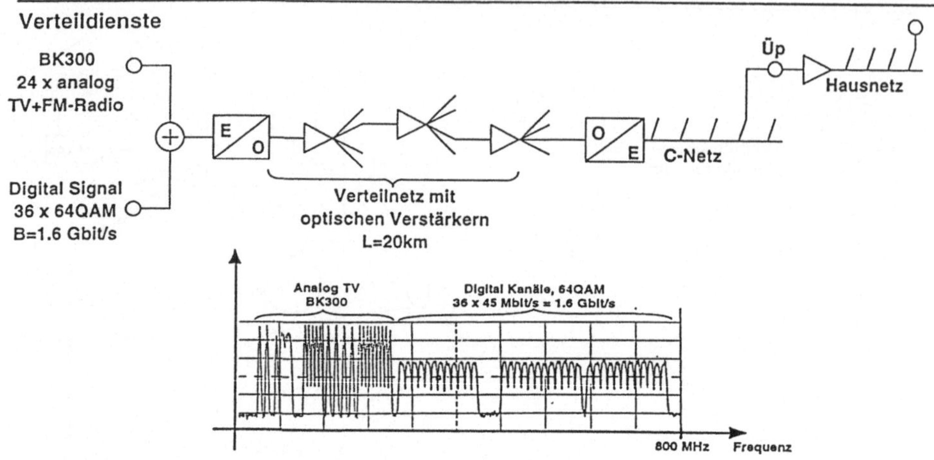

- Beliebige Kombination von analogen digitalen Signalen möglich.
- Digitalsignale im Gbit/s-Bereich bis an die Antennensteckdose.
- Ziel: Transparenz bezüglich Video, DVB, ATM, Daten

Experimente zur Nutzung der OPAL94-Technologie

Full Service Network: KTV, N/IVOD, Telefon

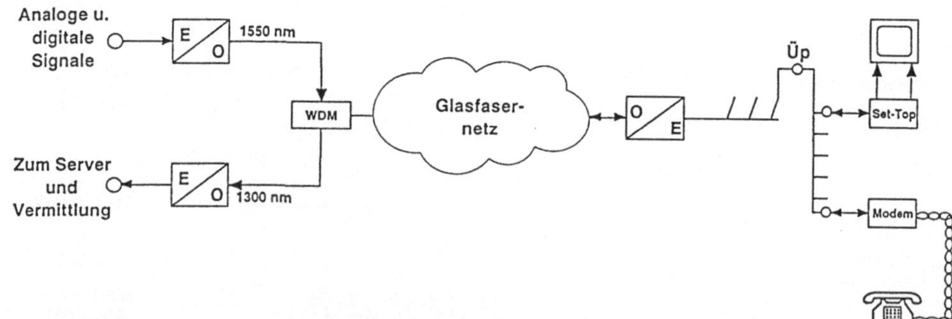

- Die Kombination der Videodienste mit Telekommunikationsdiensten wie
Telefon, ISDN, Daten, 2 Mbit/s Leased Lines
ist möglich.

ALCATEL
SEL

Die Flexibilität von Hybrid-Faser-Koax Netzen

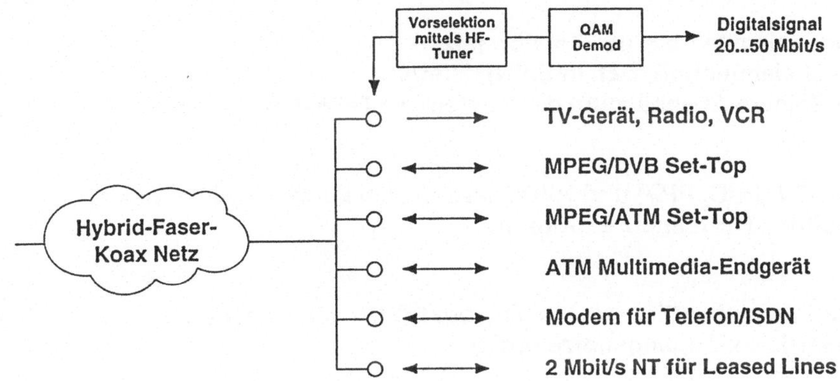

- Durch das Frequenzmultiplex wird eine zusätzliche Multiplexstufe gewonnen und damit die Möglichkeit völlig verschiedenartige Signale zu transportieren.

R. Heidemann, ZFZ/hO, 29.11.1994

ALCATEL
SEL

Optische Verteilung von 60 GHz-Signalen

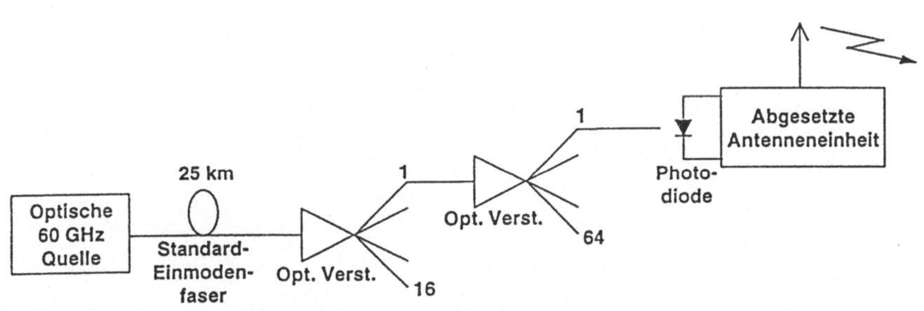

- Speisung von 1000 abgesetzten Antenneneinheiten mittels optischer Verstärker demonstriert

R. Heidemann, ZFZ/hO, 29.11.1994

Zusammenfassung

- Videodienste über das Telefonnetz:
  - Modemtechnik z.Zt. in Entwicklung.
  - Sichere Abschätzung der Kosten pro Teilnehmer noch nicht möglich.

- Pay-TV (PPC, PPV) und NVOD lassen sich kurzfristig über das Breitbandverteilnetz einführen.

- Für interaktive Dienste, bis hin zum BISDN, sind hybride Faser-Koax-Zugangsnetze optimal.

- Hybride Faser-Funk-Netze werden zur Zeit untersucht. Erste Ergebnisse deuten auf sehr gute Eignung für Multimediadienste hin.

Multimediale Server und Endgeräte

Horst Nasko

Einführung

Wichtige Anwendungen auf den weltweit entstehenden Information Highways werden "Interactive Media Services" sein. *(Bild 2)* Diese Dienste kann sowohl der private Konsument, z. B. über sein Fernsehgerät, nutzen, sie sind aber auch von besonderer Bedeutung für den Wandel von geschäftlichen Abläufen. An der Entstehung solcher Anwendungen sind viele "Stationen" beteiligt. Die angebotenen Inhalte – etwa Filme für Video on Demand, elektronische Kataloge für Homeshopping, Lehrfilme für Telelearning, usw. – müssen neu erstellt oder aus einer vorliegenden analogen in eine digitalisierte Form gebracht werden. Diese digitalisierten und für die Speicherung und Übertragung komprimierten Informationen werden in zentralen Servern gehalten und verwaltet, gemeinsam mit den zugehörigen Applikationen. Ein Server steht in aller Regel nicht allein, in einem "Head-End-Complex" – so der Terminus für das Zentrum, von dem aus die Dienste bereitgestellt werden – werden sich meistens mehrere Server die verschiedenen Aufgaben teilen. Über Netze mit unterschiedlichen Bandbreiten werden die Dienste angeboten und den Kunden zur Verfügung gestellt. Der private oder geschäftliche Anwender schließlich kann über sein Endgerät auswählen, welchen Dienst er nutzen will, er wird durch das spezifische Angebot geführt und schaltet sich dann in die Videokonferenz zwischen München und Washington ein, bestellt beim Versandhaus den neuen Sommermantel oder bucht die Reise nach Fuerteventura.

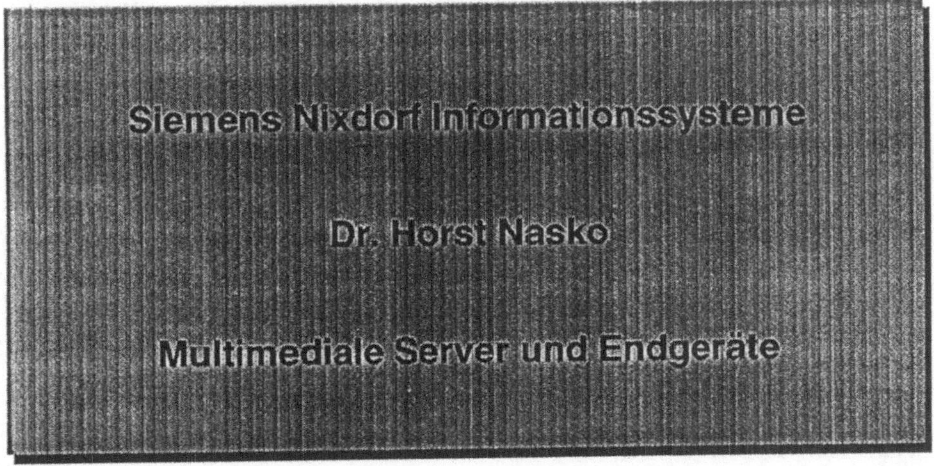

Bild 1

SIEMENS
NIXDORF
Interactive Media Services
ATM–Switch
Server
Netz
Content–
Erstellung
– Produktion
– Digitalisierung
– Kompression
Endgeräte

Bild 2

SIEMENS
NIXDORF
Multimedia–Anwendungen
Kanal zum Kunden
Rückkanal
8 128 384 kbit/s   1,5   6   25 Mbit/s
Videophon
Videokonferenz
Telekooperation
Video on Demand
Homeshopping
Videospiele
Telelernen
"Electronic Citizenship"
Virtual Reality
Newspaper on Demand

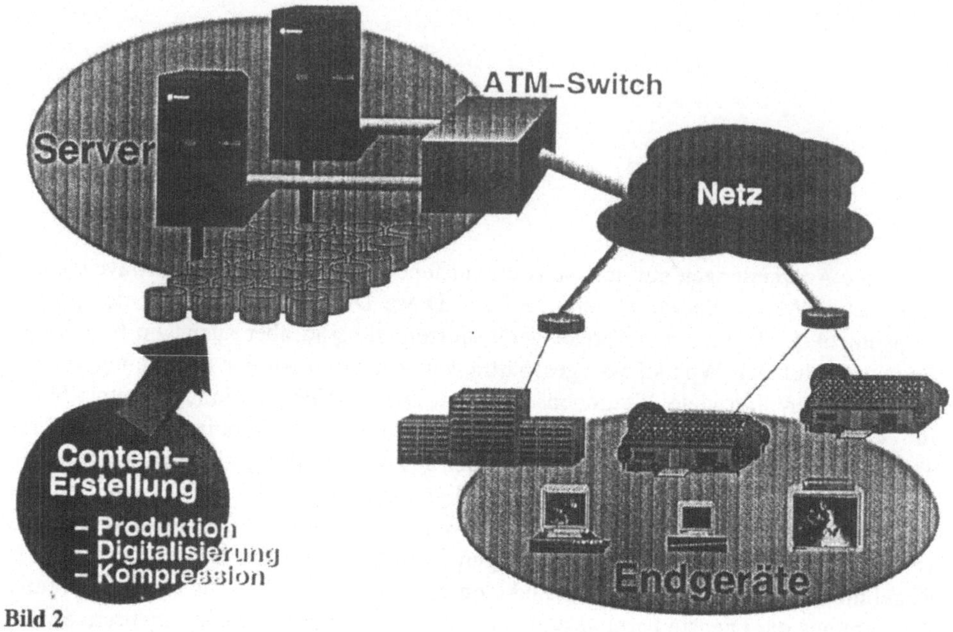

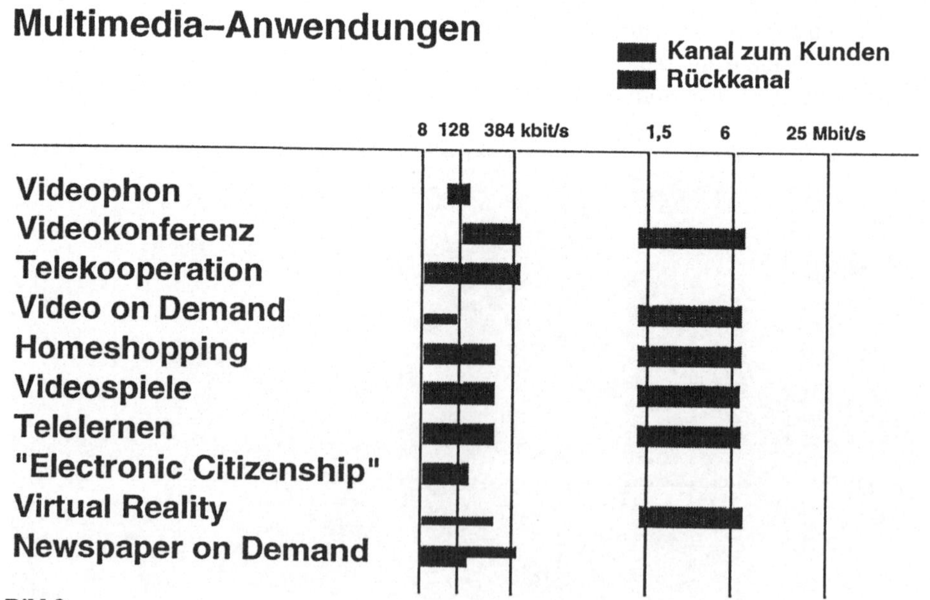

Bild 3

Anders als bisherige Radio- oder Fernsehübertragungen sind diese Anwendungen interaktiv: der Kunde kann und soll eingreifen und den Ablauf beeinflussen. Endgeräte, Netz und Server müssen also einen Rückkanal vom Konsumenten zur Anwendung unterstützen und mit minimaler Wartezeit aus Sicht des Benutzers auf dessen Wunsch reagieren. Die Auswahl, Nutzung und Abrechnung verschiedener Dienste sowie die Eingriffe in den Ablauf müssen von verschiedenen Endgerätetypen aus äußerst einfach bedienbar sein. Dieses Referat greift aus dem ganzen Szenario die technischen Anforderungen heraus, die an Server und Endgeräte für Multimedia-Anwendungen gestellt werden.

Bild 3 zeigt eine Auswahl aus den Multimedia-Anwendungen, die unter dem Oberbegriff "Interactive Media Services" zu erwarten sind. Als Bandbreiten für die Übertragung zum Anwender sind je nach Dienst und Qualität der Darstellung Übertragungsraten von 2x64 kbit/s (ISDN) bis mehrere Mbit/s erforderlich, während für den Rückkanal der ISDN-Anschluß fast immer ausreichend ist. Lediglich einige Anwendungen mit bidirektionaler Übertragung, z. B Videokonferenzen mit sehr hoher Bildqualität, benötigen auch einen breitbandigen Kanal zurück zum Server. Eine wichtige Schlußfolgerung ist daher: viele neue Multimedia-Anwendungen sind heute unter Nutzung der vorhandenen Netzinfrastruktur in Deutschland und Europa bereits realisierbar. In verschiedenen Referaten dieser Tagung wird detailliert erläutert, mit welchen technischen Übertragungsverfahren die derzeit verlegten Telefonleitungen, Koaxial- und Glasfaserkabel so genutzt und kombiniert werden können, daß sie den Bandbreitenbedarf decken.

Technische Anforderungen an Multimedia-Server

Anhand der Abbildung eines Servers von Silicon Graphics (SGI) ist in *Bild 4* das Umfeld eines prototypischen Media-Servers dargestellt. Er hat riesige Datenbestände im Umfang vieler Terabytes (also n x 10^{12} Bytes) im Zugriff, die in einer Hierarchie verschieden schneller Speichermedien automatisch verwaltet werden. Er steht über schnellste Kopplungen zu den anderen Servern im gleichen oder in entfernten "Head Ends" in Verbindung, und er bedient über unterschiedliche Netztypen eine Vielfalt von Endgeräten..

Bild 5 faßt wesentliche Anforderungen an einen Media-Server zusammen. Um einen großen Kundenkreis mit kontinuierlichen multimedialen Daten zu versorgen, etwa für das Angebot von Video on Demand, muß ein Server viele Datenströme gleichzeitig und völlig unabhängig voneinander handhaben und sie so ins Netz geben, daß beim Kunden der ausgewählte Film in gewohnter Videoqualität unterbrechungsfrei ankommt. Das stellt enorm hohe Anforderungen an Speicherkapazität sowie an die I/O-Bandbreite, also den Zugriff auf die gespeicherten Daten, die Ausgabe ins Netz und den systeminternen Durchsatz zur Gewährleistung kontinuierlicher Datenströme. Die Zahl der Dienste, der Umfang der angebotenen Informationen und der Kundenkreis werden schnell zunehmen. Einzelne Server, aber auch der gesamte Head-End-Complex müssen durch Skalierbarkeit steigenden Anforderungen angepaßt werden können, z, B. durch Erweiterung des Servers oder Umkonfiguration von Daten und Anwendungen auf mehr Server. Im Anwendungsfall

SIEMENS
NIXDORF

Der Media–Server

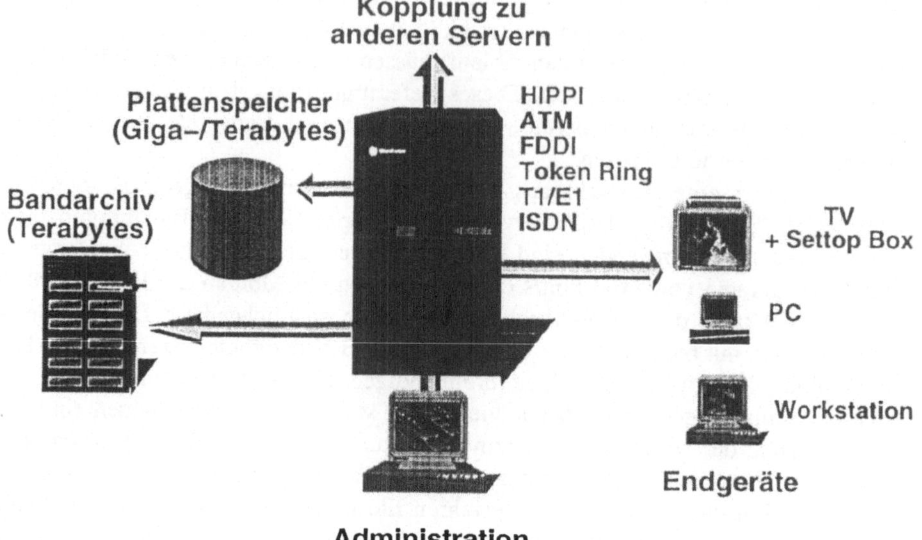

Bild 4

SIEMENS
NIXDORF

Anforderungen an Media–Server

- Sehr hohe Speicherkapazität
- Hohe I/O–Bandbreite
- Skalierbarkeit
- Garantierte kontinuierliche Datenraten
- Echtzeit–Verhalten
- Hohe Verfügbarkeit
- Multiprozessoren

Bild 5

Video on Demand bedient der Konsument zu Hause das Gesamtsystem über die Fernbedienung wie seinen Recorder im Regal, und der übers Netz eingespielte Film muß genauso wie gewohnt auf Knopfdruck hin vorspulen, anhalten oder in Zeitlupe laufen. Verzögerungen von mehr einer halben Sekunde werden subjektiv bereits als lästig, mehrere Sekunden Wartezeit als unannehmbar empfunden. Das Signal läuft von der Fernbedienung über das Endgerät und das Netz zum Server, wird dort erkannt, richtig bearbeitet ("Videostrom 766 auf Zeitlupe"), und der Film kommt in entsprechender Form wieder im Wohnzimmer an – alles binnen dieser halben Sekunde. Nur wenn Prioritätssteuerung und Signalisierung durch Echtzeitverhalten im Betriebssystem unterstützt wird, kann der Server so extremen Anforderungen des Kunden nach quasi sofortiger Reaktion auf seine Wünsche nachkommen. Zusätzlich müssen Speicher und Server so hoch verfügbar sein, daß bei einer Störung praktisch unmittelbar ein Ersatzsystem die Funktion übernimmt, der Kunde soll möglich nichts davon merken.

Nicht für jede Anwendung gelten diese Anforderungen in gleicher Schärfe, Video-Anwendungen (Video on Demand, aber auch Videokonferenzen) sind besonders zeitkritisch (*Bild 6*). Eine hohe Zahl paralleler unabhängiger Videoströme muß bewältigt werden, zusätzlich sind teilweise auch individuell unterschiedliche Bitraten erforderlich. Die Datenrate für Standard-Videoqualität reicht für besonders schnell ablaufende Sportereignisse nicht aus, damit sie in vergleichbarer Schärfe wahrgenommen werden. Also müssen solche Sequenzen mit höherer Datenrate übertragen werden. Ein störendes Phänomen tritt auf, wenn zusammengehörige Audio- und

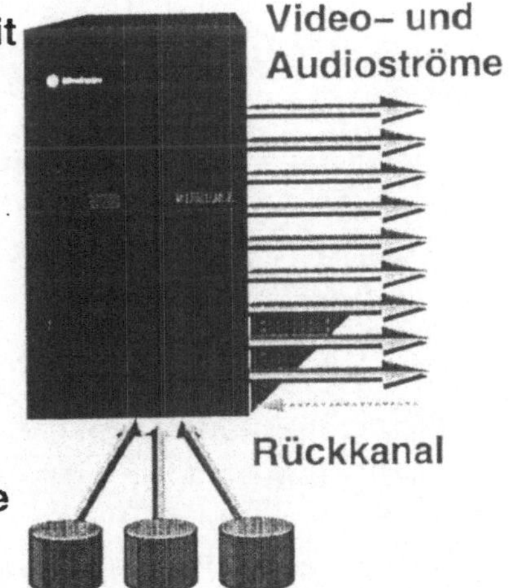

Bild 6

124

Videosignale mit mehr als 100 ms zeitlichem Abstand ankommen. Bild und Ton laufen dann erkennbar auseinander, was besonders unangenehm auffällt, wenn Sprache nicht lippensynchron übertragen wird. Weil die Daten komprimiert gespeichert und übertragen werden (s. u.), bedarf es auch ausgeklügelter Verfahren, um innerhalb des Videostroms wiederaufzusetzen und vor- oder zurückzupositionieren, ohne am Fernseher "Bildsalat" durch Vermischung falscher Teilbilder oder Verzerrung zu erzeugen.

Für alle multimedialen Anwendungen müssen sehr hohe Datenvolumen vorgehalten und mit hoher Bandbreite übertragen werden. Mit steigenden Qualitätswünschen an die Bildauflösung steigt der Speicherbedarf überproportional an. Ein Video in Spielfilmlänge hat einfach digitalisiert einen Speicherbedarf von ca. 200 Gbyte – angesichts des Umfangs der "Videothek", die für einen akzeptablen Dienst Video on Demand nötig sind, auch bei der heutigen Speichertechnologie ein unwirtschaftlich hoher Ressourcenbedarf. Für die Übertragung dieses Films bei 25 Bildern/s und einer Bildauflösung von 640x480 Pixel wären über 160 Mbit/s erforderlich. Diese Werte machen deutlich, warum Methoden der Kompression unabdingbar sind (*Bild 7*), mit deren Hilfe man zu vertretbaren Größenordnungen für Speichervolumen und Bandbreite kommt. Je stärker Videodaten komprimiert werden, desto geringer sind Speicherbedarf und die notwendige Übertragungsrate, um so niedriger aber bei gegebenem Kompressionsverfahren auch die Wiedergabequalität. Von den verschiedenen Verfahren ist für die Kompression von Bewegtbildern der Standard MPEG-II heute der wichtigste. Er läßt verschiedene Kompressionsfaktoren zu, so daß je nach

SIEMENS
NIXDORF

Kompression

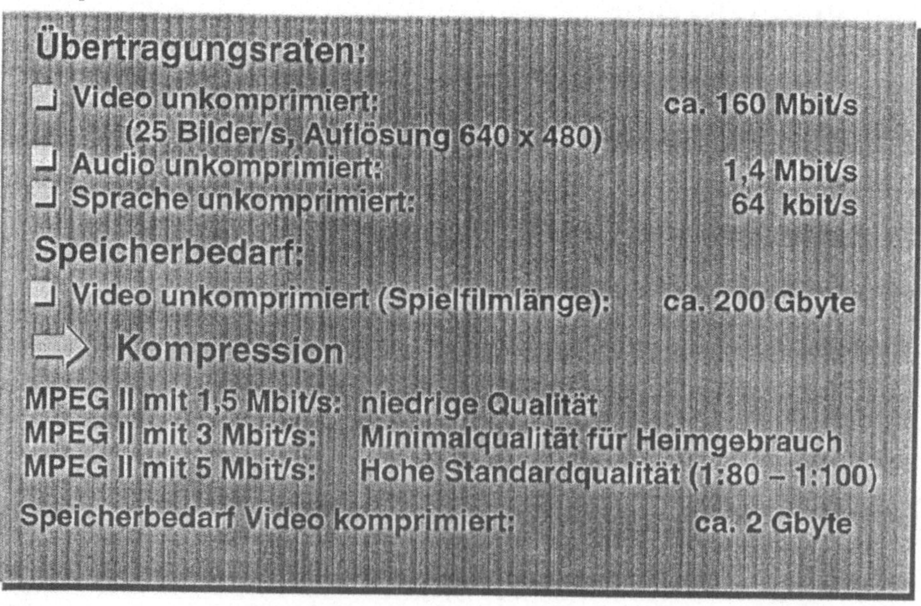

Bild 7

Qualitätsanforderung oder Ressourcenbegrenzung das Optimum gewählt werden kann. In den ersten Feldversuchen rechnet man mit 3 bis 5 Mbit/s je Videostrom und einem Platzbedarf von ca. 2 Gbyte pro Film in Normallänge. Das entspricht einer Reduktion von 1:80 bis 1:100 bei Wahrung einer hohen Standardqualität.

Bild 8 gibt einen etwas tieferen Einblick in die Speicherhierarchie eines Media-Servers. Je nach Aktualität der Information wird sie in Speichersystemen mit verschieden kurzen Zugriffszeiten gehalten und dynamisch zwischen den Stufen der Hierarchie verschoben. Ein Server kann verschiedene Speichermedien gleichzeitig unterstütze. Unbedingt erforderlich ist, daß hunderte, ja tausende Plattenspeicher anschließbar sind, sogenannte "Disk Farms", die selbst eine hohe Zuverlässigkeit und Ausfallsicherheit bieten müssen, z. B. nach den verschiedenen RAID-Verfahren. Wenn mehrere Kunden nach der Tagesschau dann gleichzeitig den aktuellen Film mit Michael Douglas sehen wollen, darf es trotzdem nicht zu Engpässen beim Plattenzugriff kommen. Deshalb werden bei der Speicherung zusammenhängende Daten in kleinen Blöcken gleichmäßig über viele Platten hinweg verteilt ("Disk Striping", *Bild 9*). So können viele individuelle Datenströme mit der notwendigen kontinuierlichen Bitrate durch das System gepumpt und ins Netz gespeist werden. Bei besonders hoher Nachfrage kann schließlich ein kompletter Film in den Hauptspeicher geladen werden und direkt von dort verteilt werden.

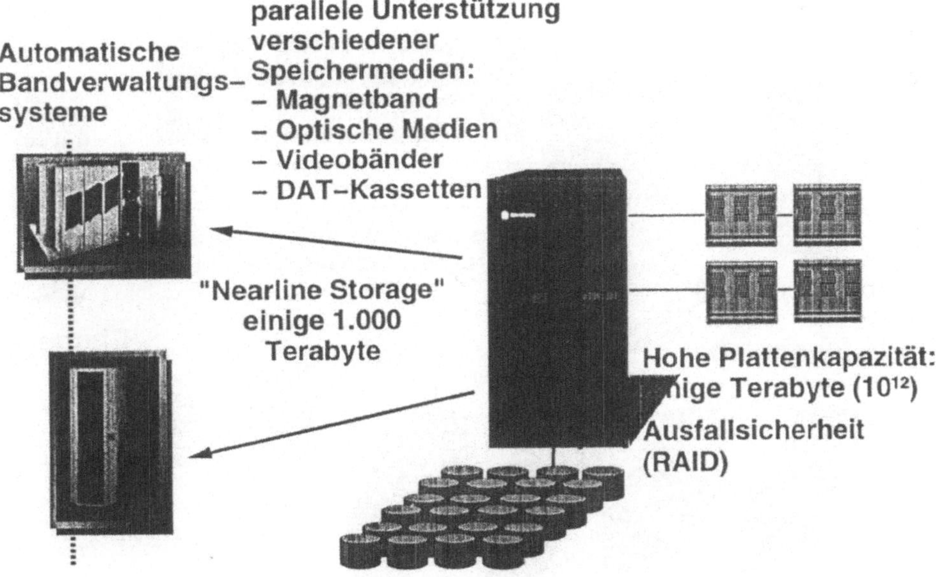

Bild 8

SIEMENS
NIXDORF

Disk Striping

**Paralleler Zugriff für verschiedene Videoströme
auf dieselben Daten**

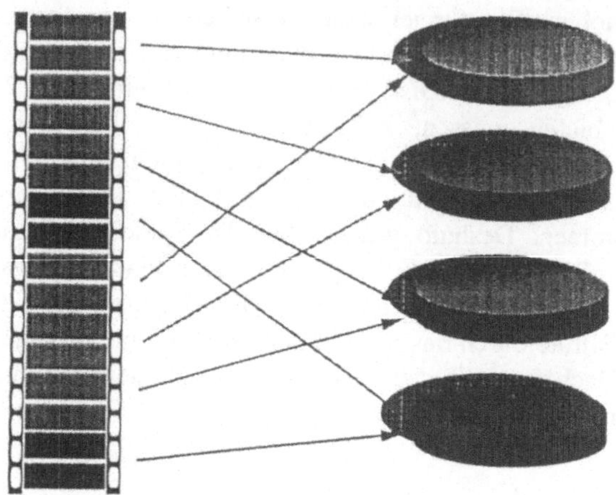

Bild 9

SIEMENS
NIXDORF

Vom Server zur Interactive–Media–Lösung

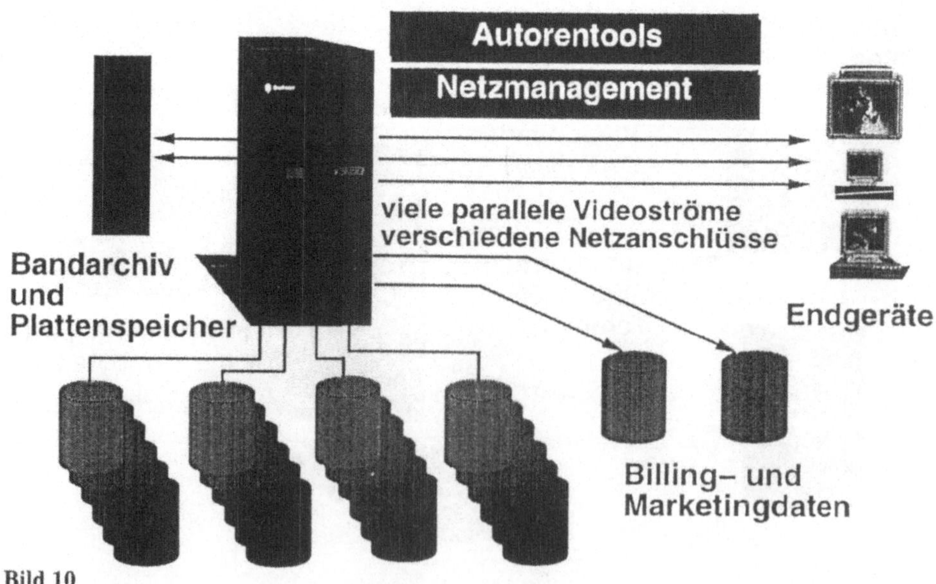

Bild 10

Zur kompletten Interactive-Media-Lösung (*Bild 10*) gehört aber noch mehr als leistungsfähige Server mit ihren Multimedia-Daten. Mit Hilfe von Autorentools werden Inhalte erstellt und auf die Serversysteme übernommen, das Netz und die Netzzugänge müssen administriert werden. Damit Kunden einen Überblick über das Angebot bekommen und bei der Auswahl unterstützt werden können, muß die Verwaltung des gesamten Serverkomplexes wissen, welche Anwendungen mit welchen Daten über welchen Server zur Verfügung steht. Marketingdaten sind ebenso erforderlich Informationen über Benutzer und Abrechnungsdaten (Billing). Bei alledem muß ein hoher Sicherheitsstandard erfüllt werden. Das dient einerseits dem Schutz des Konsumenten, der sicher sein muß, daß z. B. keine ungewünschten Persönlichkeitsprofile erstellt oder persönliche Informationen über ihn an Dritte weitergegeben werden. Aber auch für Dienstanbieter sind Sicherheitsfunktionen wesentlich, etwa um durch authentische Identifizierung sicher zu sein, daß seine Leistungen nur einem zahlungswilligen und zahlungsfähigen Kunden zugute kommen.

Implementierung von Media-Servern anhand ausgewählter Beispiele

Viele Hersteller engagieren sich derzeit auf dem Gebiet der Media-Server. Interessant ist, daß dabei unterschiedliche Architekturkonzepte angewandt werden, so daß sich nach ersten Erfahrungen in verschiedenen Projekten erweisen wird, welche Architektur sich in welcher Einsatzumgebung besonders bewährt. Leider kann hier nur eine kleine Auswahl der Lösungen vorgestellt werden,

– Silicon Graphics – SGI (*Bild 11, 12*)

Die Media-Server-Software von SGI wurde vor allem für den Feldversuch in Orlando/USA entwickelt, in dem ein Netz mit einer ganzen Palette von interaktiven Diensten erprobt wird. Diese Software setzt auf dem Standard-Betriebssystem IRIX auf, das um Echtzeitfunktionen erweitert wurde. *Bild 11* zeigt wesentliche Komponenten der Media-Server-Software. Im Media Asset Manager werden die Informationen über die Inhalte und ihre Verknüpfung zu den Anwendungen gehalten. Der Connection Manager ist zuständig für die Kopplung verschiedener Server untereinander und für das Schalten der Netzverbindungen zu den Endgeräten. Von SGI stammen auch das Betriebssystem und die wesentlichen Hardwarekomponenten der Settop-Box beim Endkunden. – Das Projekt in Orlando wird mit anderen Partnern (Time Warner, AT&T, Scientific Atlanta) am 14. Dezember gestartet und soll von Anfang an als "Full Servie Network" in den Pilotbetrieb gehen. Es beginnt mit Video on Demand, Homeshopping und Spielen, weitere Dienste sollen sehr bald folgen. SGI installiert dafür acht Server, hochleistungsfähige symmetrische Multiprozessorsysteme, die auf 36 Prozessoren je System ausbaubar sind. Das Projekt soll auch darüber Aufschluß geben, wie die dynamische Verteilung wechselnder Nachfragelasten auf vrschiedene Server optimiert werden kann. Aus *Bild 12* geht die maximale Dimensionierung eines Videoservers für diesen Feldversuch hervor. Bis etwa Mitte 95 sollen alle geplanten 4.000 Haushalte angeschlossen sein, man erwartet eine Höchstlast zu Spitzenzeiten von 1.000 Videokunden gleich

SIEMENS
NIXDORF

SGI Software für Challenge Media Server

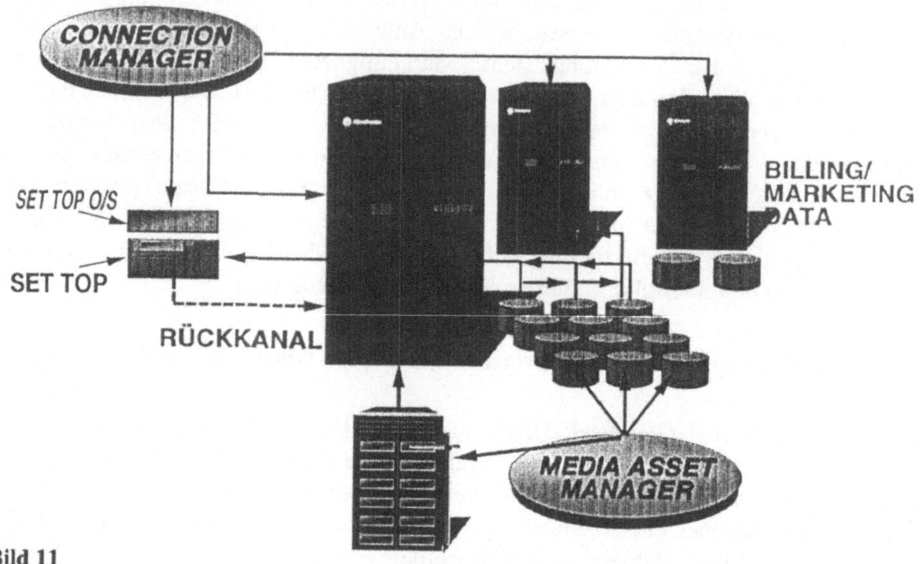

Bild 11

SIEMENS
NIXDORF

SGI: Pilotprojekt Orlando

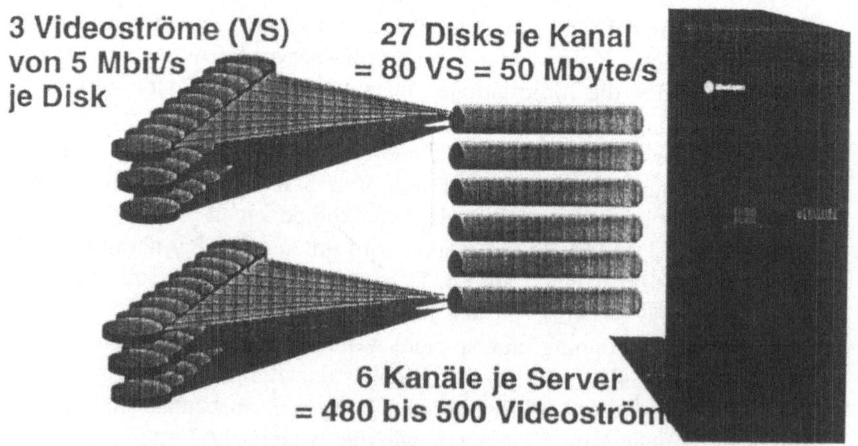

Angeschlossene Haushalte: 4.000
Erwartete Spitzenlast: 1.000 Teilnehmer zur selben Zeit
= 2 Server

Bild 12

zeitig. Aus der I/O-Kapazität und dem Durchsatzvermögen der Systeme auch zum Netz hin leitet sich ab, daß allein dieser Bedarf mit mindestens zwei Servern abgedeckt werden muß..

— nCUBE / ORACLE (*Bild 13*)

Die nCUBE-Architektur ist völlig anders als die der SGI-Challenge-Server. In den Rechnern von nCUBE sind viele Mikroprozessoren über ein Hypercube-Netz zu einem System massiv paralleler Prozessoren (MPP) gekoppelt. Jeder Prozessor verfügt über seinen eigenen Hauptspeicher und über 13 Kanäle zur Verbindung mit anderen Prozessoren, so daß ein System aus maximal 8.192 (2^{13}) Prozessoren besteht. An bis zu 1.024 I/O-Prozessoren, physisch die gleichen Rechner wie in der CPU, können Platten mit mehreren Terabytes Speicherkapazität, Bandarchive und andere Speichermedien sowie die Netzzugänge angeschlossen werden. Die bisher typischen Anwendungsgebiete für MPP-Systeme sind technisch-wissenschaftliche Applikationen und Datenbanken. So stammt die Software für den Einsatz des nCUBE-Rechners als Media-Server auch von dem Datenbankhersteller ORACLE, das System wird ebenfalls in den USA (Bell Atlantic), aber auch in europäischen Feldversuchen zum Einsatz kommen, z. B. der British Telecom.

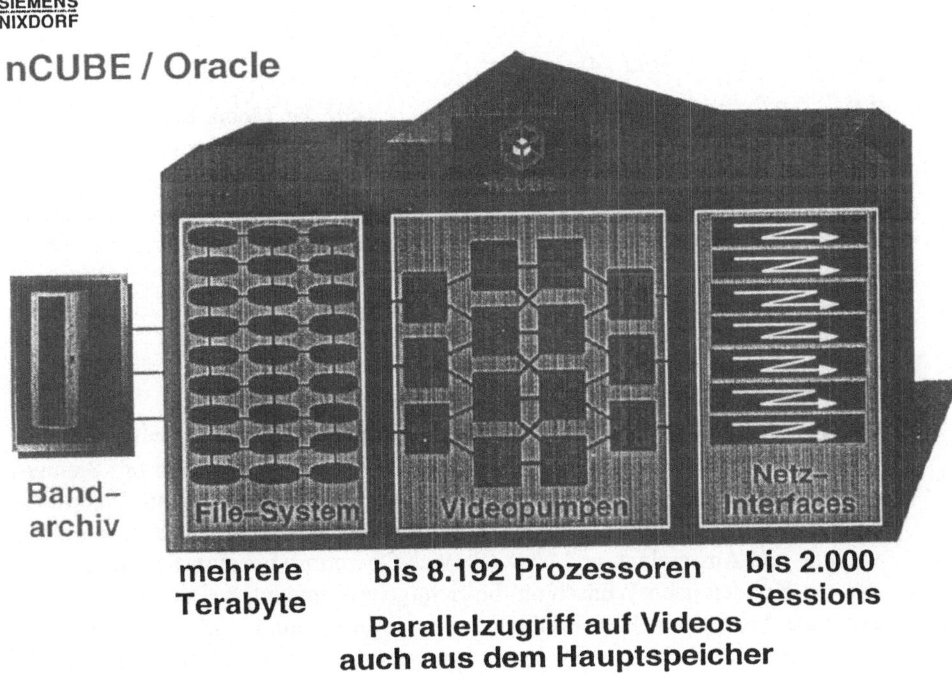

Bild 13

:SIEMENS
jNIXDORF

Microsoft "Tiger"–Architektur

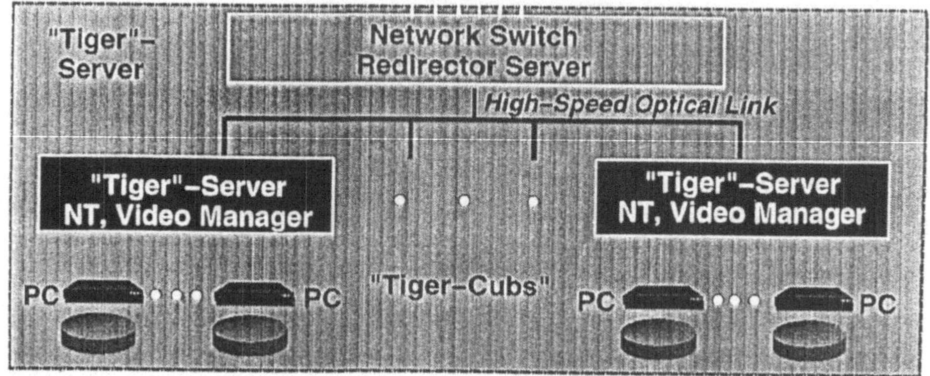

Bild 14

–   Microsoft "Tiger" (*Bild 14*)

Microsoft stellte im April 94 einen dritten Ansatz für Media-Server vor, seine
"Tiger"-Architektur. "Tiger" enthält als Kern eine auf Windows NT aufsetzende
Software, die Plattenserver in PC-Technologie über optische Hochgeschwindig-
keitsverbindungen koppelt. Eine zweite Hauptkomponente ist der "Redirector
Server", über den das Server-Ensemble an die externen Netze angeschlossen
wird. Dieser Lösungsansatz greift somit Konzepte einer MPP-Architektur auf,
die Realisierung erfolgt jedoch – wie kaum anders von Microsoft zu erwarten –
mit Standard-PC-Technik.

–   Siemens Nixdorf – SNI (*Bild 15*)

In den Prototypen der Media-Server verwendet SNI die symmetrischen
Multiprozessorsysteme seiner RM-Serie und setzt eine gemeinsam mit Siemens
entwickelte Server-Software ein. Sie umfaßt alle erforderlichen Funktions-
bereiche, vom auf hohen Durchsatz getrimmten Media-Server über die Verwaltung von Anwendung und Netz (Service Operation) bis zum Service-Broker,
der den Kunden nach Wunsch an die richtige Anwendung weitervermittelt. Die
Software-Architektur läßt Freiheiten der Konfiguration zu: alle Funktionen
können auf einem einzigen Rechner zusammengefaßt werden, die Anwendungen
können aber auch auf Systeme verschiedener Leistung verteilt und im Verbund
betrieben werden.

**SIEMENS
NIXDORF**

SNI – Interactive Media Services

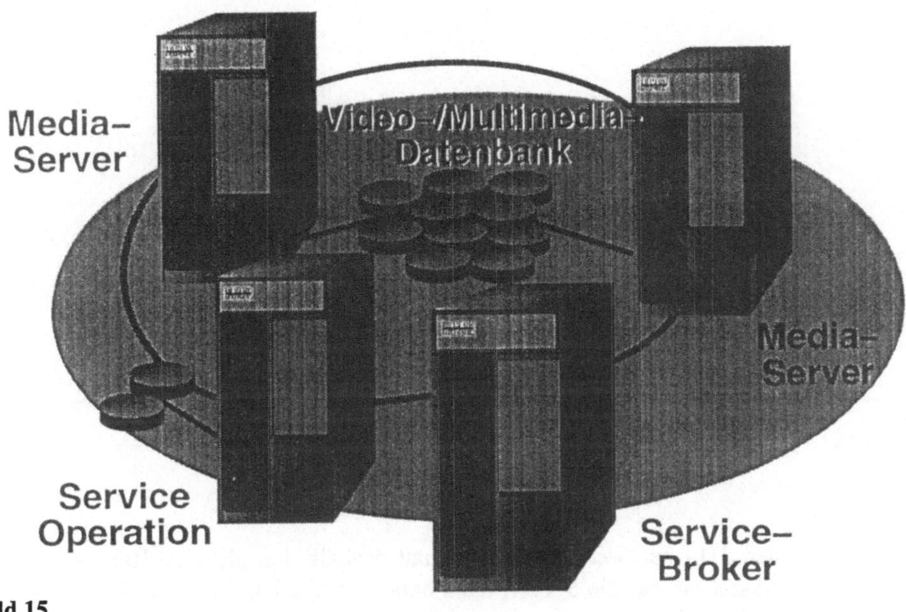

Bild 15

Technische Anforderungen an Endgeräte

Über sein Endgerät bekommt der Benutzer Zugang zur gesamten Vielfalt der Anwendungen. Es unterstützt ihn deshalb bei der Suche nach einem Dienst, bei der Auswahl und dem Kauf eines spezifischen Angebots, also des richtigen Fernkurses oder seines Lieblingsfilms ("Navigation"). Von der ersten Erprobung neuer Dienste an wird die Palette der möglichen Endgeräte groß sein, sie reicht vom einfachen Fernsehgerät mit Settop-Box über Standard-PC bis hin zur Multimedia-Workstation.

Auch für Settop-Boxen wird es unterschiedlich leistungsfähige und damit unterschiedlich teure Ausprägungen geben, billige Konsumgeräte und High-End-Varianten (*Bild 16*). Deshalb gibt es viele Kooperationen auf diesem Gebiet zwischen IT-Herstellern und firmen aus der Konsumelektronik, etwa SGI / Scientific Atlanta oder Sun / Thompson. Als Minimalfunktion kann eine Settop-Box das ankommende Signal decodieren und in ein analoges Signal umwandeln sowie dem Konsumenten den Rückkanal zur Verfügung stellen; dabei soll sie über die zum Fernseher passende Fernbedienung gesteuert werden können. Für digitales Video on Demand muß sie um einen MPEG-Chip zur Dekompression erweitert werden können. Die Preisgrenze für ein solches Gerät in der einfachsten Ausstattung liegt bei 500-800 DM. Für das Orlando-Projekt haben SGI und Scientific Atlanta dagegen eine Settop-Box der Spitzenklasse entwickelt, die auch die hochkomplexe Bedienschnittstelle in Form

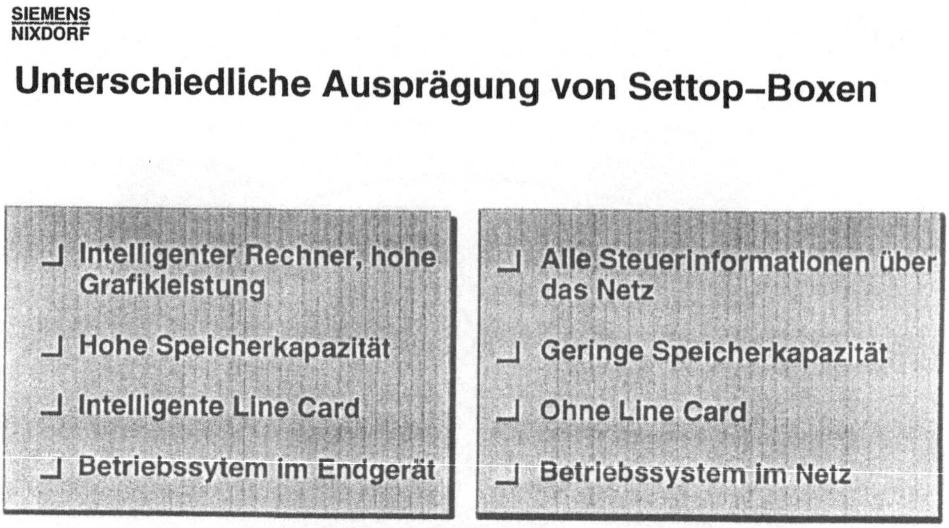

SIEMENS
NIXDORF

Unterschiedliche Ausprägung von Settop–Boxen

- Intelligenter Rechner, hohe Grafikleistung
- Hohe Speicherkapazität
- Intelligente Line Card
- Betriebssytem im Endgerät

- Alle Steuerinformationen über das Netz
- Geringe Speicherkapazität
- Ohne Line Card
- Betriebssystem im Netz

Bild 16

eines virtuellen 3D-Raums erzeugt. Sie enthält deshalb den gleichen RISC-Prozessor wie eine Workstation und die Server, dazu hohe Speicherkapazität und Unterstützung einer High-End-Grafik sowie Anschlüsse für Drucker, Maus und andere Peripherie. *Bild 17* zeigt das Blockschaltbild einer Settop-Box, die in Verbindung mit dem Video-server von nCUBE eingesetzt wird.

Settop-Boxen enthalten also Elemente, die auch in PC bzw. Workstations verwendet werden. Die Grenzen werden deshalb hier fließend sein: im Büro oder daheim genutzte PC und Workstations sind um die Settop-Funktionen erweiterbar und können so für alle interaktiven Dienste eingesetzt werden. Fest steht: viele Varianten unterschiedlicher Endgeräte werden sich auf Dauer nebeneinander im Markt behaupten.

Für die breite Akzeptanz neuer Dienste ist außer dem Preis auch entscheidend, daß jeder Konsument einfach mit der Technik umgehen kann, sie vielleicht sogar gern und spielerisch einsetzt. Wenn man junge wie alte Menschen, PC-Freaks und technik-scheue Laien ansprechen will, muß man intuitiv verständliche, selbsterklärende Bedienoberflächen anbieten. Damit hangelt sich der Benutzer sicher durch die Vielzahl der verschiedenen Dienste, bis er das Angebot gefunden hat, für das er sich entscheidet. Ein mögliches Beispiel für die Benutzerführung im Dienst Video on Demand wird in *Bild 18* und *Bild 19* gezeigt: Dem Kunden wird das Filmangebot innerhalb der gewählten Kategorie mit zusätzlichen Informationen angezeigt (*Bild 18*), er kann entweder einen Film sofort buchen (Taste "Start"), einen völlig anderen Dienst neu anwählen ("Zurück") oder zusätzliche Informationen anfordern ("Trailer"). Ein kostenloser Zusammenschnitt aus dem Film, der über den nächsten Bildschirm (*Bild 19*) angeboten wird, kann dann die letzte Entscheidungshilfe dafür sein, daß die Familie die nächsten zwei Stunden Zwischen den Sauriern im "Jurassic Park" verbringt.

Komponenten einer Set–top Box

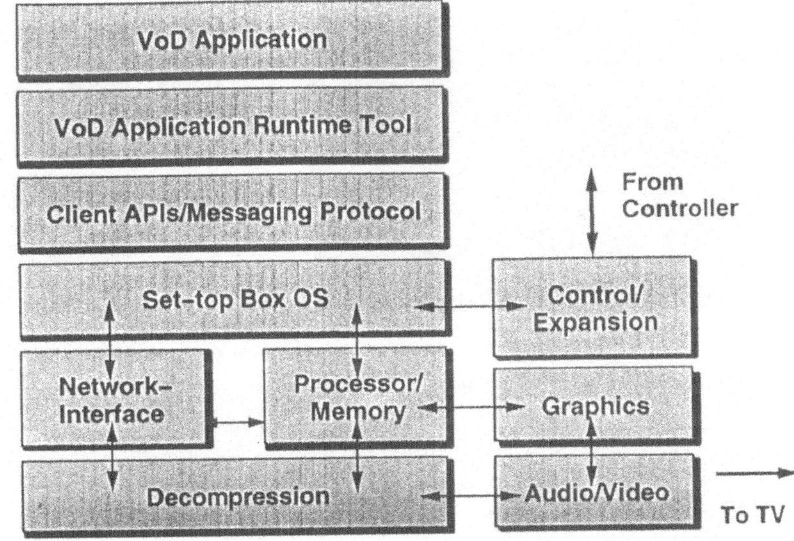

Bild 17

Bedienoberfläche

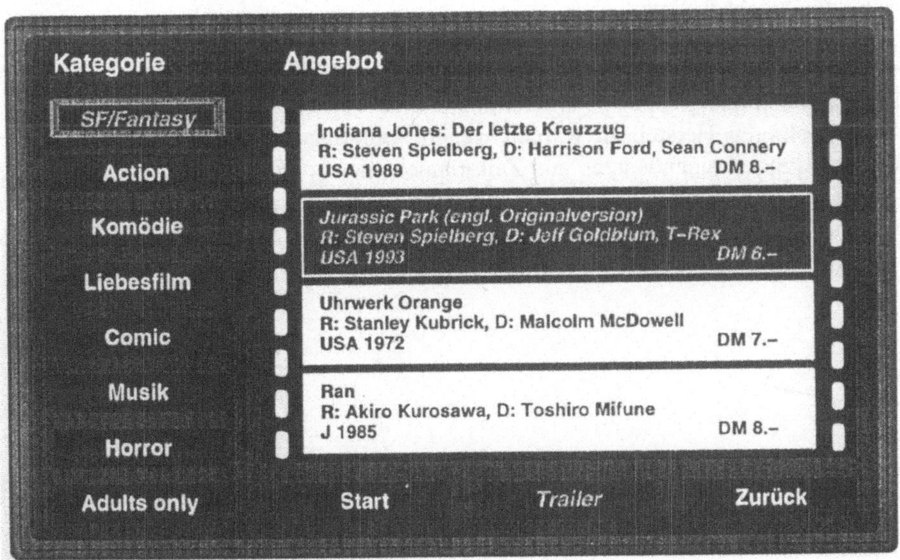

Bild 18

Bild 19

Schlußbemerkung

Der Referent bedankt sich besonders herzlich bei der Firma Silicon Graphics GmbH für die Unterstützung bei der Vorbereitung und der Präsentation dieses Referats.

Von mehreren Herstellern wurden weitere Unterlagen für den Vortrag zur Verfügung gestellt. Leider war es aus Zeitgründen nicht möglich, all dies Material im Vortrag zu verwenden. Deshalb sei an dieser Stelle den im Text erwähnten Unternehmen SGI, nCUBE und Microsoft sowie zusätzlich den Firmen Alcatel/SEL, IBM und Philips für die übersandten Unterlagen gedankt.

Information Skyways: Satellitenkommunikation

Candace Johnson

Iridium: Eine attraktive, finanzielle und strategische Geschäftsmöglichkeit

- Das erste private, weltweite, drahtlose und mit Handtelefonen arbeitende System.
- Konzipiert, um sich auf dem Markt durchzusetzen.
- Bietet Telefon-, Daten- und Telefaxdienste: "Taschenbüro" -- Die Welt in Ihrer Hand.
- Ergänzung zu terrestrischen Systemen.
- Partner für terrestrische Systeme.
- Partner für Mobilfunksysteme.

Schlüsselmerkmale von IRIDIUM™

- Dienst ähnlich dem heutigen Mobilfunk
  - Handtelefone im Taschenformat
  - umfassendes Angebot von Mobilfunkdiensten
- Weltweite Versorgung
  - Versorgungsbereich umfaßt den gesamten Erdball.
  - In entlegenen Gebieten ist keine Bodeninfrastruktur erforderlich.
- Zweifachbetrieb zusammen mit terrestrischem Mobilfunk
  - Mobiltelefon kompatibel mit GSM *und* Iridium
  - Betriebsart vom Teilnehmer wählbar
- Teilnehmer ist überall erreichbar.
  - Eine einzige Telefonnummer pro Teilnehmer
  - Automatische Teilnehmerregistrierung

Teilnehmerliste von IRIDIUM™

- Sprache
  - Sprachdienste/-merkmale - ähnlich wie GSM
    - grundlegende Teledienste
    - gehobene Teledienste
    - realistische Funkfeld-Planung
- Daten
  - Datenübertragung mit 2400 bit/s über den Datenport des Handtelefons
- Telefax
  - Gruppe 3 mit Übertragungsraten bis zu 2400 bit/s

Wichtige Technische Merkmale

- Kleine, leichte Handtelefone
  - In bezug auf Größe, Gewicht und Lebensdauer der Batterie ähnlich wie die heute gebräuchlichen Mobiltelefone.
- Robuste Teilnehmerverbindungen
  - 40-fache (16 dB) Reserveleistung pro Sprachkanal
- LEO-Satellitenkonstellation (erdnahe Umlaufbahn)
  - Bessere Mobilfunkdienste als in höheren Umlaufbahnen
  - 66 Satelliten für eine weltweite Versorgung
  - 48 Strahlen pro Satellit - über 2100 gleichzeitig aktive Strahlen
  - Satelliten-Querverbindungen für einen weltweiten Versorgungsbereich
  - Kapazität des Satellitenstrahls dynamisch einstellbar, um den regionalen Bedarf zu decken.

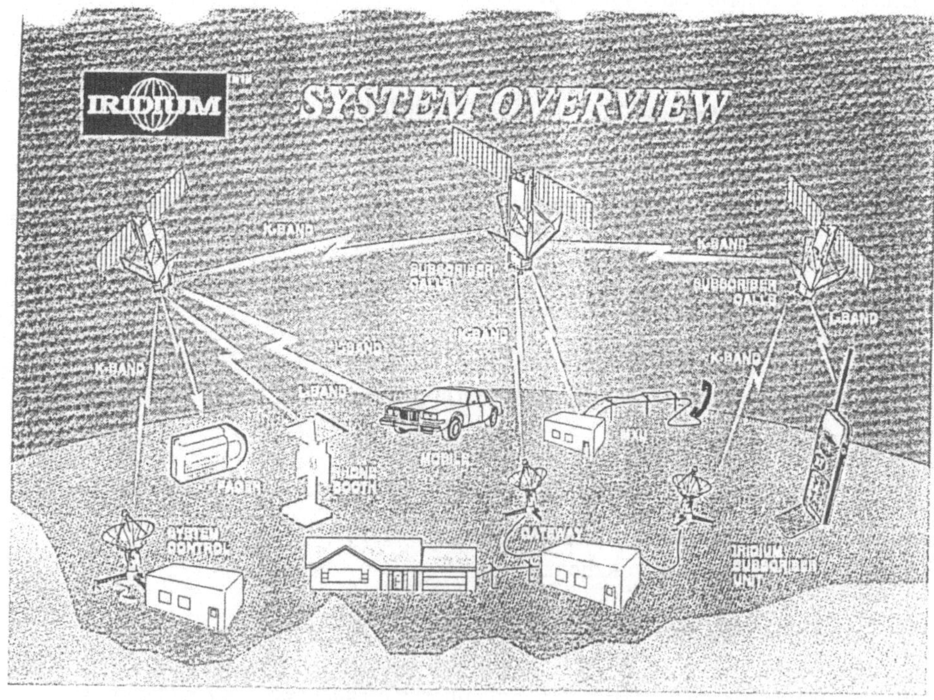

Abb. 1

Constellation Beam
Pattern With Redundancies
Constellation Beam
Pattern Without Redundancies

Abb. 2

ISU TO PSTN
Public
Switched
Telephone
Network
Iridium
Satellite
System
Authorized
Entity
Call set-up
Gateway
Home Gateway
Service Provider
Distribution
Gateway

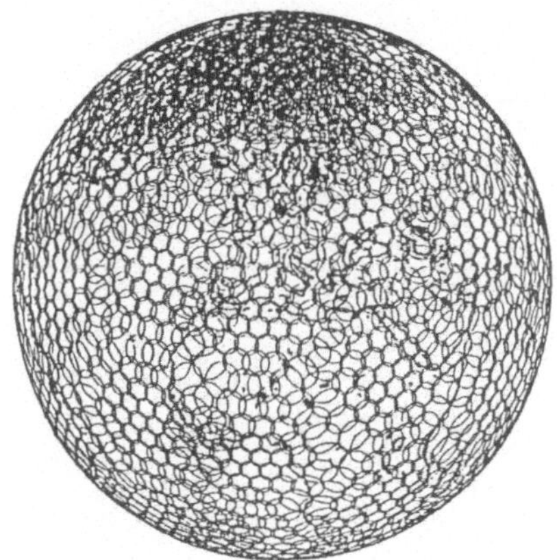

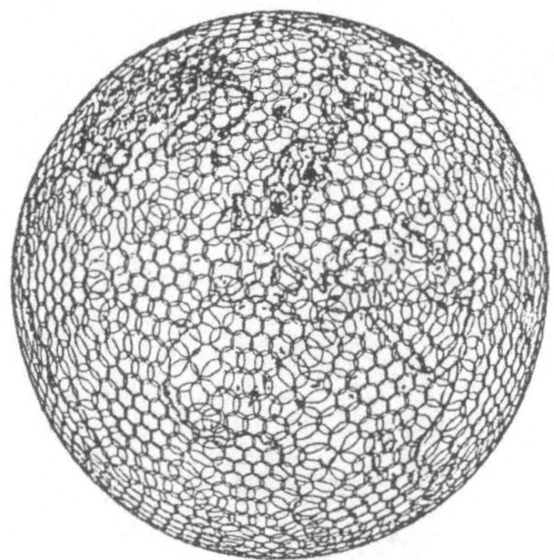

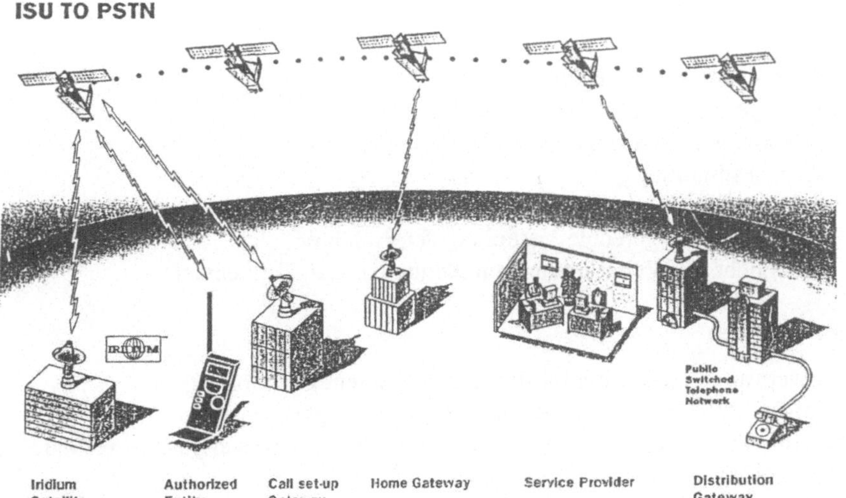

Abb. 3

Abb. 4

- Satelliten-Querverbindungen
  - Niedrigere Kosten für Bodeninfrastruktur
  - Weltweites Diensteangebot
- Positionsbestimmung
  - gewährleistet Schutz der Hoheitsrechte,
  - ermöglicht eine gerechte Verteilung der Einkünfte,
  - ermöglicht die Weiterleitung von Anrufen an den Teilnehmer.

Stand der Arbeiten

- Hauptvertrag mit Motorola für das Raumsegement geschlossen.
- Wichtigste Zulieferer von Motorola unter Vertrag genommen.
- Überprüfung des vorläufigen Designs der wichtigsten Subsysteme erfolgreich abgeschlossen.
- Zur Zeit laufende Arbeiten:
  - Detailliertes Design der Subsysteme
  - Herstellung des Prototypen des Satelliten

Iridium bietet starke Streckenreserven

Merkmal:
16 dB Streckenreserve für Sprache

35 dB Streckenreserve bei Simplex-
Paging*

Möglichkeit für Datentelegramme
bei 22 dB
6 Bahnebenen, 11 Satelliten pro
Bahnebene, 48 Strahlen pro Satellit

Dynamische Neuzuweisung von
Sprache/Paging
Dynamische Neuzuweisung der
Kapazität
Satelliten-Querverbindungen

Positionsbestimmung

Vorteil:
400-prozentige Verbesserung stellt die
Nachrichtenverbindung zu
Handtelefonen in der Praxis sicher.
Ermöglicht annähernd die Leistungs-
fähigkeit terrestrischer Paging-
Systeme.
Mehr erfolgreiche Anrufe - Höhere
Einkünfte
Besser fokussierte Strahlen, weniger
Störungen, mehr auf die Erdober-
fläche gerichtete Strahlen.
Ermöglicht es dem System, sich der
Entwicklung des Marktes anzupassen.
Ermöglicht Kapazitäts-Transfers
gemäß regionaler Marktnachfrage.
Erfordern geringere Bodeninfra-
struktur; ermöglichen Verkehrs-
lenkung zu niedrigsten Kosten und
eine weltweite Versorgung
Gewährleistet Schutz der Hoheits-
rechte und ermöglicht eine gerechte
Verteilung der Einkünfte.

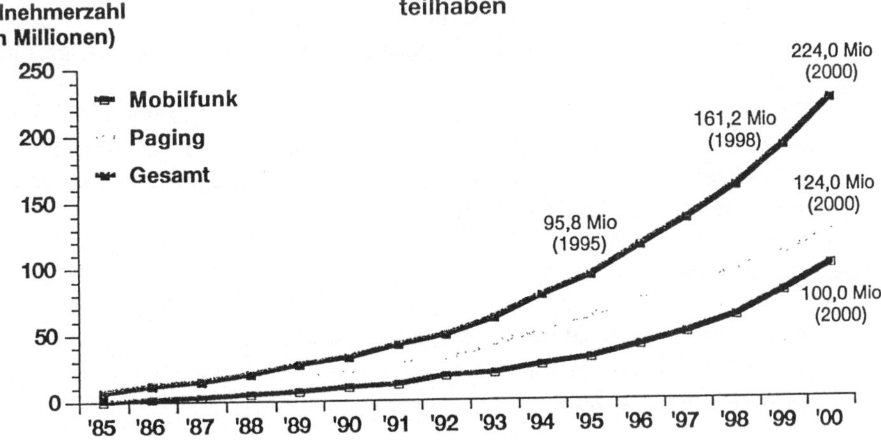

Quellen: CTIA, EMC, Telecommunications Research Center

Abb. 5

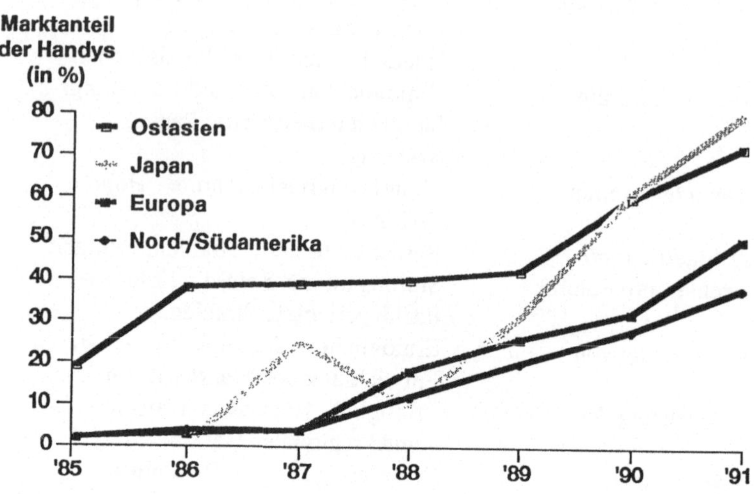

Abb. 6

Schlußfolgerungen von Booz Allen & Hamilton

* "...wir schätzen Iridium wesentlich besser ein im Hinblick auf technische Realisierbarkeit und Fähigkeit als jeden anderen seiner potentiellen Konkurrenten."

* "Iridiums Einschätzung der Teilnehmerzahl ist vernünftig. Es ist möglich, daß diese Zahl ... zwei- bis dreimal so hoch sein wird."

* "Die Iridium-Konstellation mit 66 Satelliten gewährleistet eine ausgezeichnete weltweite Versorgung."

* "Unser eigenes Modell von Iridiums Streckenbilanz hat gezeigt, daß es möglich ist, kleine, kostengünstige Handtelefone mit langer Batterielebensdauer einzusetzen und dabei eine gleichbleibend gute Sprachqualität zu erreichen, sogar unter 'Worst Case Conditions'."

Zusammenfassung

• Konzipiert, um sich auf dem Markt durchzusetzen.
• Prognosen sind konservativ.
• Hohe Gewinnaussichten.

Vertraulich und Gesetzlich Geschützt

Telescript und Magic Mail: Agenten unterwegs für Sie!

Johann Bialetzki

Zusammenfassung

Telescript und Magic CAP sind zwei neue Software-Technologien zur Entwicklung neuer Kommunikations- und Informationsdienste. Telescript ist eine objektorientierte Programmiersprache, welche die Entwicklung von Diensten ermöglicht, in denen sogenannte Agenten transportiert werden können. Die Dienste bilden quasi einen elektronischen Marktplatz, auf dem der elektronische Agent im Auftrag des Teilnehmers selbständig bestimmte Informationen beschafft, Buchungen durchführt oder sonstige Aufträge ausführt. Ein Basisdienst ist Magic Mail, hier sorgen Agenten dafür, daß die Nachrichten entsprechend den Wünschen der Teilnehmer behandelt werden. Da sowohl die Nachrichten selbst, als auch die Mailboxen programmiert werden können, ist der Dienst nach persönlichen Bedürfnissen der Teilnehmer konfigurierbar. Diese Konfiguration erfolgt vom Teilnehmer, ohne daß der Diensteanbieter eingreifen muß.

Magic CAP ist eine Software-Plattform für neue Kommunikationsgeräte, mit einer intuitiven Benutzerführung, welche die Metapher des täglichen Lebens benutzt. Diese Plattform hat Telescript integriert, so daß damit ausgestattete Endgeräte agenten-basierende Dienste nutzen können.

Es ist das Ziel von General Magic, Telescript als offene Plattform für Kommunikations- und Informationsdienste einzuführen. AT&T ist der erste Netzbetreiber, der einen Nachrichtendienst mit Telescript eingeführt hat. Philips erarbeitet zusammen mit den europäischen Netzbetreibern die Einführung von Telescript-Dienste in Europa. Die Netze sollen zueinander kompatibel sein, so daß von den Teilnehmern an einem Netz auch die Dienste der anderen Netzbetreiber problemlos genutzt werden können.

Schlagworte: Telescript, Software, Mehrwertdienste, Nachrichtendienste, Informationsdienste, Anwendungen

1 Einleitung

Um die Vision einer persönlichen, intelligenten Kommunikation zu verwirklichen, hat General Magic eine neue Technologie entwickelt. Diese neue Technologie verfolgt die beiden Aspekte:

142

- neue Kommunikations- und Informationsdienste und
- neue Kommunikationsgeräte – Personal Intelligent Communicators (PICs)

zu ermöglichen.

Zur Schaffung neuer Dienste wurde Telescript, die erste Programmiersprache für Kommunikationsdienste und -anwendungen entwickelt. Magic Cap ist eine Softwareplattform für PICs zur Entwicklung kommunizierender Anwendungen.

Im Unterschied zu heutigen Diensten, wo der Teilnehmer keinerlei Einfluß auf die Leistungsmerkmale der angebotenen Dienste hat, sind Telescriptdienste vom Teilnehmer konfigurierbar und seinen Bedürfnissen anpaßbar. Mit Hilfe von Telescript, als objektorientierte Programmiersprache, wird jede Nachricht zum Programm. Durch die Programmanweisungen können die Nachrichten mit den im Netz implementierten Diensten, oder mit anderen Nachrichten, in Interaktion treten. Dadurch werden die vom Teilnehmer spezifizierten Aufgaben automatisch ausgeführt. Man spricht daher von elektronischen Agenten, die Aufträge für die Teilnehmer erledigen. Ein solcher Agent kann z. B. Termine mit Gesprächspartnern arrangieren, Informationen beschaffen, oder komplexerer Aufgaben übernehmen. So kann er eine Dienstreise planen und hierzu Hotelempfehlungen nach individuellen Wünschen einholen, Flug- und Mietwagenbuchungen vornehmen und Abfahrtszeiten für öffentliche Verkehrsmittel am Ankunftsort besorgen.

Die Softwareplattform Magic CAP für Kommunikationsgeräte hat ebenfalls Telescript integriert und ist somit bestens für die Entwicklung von kommunizierenden Anwendungen geeignet. Magic CAP ist auf viele vorhandene oder zukünftige Plattformen portierbar. Neben PICs können das auch heutige Desktop Computer, mobile Telefone oder zukünftige TV-Empfänger, zur Kommunikation und Informationsbeschaffung in neuen Videonetzen, sein. Damit können die Benutzer der unterschiedlichsten Plattformen auf einfachste Weise untereinander kommunizieren.

Das bereits verfügbare Softwarepaket Magic CAP stellt dem Anwender schon heute ein reichhaltiges Angebot an kommunizierenden Anwendungen zur Verfügung. Das schließt alle Werkzeuge zur Benutzung der Smart Messaging Dienste wie Erzeugen, Versenden, Empfangen und Verwalten von Nachrichten ebenso ein, wie ein mit vielen Funktionen ausgestattetes Adreßbuch. Daneben enthält Magic CAP weiter Anwendungen wie Telefon, Notizbuch oder Terminkalender. Da sowohl Telescript als auch Magic CAP als offene Plattform eingeführt wird, kann dieses Angebot jederzeit von unabhängigen Anwendungsentwicklern erweitert werden.

Viele Aufgaben in unserem heutigen Leben können wir ohne die Unterstützung anderer Menschen nicht durchführen. Wir müssen uns mit Kollegen aus der eigenen Firma und mit Partnern aus Unternehmen, mit denen wir zusammenarbeiten, abstimmen. Darüber hinaus benötigen wir zuverlässige Informationen aus aller Welt, um die richtigen Entscheidungen zu treffen. Sowohl die persönliche Kommunikation als auch die Informationsbeschaffung wird mit zunehmender, globaler Verflechtung unserer Arbeitsprozesse immer schwieriger. Es wird immer schwieriger unsere Gesprächspartner zu erreichen und in der Fülle von Information drohen wir zu ersticken, bevor wir das Wesentliche vom Unwichtigen trennen konnten. Dadurch verlieren wir sehr viel Zeit, die wir für unseren eigentlichen, kreativen Arbeitsprozeß, in dem wir selbst etwas schaffen wollen. benötigten. Aber nicht nur im Berufsleben, sondern auch bei der Verfolgung unserer persönlichen Interessen, sehen wir uns einer großen Komplexität gegenüber. Absprache mit Freunden und eine Selektion aus einem Überangebot an Unterhaltungs- und Informationsmöglichkeiten kosten uns auch hier viel Zeit.

General Magic hat eine neue Technologie entwickelt, mit deren Hilfe die hier angesprochenen Probleme auf einfache Weise gelöst werden können. Agenten sollen bestimmte Aufgaben von uns übernehmen und selbständig ausführen. Dadurch wird unser Kopf wieder frei für die wesentlichen Dinge, die wir dadurch schneller erledigen können.

2 General Magic – Allianz und Vision

Bei der Entwicklung der General Magic Technologie stand die Vision im Vordergrund, damit eine neue Klasse leistungsfähiger Hilfsmittel für eine persönliche, intelligente Kommunikation zu ermöglichen. Um diese schwierige Aufgabe zu bewältigen, bildete General Magic eine Allianz von führenden Firmen (Apple, AT&T, Matsushita, Motorola, Philips, Sony) aus drei Industriezweigen: Computer, Telekommunikation und Konsumer Elektronik. Mit Hilfe der General Magic Technologie ist die Entwicklung neuer Geräte und Dienste möglich, die den Menschen bei der Befriedigung von drei Grundbedürfnissen unterstützt: zu kommunizieren, zu wissen und sich zu erinnern (Bild 1). Neue Kommunikationsdienste sollen es uns ermöglichen, jederzeit und von jedem Ort anderen Menschen Nachrichten zukommen zu lassen und entsprechende Antworten zu empfangen. Ebenso einfach soll der Zugriff auf benötigte Informationsdienste und die Selektion der wichtigsten Information entsprechend unseren momentanen, persönlichen Bedürfnissen sein. Sich erinnern steht für unser Bedürfnis, uns übertragene Aufgaben und selbst gefaßte Vorhaben, auch zu erledigen. Dazu benötigen wir Werkzeuge zur Arbeitseinteilung, -planung und -verfolgung in Form von Projektplanern, Aktionslisten und Terminkalendern.

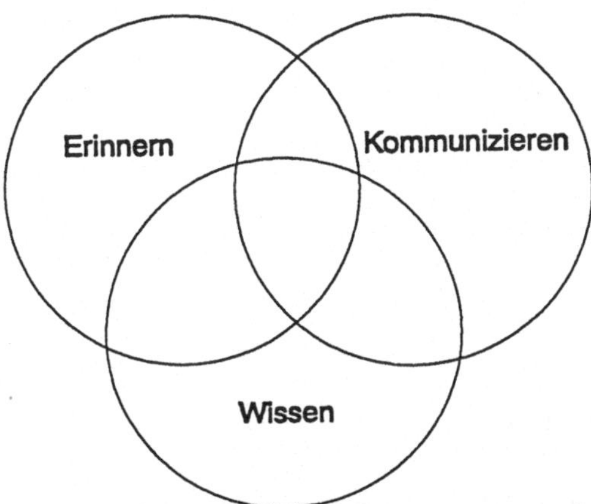

Bild 1. Drei Aspekte persönlicher, intelligenter Kommunikation

144

Zur Befriedigung der hier beschriebenen Grundbedürfnisse werden, mit Hilfe der General Magic Technologie, sogenannte elektronische Agenten entwickelt. Diese Agenten führen selbständig die ihnen übertragenen Aufgaben, unter Zuhilfenahme im Netz installierter Dienste, aus. Ein Agent kann z.B. Informationen nach einem vom Teilnehmer spezifiziertem Profil besorgen, er kann unsere Bankkonten und -depots überwachen, er kann für unsere Dienstreisen die Flüge und Hotels nach unseren persönlichen Wünschen aussuchen und buchen, oder er kann uns einen Theaterabend mit all den notwendigen Informationen und Karten arrangieren, ohne daß wir für all diese Aufgaben viel von unserer Zeit abgeben müssen. Die Agenten kümmern sich um viele Sachen und halten uns den Kopf frei für wichtigere Dinge.

3 Drei eng verknüpfte Strategien zur intelligenten Kommunikation

Damit die elektronischen Agenten entwickelt werden können, sind drei eng miteinander verknüpfte Strategien zu verfolgen (s. Bild 2). Es müssen entsprechende, intelligente Kommunikations- und Informationsdienste in einem weltweiten Netz implementiert werden, die den Agenten bei der Erledigung der Aufgaben zur Verfügung stehen. Als zweiter Aspekt müssen Kommunikationsgeräte geschaffen werden, mit denen der Teilnehmer die Agenten abschicken und empfangen kann. Der dritte Aspekt betrifft die eigentlichen Informationsquellen, d.h. bestehende und neue Datenbanken, auf die der Agent durch bestimmte Methoden zugreifen muß.

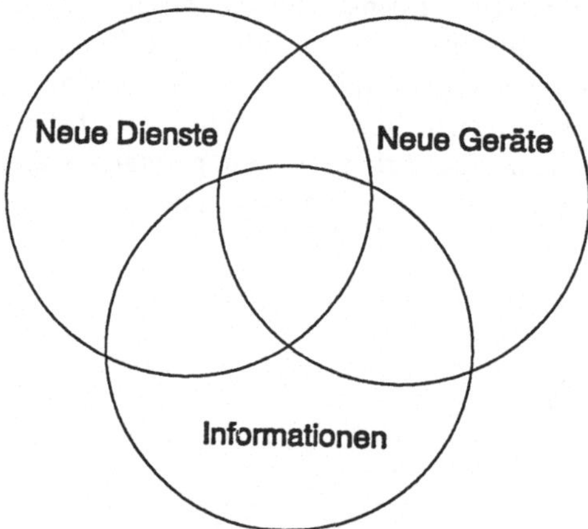

Bild 2. Drei eng verknüpfte Strategien

3.1. Merkmale zukünftiger Dienste

Heutige Dienste haben aus Teilnehmersicht alle einen gemeinsamen Nachteil: der Teilnehmer hat keinen Einfluß auf die Gestaltung der Dienste. Die Dienste können nur in dem vom Diensteanbieter implementierten Funktionsumfang benutzt werden. Eine Änderung dieses Leistungsumfanges ist nur durch den Diensteanbieter möglich und erfordert meist einen komplizierten und teueren Eingriff in die Hard- und Software der Diensteplattform. Für den Anbieter eines Dienstes bedeutet dies, daß er sich genau überlegen muß, welche Leistungen der Teilnehmer von dem Dienst erwartet. Dies bedeutet auch, daß heutige Dienste wie E-Mail oder Onlinedienste meist auf eine relativ eng begrenzte, professionelle Zielgruppe zugeschnitten sind. Die Erschließung neuer Zielgruppen, insbesondere in Richtung Konsumer, ist sehr schwer möglich.

Neue Dienste, die auf der Basis von Telescript (s. unten) implementiert werden beseitigen diesen Nachteil, da sie vom Teilnehmer konfigurierbar und seinen individuellen Wünschen entsprechend anpaßbar sind. Dadurch wird eine relativ breite Teilnehmerschicht angesprochen, die nur durch entsprechende Konfiguration segmentiert wird.

3.2 Neue Kommunikationsgeräte

Neben dem Diensteaspekt spielen geeignete Kommunikationsgeräte eine zentrale Rolle bei der Schaffung der persönlichen, intelligenten Kommunikationsmittel. Neue Geräte, die PICs (Personal Intelligent Communicators), sollen uns die Möglichkeit geben, überall und zu jeder Zeit zu kommunizieren oder Informationen abzurufen. Aus diesem Grund müssen sie handlich, klein sein und möglichst einfachen Zugriff auf die im Netz installierten Dienste ermöglichen. Wie die Dienste müssen auch die Geräte den persönlichen Wünschen des jeweiligen Benutzers anpaßbar sein. Die Bedienung der Geräte erfolgt über eine Touch Screen Anzeige mit einer intuitiven Benutzeroberfläche, die keine lange Einarbeitung erfordert. Über einen standardisierten Bus können Zusatzgeräte wie Tastatur, Drucker oder größerer Farbmonitor angeschlossen werden. Dies ist erforderlich, wenn das Gerät stationär betrieben wird und z.B. größere Texte eingegeben oder Dokumente mit guter Qualität betrachtet oder ausgedruckt werden sollen. Ein PCMCIA Slot ermöglicht das Laden von Software.

4 Drei eng verknüpfte Technologien von General Magic

Um die bisher beschriebene Vision einer persönlichen, intelligenten Kommunikation zu verwirklichen hat General Magic zwei neue Technologien entwickelt: Telescript und Magic CAP. Der dritte Aspekt betrifft die Einbindung bestehender und neuer Datenformate (Bild 3).

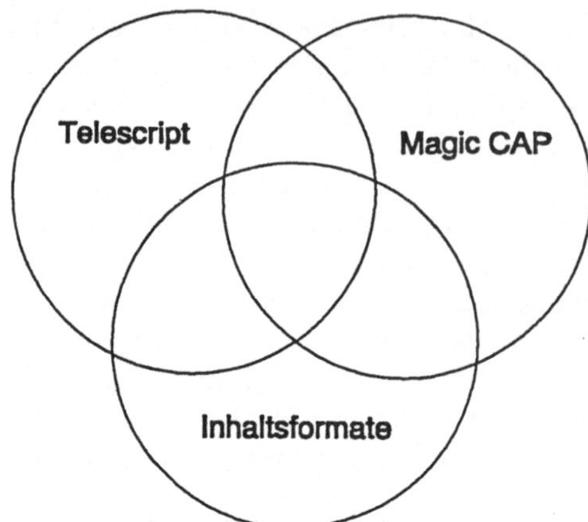

Bild 3. Drei eng verknüpfte Technologien

4.1 Telescript eine neue Programmiersprache für Kommunikation

Telescript ist die erste Programmiersprache, speziell entwickelt für Kommunikation. Aus diesem Grund beinhaltet sie viele Tools und Basiselemente für die Entwicklung von Kommunikationsdiensten und -anwendungen. Im Unterschied zu bestehenden Nachrichtendiensten, wo nur die Nachrichten selbst verschickt werden, ist jede Nachricht in Telescript basierenden Diensten ein Programm. Diese Programme können auf den Diensterechnern ablaufen, sofern darauf ein Interpreter für Telescript implementiert ist. Die Programmanweisungen erlauben eine Interaktion mit anderen Telescript Programmen, die sich im Netz befinden. So kann ein Teilnehmer z.B. seine Mailbox anweisen, alle eingehenden Nachrichten von einem bestimmten Absender sofort an ihn weiterzuleiten, während andere Nachrichten liegen bleiben, bis er sie abruft. In der Mailbox sind die entsprechenden Methoden für das Weiterleiten der Nachrichten implementiert, die beim Eintreffen bestimmter Nachrichten aktiviert werden.

Die Telescript Programme, die durch das Netz verschickt werden, sind die elektronischen Agenten. Die im Netz installierten Programme sind die in Telescript implementierten Kommunikations- und Informationsdienste. Sie werden im Unterschied zu den Agenten Places genannt und erlauben die Implementierung eines elektronischen Marktplatzes, auf dem die unterschiedlichsten Dienste angeboten werden können (s Bild 4). Das können Buchungsdienste für Theaterkarten, Verkehrsverbindung oder Hotels ebenso sein, wie Dienste die Informationen beschaffen und übermitteln. Einige ausführlichere Beispiele für Agenten und Places werden in Kapitel 4 beschrieben.

Telescript ist eine objektorientierte Interpretersprache mit vielen erweiterbaren Klassen. Die Sprache läuft unabhängig von der Hardware und dem Betriebssystem der verwendeten Plattform. Sie läuft innerhalb der sogenannten Telescript Engine, die

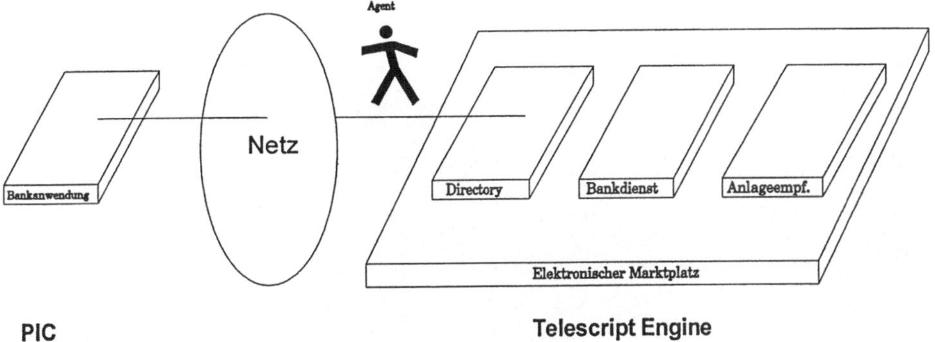

Bild 4. Beispiel eines elektronischen Informationsmarktes

eine Telescript Umgebung einrichtet und erhält. Die Telescript Engine beinhaltet den eigentlichen Interpreter sowie die zum Ablaufen von Telescript Programmen notwendigen Standardklassen und -prozeduren. Zusätzlich zu den Standardklassen gibt es eine umfangreiche Anwendungsbibliothek mit einer Reihe von weiteren Klassen, die aus den Standardklassen hervorgehen und das Entwickeln von Anwendungen erleichtern. Die Telescript Engine ist auf fast alle gebräuchlichen Hardware Plattformen portierbar.

4.2 Magic CAP (Commonicating Applications Platform)

Der zweite Teil der General Magic Technologie ist die Softwareplattform für die Kommunikationsgeräte, Magic CAP. Der wichtigste Bestandteil von Magic CAP ist die integrierte Telescript Umgebung, d.h. Magic CAP beinhaltet immer eine Telescript Engine. Auf dieser Plattform können unabhängige (Third Party) Anwendungsentwickler kommunizierende Anwendungen entwickeln. Teil dieser Anwendungen werden intelligente Agenten sein, die bestehende Telescriptdienste anderer Diensteanbieter benutzen. So kann ein Agent verschiedene Dienste in Kombination verwenden und auf diese Art und Weise eine komplexe Agenda, die ihm der Teilnehmer aufgetragen hat, abarbeiten. Neue Anwendungen und Dienstezugänge können entweder über PCMCIA Karten oder Online über bestehende Kommunikationsdienste im Download Verfahren auf dem PIC implementiert werden. Die Konfiguration eines Agenten kann vom Benutzer einfach über vorhandene Regeln vorgenommen werden, die jederzeit erweiterbar sind.

Magic CAP besitzt eine intuitive Benutzerführung, die auf die Metapher des täglichen Lebens aufgebaut ist. Sie ist frei konfigurierbar und auf die Wünsche der Benutzer anpaßbar (Bild 5). Die Standardkonfiguration benutzt als Ausgangspunkt eine Büroumgebung mit Schreibtisch und verschiedenen Arbeitsmitteln wie Telefon, Agenda, Schreibzeug zum Erstellen von Nachrichten, Posteingang und -ausgang,

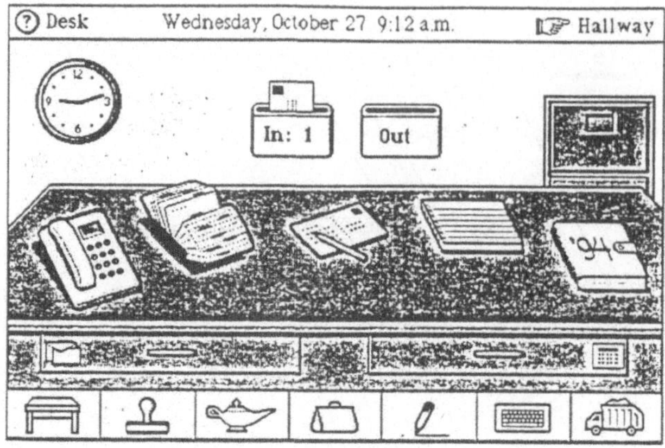

Bild 5. Die drei Hauptszenen der Magic CAP Benutzeroberfläche: Desk, Hallway und Downtown

Aktenschrank usw. Diese Icons repräsentieren die implementierten Anwendungen von Magic CAP. Wenn man den Schreibtisch verläßt betritt man die zweite Ebene, den Korridor. Hier befinden sich Türen zu anderen Räumen, in denen andere Anwendungen zu bestimmten Funktionen zusammengefaßt werden können. Das können Spiele in einem Game Room, oder Bücher wie Manuals und Online Hilfen in einer Bücherei sein. Down Town ist die letzte Ebene, die man betritt, wenn man sein Haus verläßt. Hier sind auf der sogenannten Hauptstraße verschiedene Gebäude implementiert, die verschiedene Diensteangebote repräsentieren. So können z.B. alle elektronischen Informationsdienste, alle Buchungsdienste oder alle Shoppingdienste in einem Gebäude zusammengefaßt werden. Neue Dienste können ebenso wie Anwendungen als Down Load angeboten und auf der Hauptstraße implementiert werden.

PICs mit Magic CAP sind bereits auf dem amerikanischen Markt angekündigt und zwar sowohl Gerät mit eingebautem Modem für drahtgebundene Kommunikationsdienste, als auch drahtlose Geräte für Funkdienste. Magic CAP ist auf alle möglichen Hardwareplattformen portierbar. Es wird derzeit von General Magic auf PC und Macintosh Plattform portiert. Diese Softwareversionen werden Mitte nächsten Jahres auf den Markt kommen. Es sind aber nicht nur Computer als Plattform denkbar, sondern jegliche Art von Kommunikationsgeräten wie z.B. zukünftige Fernsehgeräte an neuen Glasfaser Breitbandnetzen.

4.3. Content Formate

Wie bereits erwähnt, isoliert die Telescript Engine die Sprache Telescript von der jeweils verwendeten Rechnerplattform. Dadurch können Telescript Anwendungen auf unterschiedlichsten Plattformen untereinander kommunizieren. Nach manchen Kommunikationsprozessen ist es jedoch erforderlich, daß die in Telescript transportierten Daten oder Informationen die Telescript Welt verlassen müssen. Dies ist z.B. dann erforderlich, wenn Dokumente von Plattform spezifischen Anwendungen angezeigt, oder weiterverarbeitet werden müssen. Dokumente, die von einem Agenten über einen Informationsdienst beschafft worden sind, können jedoch in einem anderen Format erstellt worden sein und müssen notfalls transformiert werden. Um einen einheitlichen Datenaustausch zu gewährleisten, hat General Magic einen umfangreichen Satz von Inhaltsklassen definiert, welche die wichtigsten bestehenden Standards berücksichtigen. Die Content Klassen beinhalten zur Zeit: Text, Sound, Standbild, Animation und Ink (Scribbles). Formate für Bewegtbild sind derzeit noch nicht vorgesehen, können jedoch, falls erforderlich, jederzeit aufgenommen werden. Es sei hier ausdrücklich darauf hingewiesen, daß Telescript als Kommunikationssprache entwickelt wurde und keinen Multi Media Standard an sich darstellt. Telescript steht damit nicht in Konkurrenz zu anderen Script Sprachen, die als Standard für eine einheitliche Behandlung von Multi Media Information (z.B. für Autorentools zur Entwicklung und zum Display von Multi Media Dokumenten oder – Titeln) entwickelt wurden.

5 Anwendungsbeispiele

Das Meiste, was bisher gesagt wurde, braucht den Anwender Gott sei Dank nicht zu interessieren. Er muß nicht wissen wie es funktioniert, er muß nur wissen, daß ihm Agenten zur Verfügung stehen, die er in den elektronischen Marktplatz schickt, und die dort das tun, was er ihnen aufgetragen hat. Im Idealfall muß er noch nicht einmal wissen, welchen Dienst der Agent genau benötigt, um seine Agenda abzuarbeiten. Was er schon gar nicht wissen muß, ist die Netzadresse, unter der die entsprechenden Dienste zu finden sind. Die Agenten finden sich anhand von definierten Objektklassen im Markplatz allein zurecht. Dies' ist möglicherweise aus Anwendersicht der gravierendste Vorteil dieser neuen Technologie.

5.1 Der Basisdienst Smart Messaging

Smart Messaging ist zunächst ein intelligenter E-Mail Dienst, implementiert in Telescript. Darüber hinaus dient er jedoch auch als Basisdienst für alle anderen Dienste in einem elektronischen Marktplatz. In diesem Dienst werden nämlich auch die Agenten der Teilnehmer zu den entsprechenden Places im Netz transportiert.

Es wurde bereits erwähnt, daß hier Nachrichten Telescript Programme, also Agenten sind. Dadurch können sie bestimmte Aktionen ausführen, wie Buchungen vornehmen oder Termine vereinbaren. Lädt der Absender mit einer Nachricht zu einer Besprechung ein, so kann diese mit einem Smart Button ausgestattet sein. Akzeptiert der Empfänger die Einladung, wird automatisch eine Bestätigung zum Einlader zurückgeschickt, und die Verabredung in die Agenda eingetragen. Aber nicht nur die Nachrichten sind intelligent, sondern auch die Mailbox. Die Mailbox ist ebenfalls ein Telescript Programm. In Telescript Notation ein Place, da es ein stationäres Programm ist. Die Mailbox ist damit ebenfalls konfigurierbar durch die Teilnehmer. Es wurde bereits erwähnt, daß ein Teilnehmer seine Mailbox anweisen kann, Nachrichten von einem bestimmten Absender sofort an sein Gerät weiterzuleiten. Ist dies' nicht möglich kann er sich über seien Pager benachrichtigen lassen. Eine intelligente Mailbox sorgt also dafür, daß unterschiedliche Nachrichten entsprechend den Wünschen der Teilnehmer auch unterschiedlich behandelt werden. Diese Auswahl der Nachrichten bezieht sich aber nicht nur auf die Absender. Nachrichten können durch bestimmte Stempel besonders gekennzeichnet sein. Diese Stempel erzeugen sozusagen einen intelligenten Briefumschlag, anhand dessen die Mailbox erkennt, daß es sich z.B. um eine eilige oder geheime Nachricht handelt. Wie mit den entsprechend gekennzeichneten Nachrichten weiterverfahren wird, hat der Empfänger in seinen Konfigurationsanweisungen der Mailbox mitgeteilt.

Ein wesentliches Leistungsmerkmal der neuen Nachrichtendienste wird natürlich die Einbindung bestehender Dienste sein. Das ist besonders in der Einführungsphase wichtig, wenn Smart Messaging Dienste noch nicht sehr verbreitet sind. Nachrichten an Teilnehmer ohne Telescript Dienstezugang werden dann beispielsweise als FAX oder Standard X.400 E-Mail zugesandt.

5.2 Der elektronische Marktplatz (s. Bild 4)

Der elektronische Marktplatz steht für alle in einem Netz implementierten Telescript Dienste, die die Agenten benutzen, um ihre Aufgaben auszuführen. Die Leistungsfähigkeit von Telescript zeigt sich dann besonders, wenn Agenten eine komplexe Agenda abarbeiten. Das bedeutet, sie benutzen auf intelligente Weise eine Reihe von primären Diensten in Kombination. Intelligent heißt, daß sich der Agent , abhängig von dem Ergebnis seiner bereits ausgeführten Aufgaben, selbst steuert. Manche nachfolgende Aktionen haben z. B. nur Sinn, wenn vorhergehende erfolgreich abgeschlossen wurden.

Ein Agent zur Reiseplanung bekommt den Auftrag alle notwendigen Informationen zu beschaffen und anschließend, nachdem wir unsere Wahl getroffen haben, die Buchungen durchzuführen. Er geht daraufhin im elektronischen Markplatz zunächst zum Reservierungsdienst für die Verkehrsmittel. Je nachdem, ob in einem Flugzeug oder in der Bahn noch Plätze frei waren, werden geeignete Empfehlungen für Hotels in der Nähe des Flugplatzes oder des Bahnhofes beim Hotelservice eingeholt. Es sei denn, der Teilnehmer hat den Agenten angewiesen, an einem anderen Standort Hotels auszusuchen. Die Mietwagenübergabe wird danach ebenfalls, je nach Ankunftsort, vom Agenten arrangiert.

Ein anderes Beispiel ist ein Agent, der unsere Bankgeschäfte überwacht. Der Agent erhält die Anweisung alle Bewegungen auf unseren Konten und Depots zu überwachen und uns täglich Bericht zu erstatten. Überweisungsaufträge, Ändern von Daueraufträgen und ähnliches, übernimmt er natürlich auf Anweisung mit. Ist auf einem Depot ein bestimmter Geldbetrag zur Anlage frei, holt er selbständig von einem Anlageservice Empfehlungen zur Geldanlage mit momentan gültigen Konditionen ein. Um den Teilnehmer bei seiner Entscheidung zu unterstützen, können noch weitere Wirtschaftsinformationen von Tageszeitungen oder Wirtschaftsmagazinen besorgt werden. Dem Agenten können entweder vom Teilnehmer bestimmte Quellen für diese Informationen genannt werden, oder er kann sich am Marktplatz nach derzeit vorhandenem Angebot selbst umsehen.

Ein allgemeiner Informationsagent kennt unsere Interessen und kann uns ein entsprechendes Informationspaket schnüren und zustellen. Das kann notwendige Wirtschaftsinformation für unseren Beruf sein. Gleichzeitig können aber auch Kultur- und Sportnachrichten mit entsprechenden Veranstaltungshinweisen für den Abend dabei sein. Interessiert uns eine Veranstaltung, wird der Agent mit dem Besorgen der Eintrittskarten beauftragt, und er kann uns sogar noch zwei Plätze in einem Restaurant in der Nähe des Veranstaltungsortes reservieren, ohne daß wir uns viel darum kümmern müssen.

Ein Agent kann natürlich immer nur den Dienst benutzen, zu dem er die Zutrittserlaubnis seitens des Diensteanbieters hat. Diese Erlaubnis wird dem Agenten entweder bei seiner Erstellung, oder bei der Anmeldung durch den Teilnehmer zu einem Dienst mitgeteilt.

6 Diensteeinführung

Es ist das Ziel von General Magic Telescript als offenen Standard für Kommunikationsdienste einzuführen. Philips, als Allianzpartner und Kompetenz Zentrum für Telescript, erarbeitet zusammen mit namhaften europäischen Netzbetreibern die Einführung in Europa. Hierzu werden die Netzbetreiber Telescript Engines mit den notwendigen Basisdiensten betreiben, die eine Errichtung elektronischer Marktplätze ermöglicht. Die entstehenden Telescript Netze werden miteinander verbunden, so daß darüber weltweite Kommunikation und ein entsprechender Informationsaustausch möglich wird.

Die Informationsanbieter bieten ihre Dienste auf der allgemeinen Diensteplattform der Netzbetreiber an. Sie füllen sozusagen den bis dahin leeren Marktplatz mit Angebot, auf das der Teilnehmer durch seine Agenten jederzeit zugreifen kann. Bestehende Datenbanken werden über externe Methoden angebunden. Die Umsetzung der Anforderungen des Agenten werden hierbei auf die konkreten Abfragemechanismen der jeweiligen Datenbank umgesetzt. In Bild 6 ist das gesamte Diensteszenario dargestellt. Der eigentliche Telescript Place wird, zumindest in der Anfangsphase, auf den Telescript Engines der Netzbetreiber laufen.

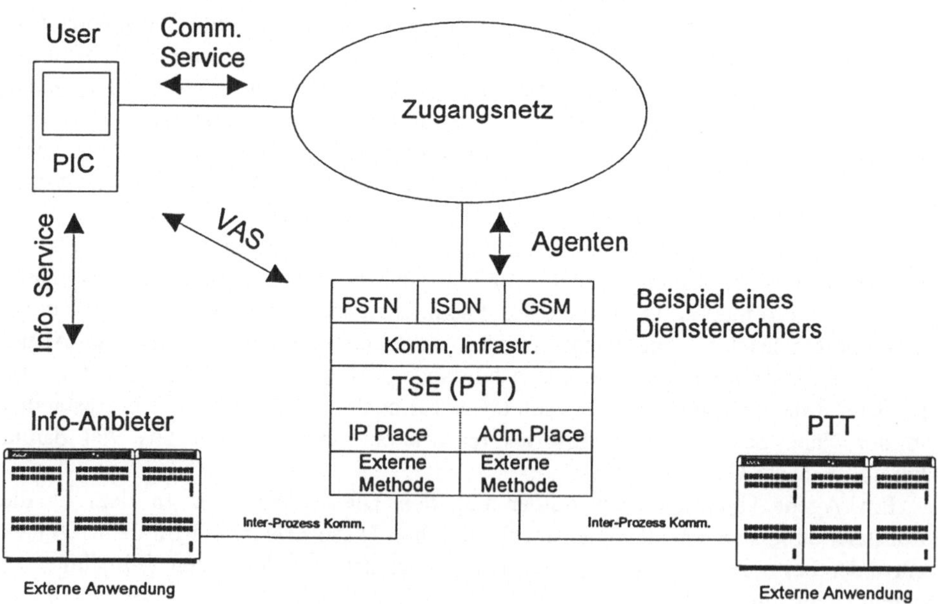

Bild 6. Ein allgemeines Scenario der beteiligten Dienste

Using Multimedia Archives for Hypermedia Applications in Open Networks

Heiko Thimm, Thomas C. Rakow, and Erich J. Neuhold

GMD – Integrated Publication and Information Systems Institute (IPSI)
Dolivostr. 15, 64293 Darmstadt, Germany
e-mail: {thimm, rakow, neuhold}@darmstadt.gmd.de

Abstract. For domains such as interpersonal messaging, office communication, or teleconferencing, adequate multimedia and hypermedia teleservices have been introduced recently. While such teleservices are primarily focused on the data interchange aspect, a teleservice *Multimedia Archive* provides more comprehensive support for networked hypermedia applications. It serves as a backbone component for networked hypermedia applications addressing domains such as advertisement, entertainment, infotaintment, teleeducation, teletraining, teleshopping, and other forthcoming applications. In comparison to similar internet services such as, e.g., world wide web, gopher, newsgroups, important issues like safety, security, accounting, and billing are properly handled at the level of the teleservice itself and not by complementing application code. A proposal for a general architecture which can be characterized as a globally accessible multimedia archive is described in this paper. We also comprehensively discuss a concrete application example that shows a multimedia calendar of events and describe how it can be turned into a fully productive system. We are especially taking into account that the necessary infrastructure is only becoming available incrementally.

1 Introduction

Let us introduce the topic of this paper by the description of a sample application which illustrates the users' view of a teleservice multimedia archive (figure 1):

> Assume you are at a central station of a major city, say Frankfurt a.M., and you have just heard that your train that was supposed to leave for, say, Munich, is delayed by 20 minutes. Since you still do not know yet how to spend the evening in Munich, you turn to a multimedia station located in the entrance hall of the train station which provides access to an *Electronic Multimedia Calendar of Events (CoE)*. The CoE allows you to access hypermedia descriptions of events collected from all over the world in some remote archive. The screen of the multimedia station shows a map of Germany, a list of event categories such as sport, music, art, theatre, festivals, as well as some entry fields such as date, time, and maximum entrance fee. On the map, you select the city symbol of Munich, than you select the items theatre, festival, and music in the event category list, and finally you fill out the relevant entry fields. A short moment after you have issued this query, you can choose from a list of three suggested events. The first one advertises a visit of the "Münchner Oktoberfest". You can see a video clip and several pictures introducing the tradition and the various

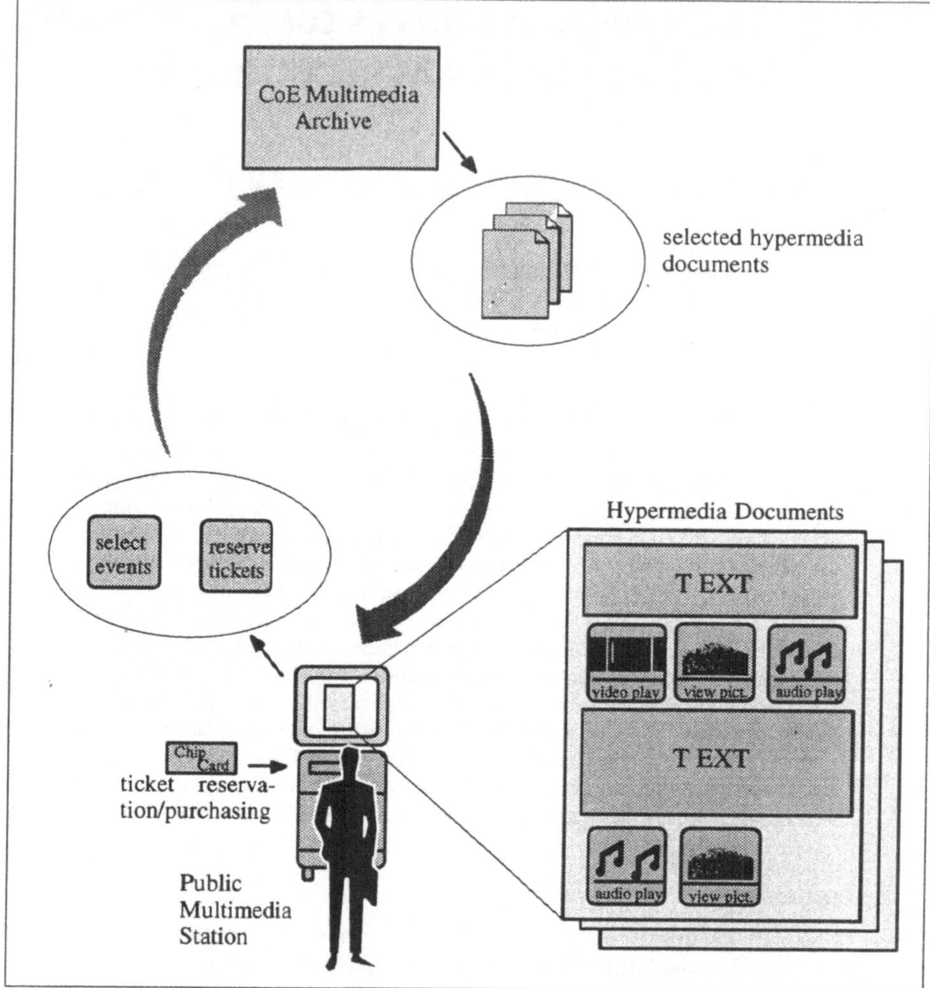

Figure 1: Scenario of a multimedia calendar of events

features of this festival at the multimedia station. Since this event might be something for you, you study the locations of the various performances at a city map displayed at the screen and finally make a printout of it. The second proposed event turns out to be uninteresting for you after you listened to several included audios which allowed to get an idea of the kind of music which will be performed. The third proposal concerns tonight's program of the "Münchner Kriminalbühne" (a theatre company in Munich specialized on mystery plays). Besides some video clips providing a few scenes of the piece which will be performed tonight, you read some digitized newspaper critics for this play which give a very good rating. Furthermore, there is the information, that there are only a few tickets left and that ticket reservation is recommended.

You decide to attend this event, and now you make use of the included ticket reservation service. After you get a proposal for a seat of your price category and desired location, you enter your chip card to complete the reservation and finally get a printout of the entry ticket. As you will arrive by train, information on public transportation from your hotel to the theatre is included.

The above outlined CoE scenario is intended to give an impression of the new kind of innovative services that can be realized by using a teleservice multimedia archive. The scenario is idealized, i.e. not realistic with respect to today's infrastructure. Other examples are a virtual travel agency, a virtual show room of a car dealer, a product catalog, a sport result service, a weather forecast service, an electronic newspaper, and many more.

Functionality to store, query, and retrieve multimedia data within a networked environment and further functionality required by these applications are made available by a teleservice multimedia archive. It provides a solid basis for the development of such applications in the sense, that the network based distribution need not to be handled by the application. Its generic functionality to store and retrieve hypermedia information can be easily embedded in the application. Using this backbone, developers can focus on application specific details.

Our approach to such an archive are globally accessible interconnected multimedia databases. We have developed several different prototypes of such archives [32, 35, 36, 37] using the multimedia database management system VODAK. The prototypes support different access mechanisms such as asynchronous multimedia mail [24, 13] or a synchronous access following the document filing and retrieval standard (DFR) [17].

Based on experiences gathered throughout the development of these prototypes, we provide a framework for the development of a teleservice multimedia archive. First, we discuss the desired functionality including advanced features, such as dynamic document composition which allows to retrieve individualized versions of archived hypermedia documents. Then, we propose a general architecture which serves as backbone for a broad range of different networked multimedia applications. As a central architectural characteristic, two different access mechanisms are supported. We also describe two concrete realization approaches which are based on todays technology. As an application example, we describe in more details the CoE already introduced in this section.

Although, from a technical point of view, a teleservice multimedia archive can already be realized today, for a broader productive utilization, the necessary infrastructure is still lacking. Hence, we suggest a strategy for a stepwise utilization of the CoE as a commercial system especially taking into consideration the fact that the necessary infrastructure will only become available incrementally.

The remainder of this paper is organized as follows. In section two, we explain the relevant terminology. In section three, we first look at a teleservice multimedia archiving in general describing its characteristics and comparing it to similar services like the world wide web. We also briefly outline other multimedia teleservices. Section four provides our framework for a teleservice multimedia archive. Here the required functionality is outlined and a proposal for a general architecture is made. Furthermore, we describe a concrete realization approach. An application example and its commercialization are outlined in section 5. Results and the future prospects of multimedia archiving teleservices are discussed in section six.

2 Notions

In this section, we discuss the relevant terminology as it is used in this paper.

Multimedia Data. The definition of multimedia data varies greatly in the literature. While some consider combinations of graphics and text already as a case of multimedia, others use this notion only if time dependent media like audio and video are included. In the context of this paper, we use the term multimedia to denote a combination of time dependent and time independent data leaning on the definition given in [33]. The new datatypes to be supported for dealing with multimedia data add new dimensions to the current properties of software systems. They need to cope with, e.g., the high volume and the time dependency of multimedia data, new multimedia specific in- and output devices, as well as user interactions involved when multimedia data are presented.

MEDIA	Data Volume	Throughput
500 pages of text	1 MB	2 KB/page
500 pages of pictures (FAX)	32 MB	64 KB/page
500 images ("true color")	1.6 GB	3.2 MB/page
5 minutes of speech	2.4 MB	8 KB/sec.
5 minutes CD-audio	52.8 MB	176 KB/sec.
5 minutes uncompressed MPEG-1-video	760 MB	2.5 MB/sec.
5 minutes PAL-video	6.6 GB	22 MB/sec.
5 min. HDTV-video	33 GB	110 MB/sec.
STORAGE DEVICE		
Main Memory	64 MB	100 MB/sec.
Floppy	1.5 MB	150 KB/sec.
Magneto-Optical Disk	300 MB	620 KB/sec.
CD-ROM	644 MB	150/300 KB/sec.
Magnetic Disk	1/2 GB	5/10 MB/sec.
MO-Disk Jukebox	up to 50 GB typical	up to 5 MB/sec.
Magnetic Tape Unit	up to 600 GB typical	up to 5 MB/sec.
NETWORK		
telephone		about 2.5 KB/sec
Smalband-ISDN (64kbit-Network)		2x8 KB/sec.
Ethernet (1:1-Connection)		120 KB/1.2 MB
FDDI		2.4 MB/12 MB
ATM		4.25 MB/19.3 MB

Table 1: Data volume of some media, data capacity of some storage devices (for workstations), data transfer rate of some networks

Table 1 shows the data volumes of different media itself, the storage capacity of some storage devices for workstations, as well as todays bandwidth of different networks.

Documents. A document is a self-contained entity of information belonging semantically together and intended for human perception. It is stored persistently and may be accessed at any time. For time-dependent media, this means that the data has to be available from a stored file and not from a live source. In addition to pure data, a document comprises structuring information as well. This refers to the content of a document and its presentation. The latter also includes the specification of possible user interactions during the presentation.

A document is considered as a *multimedia document* [7] if it includes one or more media in addition to written words and graphics. In contrast to traditional, i.e., linear or hierarchical structured documents, the concept of hypertext [6, 10] allows a networked structure. *Hypertext documents* or just *hyperdocuments* [34] consist of nodes and connecting *links* which enable authors to create and present associative reference structures within and between documents. This allows the reader to explore and present the document in a variety of sequences. If the content of the nodes consists of multimedia information (e.g. sound, video, animation), the document is considered as a *hypermedia document* [12, 40] and the connections between the nodes are called *hyperlinks*. The construction and traversal of such hyperlinks requires an adequate *content location model* which should support hyperlinks from an arbitrary point within the source object to an arbitrary point within the destination object (e.g. a video object).

Document Standards. There already exist a number of relevant standards for the above mentioned types of documents. HyTime [19,27] is a standard language for representing the structure of the three types of documents mentioned above. HyTime was developed as an application and extension of SGML (Standardized Generalized Markup Language) [15] which is a standardized language to describe documents in terms of their logical structure. Like HyTime, the language HTML [9] which is used, e.g., for documents to be inserted in the World Wide Web (WWW) [3] is another application of SGML. Another language is ODA [18] which currently is extended with some multimedia features (HyperODA). The MHEG standard [20] defines an exchange format for multimedia and hypermedia objects.

Archive vs. Database. Leaning on the definition of the Oxford English Dictionary, traditionally, an *archive* is a place to keep records and documents. Due to advances in hardware technology, *electronic archives* have become available. Besides an utilization for the traditional purpose, they can also be used for documents which are still used within the daily operation (office documents).

A *database,* in the sense of computer science, traditionally, is a collection of comprehensive structured information organized for fast multiuser access and stored, maintained, and altered with the help of the *database management system.* Databases are not explicitly specialized for the long term storage of information. Typical traditional application areas include domains such as customer administration, order handling, airline reservation, ... etc. In recent years, non-standard databases such as pictorial databases, text databases, audio- and video databases, and multimedia databases have been developed.

In essence, it can be said that the term *archive* refers to a particular application class aiming on the persistent storage of data for current or future information processing tasks, whereas the term *database* refers to a particular software technology. This technology (i.e. database technology) is especially well suited to implement an electronic archive system.

Database Management System (DBMS). A *DBMS* is a generic piece of software providing means for the development of concrete, application specific databases and their management at runtime. Mainly, a DBMS offers the following services:

- data independence (data abstractions),
- application neutrality (openness),
- versatile query language (unanticipated data access),
- multi-user operation (concurrency control),
- fault tolerance (transactions, recovery),
- access control (security).

A *multimedia DBMS* explicitly provides support for multimedia data such as continuous datatypes like audio and video, support of the notion of time, synchronization mechanisms, scheduling, multimedia specific object management, ... etc. [32, 39].

Teleservices. There is no commonly used definition of what is called a *teleservice*. From our perspective, a teleservice is a service that allows the entities of an open distributed system to communicate by using public communication networks. A very well known example of a teleservice is the telephone service. Other examples for traditional teleservices are Btx, Videotext, or Minitel. In the next section, some examples for hypermedia teleservices are introduced.

3 Archiving Teleservice and other Multimedia Teleservices

In this section, we first look at a multimedia archiving teleservice in general. Secondly, we briefly introduce other multimedia teleservices for which there is potential demand in information societies. The common goal of all multimedia teleservices is to support applications (or users respectively) that deal with multimedia information within distributed environments (figure 2).

3.1 Multimedia Archiving Teleservice

The goal of a multimedia archiving teleservice in general is to allow for users to store hypermedia documents in remote document archives somewhere within the network and it also supports the retrieval of information from these archives [32, 35, 36, 37]. The archives are intended to be public archives which means that an inserted document can be accessed by all other users of the teleservice as long as there are no access restrictions. This core support functionality is addressing particularly distributed networked hypermedia information management applications with a large number of users. We call those users who deliver the documents *information providers*, and those who retrieve the documents *information purchasers*.

It might be not very obvious, but it is also reasonable to enhance an archiving teleservice by workflow management support functionality. This is particularly valuable for the realization of workflow systems for geographically dispersed organizations that need to interchange hypermedia information across public networks.

The so-called *service profile* of a concrete implementation of an archiving teleservice specifies the kind of hypermedia applications which are explicitly supported by a set of adequate functions. In the following, we outline three different service profiles:

Document Pool: This profile allows the storage of documents with an arbitrary format, i.e. the actual document structure is not processable for the archive. Consequently, the documents can only be accessed as a whole, i.e. there is no support to access only certain parts of a document. Hence, modifications on existing documents are not possible within the archive and have to be handled by the application. In essence, the functionality is restricted to the insertion (i.e. archival), retrieval (i.e. selection), as well as removal of hypermedia documents.

Information Service: In contrast to the former, here the structure of the hypermedia documents is processable. Thus, besides access to complete documents, the users are allowed to access document parts. Furthermore, they also can modify already archived documents without extracting first the full document. However, to achieve processability of documents, it is not possible to use the teleservice for arbitrary documents. Instead, only specific document formats and encoding are supported.

Work Flow Management: This service profile is focused on applications in which geographically dispersed people cooperatively work together (e.g. authoring, order management, software engineering). It provides generic functionality that helps to control, coordinate, and monitor the application specific cooperative work processes. Support of multimedia data provided by the system is especially advantageous. It allows for the involved people to use besides text alternatively or additionally other medias such as picture, audio, or even video. For example, a complex task to be done by a specific person can be explained by the requesting person by using a picture, audio, and/or video.

Considering services like, e.g., the World Wide Web (WWW) [3], already available at the internet, which have some similarities to the archiving teleservice discussed here, in the following we identify the most fundamental differences between both. The WWW and other similar internet services allow, and even encourage, an uncontrolled growth of information of any subject. Everybody having access to the internet can insert everything he wants. The maintenance of the provided information is totally left to the users or the "web masters", respectively. Hence, information chaos is only avoided if the users are disciplined enough. In an archiving teleservice, there are certain regulations and rules concerning the kind of hypermedia documents which can be inserted. The enforcement of these rules as well as maintenance issues can be properly handled at the level of the teleservice. Furthermore, issues addressing, e.g., security, safety, accounting, billing can be handled at the level of the teleservice as well. In the WWW, for example, these issues, if handled at all, have to be addressed in complementing applications.

The definition of a teleservice multimedia archive with participants from research institutions as well as industry currently is under preparation in the BERKOM working group Multimedia Archives.

3.2 Other Multimedia Teleservices

In the following, we briefly characterize some other sample hypermedia teleservices for which there are already a number of potential applications. Within the BERKOM II initiative, a number of these teleservices are currently under development [1, 2, 13, 24, 32, 35, 36].

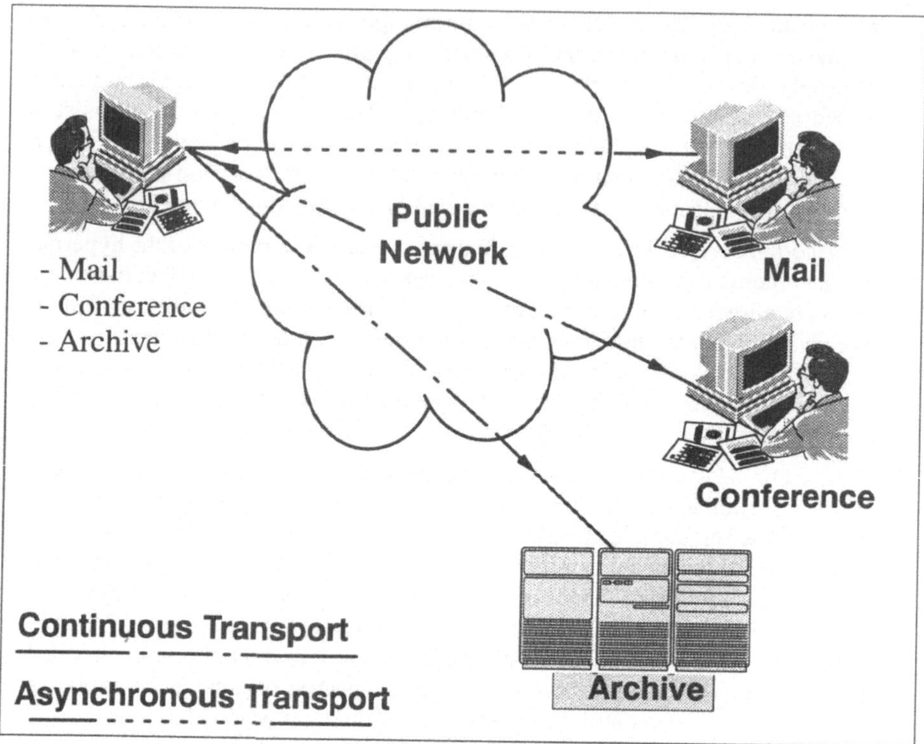

Figure 2: Some Hypermedia Teleservices

Continuous Data Transport. The goal of a continuous data transport teleservice is to provide means to transport continuous data such as audio and video. It is important, e.g., that the transportation from the source to the destination is performed within the application's timing constraints. Hence, it need to be based on a realtime protocol. The teleservice can be used to realize other teleservices, especially those that deal with continuous data (e.g. conferencing, collaboration, archiving). It is also appropriate for the realization of on demand services (e.g. video on-demand).

Mailing. Electronic mail as a means of asynchronous communication between computer users is widely utilized in many different application areas. For a mail service intended as a hypermedia teleservice, it is required that the messages can have complex hypermedia structures including continuous data (hypermedia messages). In order to be able to send and receive very large multimedia objects, such as video clips, the concept of a global store has been proposed [13, 29]. Using this concept, it is possible to just include a reference to an object within the message and to resolve this reference when needed on the recipient's side.

Conferencing. Today, conferencing systems for audio and video-based distance communications are becoming increasingly popular within many organizations, especially decentralized ones [1,22, 38]. They are attractive because they allow to save time and money due to reduced travel activities. An audio-visual connection between the conference members guarantees an atmosphere very close to a personal meeting. To control and maintain a conference, conference management functions (e.g. validating access rights to conferences) are required. Furthermore, there should be a conference directory collecting information about users who may participate in conferences as well as information about ongoing conferences.

Collaboration. This teleservice allows interactive audio and video conferencing with several partners [1, 11]. However, conferencing is enhanced by the ability to share applications such as e.g. spreadsheets and wordprocessors between all partners in order to jointly view the application output and to be able to jointly edit these applications remotely as well. Users are able to export their pointer movements (telepointer). This teleservice closes the geographical gap between users and enables them to communicate in real time.

4 A Teleservice Multimedia Archive

In this section, an approach towards a multimedia archive teleservice is introduced. First, we summarize the core functionality which should be provided. Next, we describe a general architectural approach which can serve as a reference architecture. Finally, we describe a concrete incarnation, i.e. realization example of this architecture.

4.1 Functionality

The functionality to be provided for potential applications can be differentiated in the following categories:

- document management functionality,
- workflow management functionality,
- multimedia specific functionality, and
- other functionality.

We explain all of these four categories in the following.

Document Management Functionality. In table 2, the core operations to be provided for document pool and information service applications (see 3.1) are outlined (abstracting from parameters). Searching for specific documents (SELECT) should not be limited to attributes referring to the contents of the documents. It should be possible to use search expressions which also address the structure of the documents such as *"Select all documents which provide information about a concert, and which include an audio part"*.

OPERATION	SEMANTICS
ANNOTATE	annotates a message to a specific document contained in the archive
INSERT	inserts a document into the archive
READ	retrieves specific documents from the archive identified by their document identifiers
REMOVE	removes specific documents from the archive

SELECT	selects specific documents from the archive based on a descriptive search expression
UPDATE	updates search attributes associated with a specific document kept in the archive

Table 2: Core operations for document pool and information service applications.

From those functions that have to be provided in addition to these core functions in order to properly support potential applications, here we want to pick *dynamic document composition* functionality. Most document archiving systems do not have this feature, and thus only allow to retrieve documents as they have been originally archived. This is a great disadvantage since the individual requirements (e.g. individual hardware and software environment, individual information needs such as detailed information only when it is related to a specific subject, otherwise overview information is sufficient) of the users are ignored by the archive. Within the context of a networked environment this is even more problematic since the users' final charge largely depends on the retrieved amount of data. Hence, to allow users to accomplish a minimum of such "mismatching" information, functionality for dynamic document composition is an important feature. It should support operations such as those summarized below:

Document structure alteration allowing to cut off a particular document component of the original document.

Coding transformation allowing to transform a certain document component from one coding format into another, e.g. from the image format TIF into GIF.

Quality transformation allowing to transform a particular document component from one quality into another one, e.g. from 16 bit audio into 8 bit audio format.

Continuous data extraction allowing to extract certain sequences out of a particular continuous data stream, e.g. only the first/last 10 seconds of an audio/video, or, with respect to video, only the first two scenes, each tenth frame of each scene, and other extraction schemes.

Workflow Management Functionality. The spectrum of support functionality for workflow management applications can be differentiated as follows:

Functionality for the storage of general workflow descriptions, but no storage functionality for individual workflow instances.

Functionality for the storage of general workflow descriptions and also individual workflow instances which states are monitored by a component outside the teleservice.

Storage functionality for general workflow descriptions and individual workflow instances as well as functionality for workflow enaction, i.e. the archive is the workflow engine.

For some applications, functionality for the storage of workflow instances is sufficient. Here, the archive is a passive component and the enaction and monitoring of concrete workflows has to be done outside the archive. However, it can also be imagined, that the archive itself is enacting and monitoring workflows, i.e. the archive is an active component managing the flow of work through an organization. This involves usually several activities which have to be completed by humans or some machines, respectively. A lot of more detailed information about workflow management in general can be found, e.g., in [8,23].

Multimedia Specific Functionality. To assure that the applications can deal with multimedia data in efficient ways, the teleservice has to support a number of important multimedia specific features.

To achieve high speed data transfer which is required by most multimedia networked applications, a high-speed network must be supported efficiently. It is important to achieve an efficient integration. Otherwise the interface to the network will be the bottleneck of the overall teleservice. The teleservice should also be able to benefit from the usage of realtime transport protocols that explicitly support multimedia data by supporting presentation control events (e.g. stop, replay, fastforward, backward with respect to a video presentation) on the network transport level.

Other Functionality. Here, we subsume further important functionality which does not fall into the other categories. Security and safety mechanisms such as authentification to keep the probability for any kind of misuse of the data as low as possible are very important. Regarding commercial applications, the teleservice should provide flexible billing models which must be adaptable by the information providers. Another important class of helpful functions are statistical functions. They must allow to generate information, e.g., relevant for marketing purposes (for example data about the access frequency).

4.2 General Architecture

Figure 3 illustrates our general architecture. The client/server model which is especially advantages for open distributed environments has been used as a starting point. In contrast to the usual client/server model, in our general architecture, the number of servers is not restricted. An arbitrary number of servers can be accessed from an arbitrary number of clients. It is assumed that the clients and servers are geographically (possible worldwide) dispersed and that they are connected to a public broadband communication network. The services provided by the servers such as the archival of hypermedia documents or the retrieval of specific hypermedia information extracted form archived documents can be utilized by issuing requests.

Different approaches regarding the handling of client requests by the server group can be imagined. One possibility is to require an explicit server identification in each client request . This could mean that the request is only handled by the identified server, but it could also mean that the identified server is the starting point within the set of all servers that all together handle the request. Another, more sophisticated approach would be to have as part of the architecture a component which is able to localize the relevant servers. Consequently, here requests do not need to have a server identification. A further approach is to let the server group itself decide about its relevant members with respect to requests. This could mean, e.g., that each server has some knowledge about the other servers. Thus, each server itself can determine whether a client request has also to be handled by other members of the server group. There are far more possibilities. Here it was only intended to provide some general ideas. Support of several approaches by the teleservice seems to be advantageous.

The data, i.e. requests and contents data, are exchanged between clients and server, respectively vice versa, by deploying an adequate access mechanism. In order to provide optimal support for different kinds of application domains with different communication requirements, the *Access Management Provision Facility* (AMPF) of the architecture supports both, a synchronous (i.e. "on-line") as well as an asynchronous (i.e. "off-line") mechanism. The AMPF is a functional component belonging to the client as well as the server environment of our architecture. For example, the synchronous access is preferable for applications in which the hypermedia information has to be delivered immediately i.e. with no delay as, for example, in information kiosk applications. The asynchronous access is more suited for applications that provide off-line services such as workflow management applications.

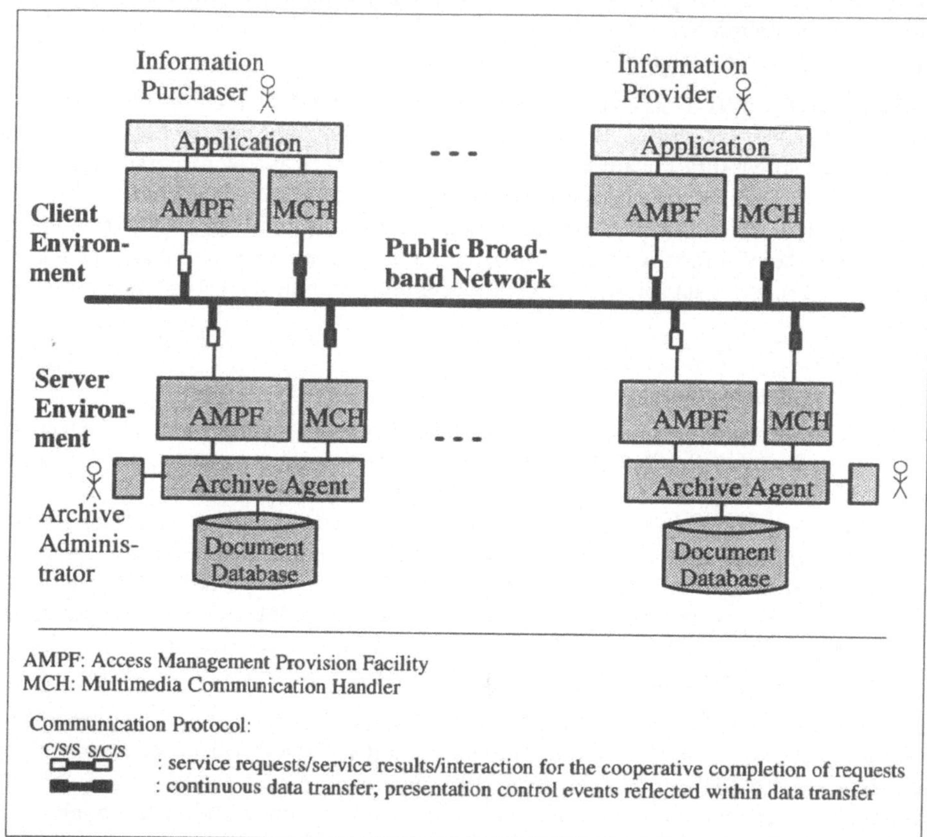

Figure 3: Architecture of a Teleservice Multimedia Archive

In order to achieve an efficient interchange of high volume multimedia data such as, e.g., audio and video, there is a separate functional component called *Multimedia Communication Handler* (MCH). It is part of the client as well as the server environment. For an optimal transport of continuous data, such as audio and video, from the server to the clients, the MCH has to support a continuous data transport protocol. The advantage of such a protocol is that it supports media specific user interactions, i.e. presentation control commands such as, e.g., stop, resume, fastforward. Thus, only those data which are really needed by the application (usually for presentation purpose) are transported to the client. This ensures an optimal utilization of resources (e.g. bandwidth, buffer, CPU).

Concerning the client environment, on top of the above explained functional components that cope with the distribution aspect of the information, the application specific details are encoded. Depending on the concrete domain, the application deals with tasks such as the creation of hypermedia documents to be archived or the presentation of hypermedia information received from the server, respectively. It also manages the interface to the underlying communication components.

Regarding the server environment, the AMPF as well as the MCH are connected to the *Archive Agent* (AA). This functional component maps the requests received into database operations executed on the server (document) database. The database provides the storage system for the hypermedia documents the actual application handles. Typical database operations are, e.g., the insertion of a new document, the querying of all stored documents, or the selection of a specific document component. The AA also manages the return of data from the database to the clients by using the corresponding upper communication facilities. To achieve the required responsiveness, the server must be able to handle several client requests concurrently. Via a properly extended transaction management of a DBMS (not shown in figure 3) this can be achieved.

The capabilities of the server in our architecture go beyond just responding to client requests as defined within the usual client/server model. It can be considered as an *active* archive server in the sense that within some applications, there are server actions that are triggered by the server itself upon detection of a certain event. This ability is required in order to support, e.g., subscription services or work flow management applications. If these actions include the delivery of certain data to a client, the asynchronous access mechanism will be needed in addition to a synchronous one since the receiver might be unavailable or simply may not want to handle a message immediately.

For the completion of administrative tasks which cannot be performed automatically such as, e.g., credit investigations, the server environment provides also an user interface for a human archive administrator.

4.3 Realization Approach

In the following, we describe a realization example of an archiving teleservice that follows our general architecture of 4.2. It is one out of two incarnations of this architecture that have been prototypically implemented at GMD-IPSI. These prototypes served us as vehicles to experiment, identify key issues, and to get a better understanding of archiving teleservices. The prototype provides support for the cooperative creation, storage, advanced querying, and composition of individualized multimedia documents. A multimedia mail teleservice [13] is used as mechanism to access the archive as well as to exchange the multimedia documents between the archive and the clients. Besides this asynchronous access mechanism, there is also a synchronous one to interchange high volume document components such as videos and audios. It supports presentation control functionality (e.g. stop, backward, replay of continuous data). Furthermore, the archive is able to export the multimedia documents as SGML-documents [15] for other environments, e.g., electronic publication environments.

166

Support of Cooperative Document Creation. The prototype supports a group of geographically dispersed people (authors as well as non-authors) which cooperatively create multimedia documents. The archive plays the role of a central component which coordinates the activities of the group members and also manages the exchange of document components within the multi-authoring process. The situation at hand is a typical asynchronous cooperative work situation for which the usage of a workflow management paradigm [8,23] is a promising approach. Support of multimedia data within the context of workflow management is especially beneficial. It allows to make explanations, comments, directives ... etc. which frequently occur in workflows by using the most adequate modality. For example, an initiator (the editor of the document) of a workflow, i.e. a cooperative authoring process, can direct the other authors by text, audio, or video directives, respectively.

Figure 4 is intended to give an impression of how the cooperative authoring process practically could look like. In this case, a hypermedia document is created by five authors. Each author provides a specific part of the document to be created. Non-authors are not involved. The overall structure of the multiauthoring process is specified by one of them, called the editor (A1). In the first step, he issues a *workflow specification mail* to the archive. It comprises a formal specification of the intended cooperative authoring process (workflow specification), and a formal description of the document to be created. It also contains *input document parts* (i.e. parts already completed by the editor - parts one and two of this mail) and *multimedia directives* (i.e. some explanation messages - note that the usual media types are supported). Upon receival of this mail, the archive instantiates a workflow instance. The latter is an archive-internal representation of the real-world workflow to be completed. According to the information given in the workflow specification mail and stored in the workflow instance, the archive in a timely manner distributes *authoring activity requests.* Such a request notifies the receiving person (author) that he/she has to complete a certain activity as part of the entire workflow. It also contains all information necessary to complete the activity. For example, the request issued to author A2 contains document part 1 (as input document part) and the text directive. Based on the distribution of these requests, the activities of the authoring process are completed in sequential and/or parallel order. This depends on the relationships between the activities regarding the provision of input document parts. Note that the synchronous access mentioned in the introduction of this subsection is used to provide the high volume video directive to author A3. Here the activity request mail includes instead of the video data itself a pointer to these data which are stored in the archive. Using the synchronous access mechanism, the data are fetched when the user wants to present the video directive. It should be pointed out that in reality the message traffic between the archive and the group members is far more complex. Interaction patters for real world workflows will include reminder messages for overdue document parts, requests for the redoing or improvement of parts and many more. Furthermore, it can be assumed that it will also include the usage of other communication means to overcome the geographical separation (e.g. telephone, fax). As illustrated in figure 4, besides the coordination of the activities of the group members, the archive is also piecing together the final document in an incremental manner i.e. whenever a new finished document part has been received. To conduct this task, the structural description of the final document can be "understood" by the archive.

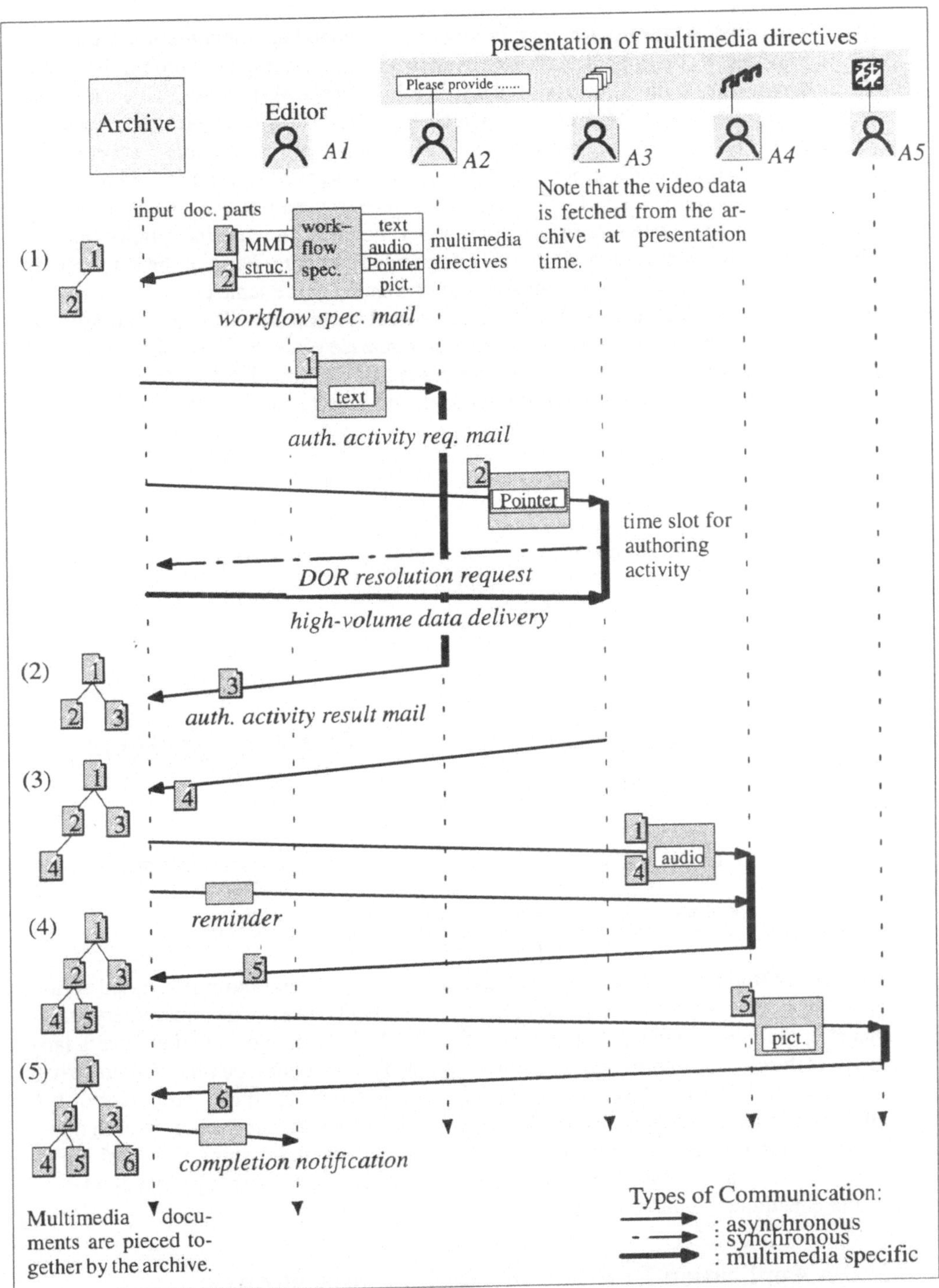

Figure 4: Communication throughout a sample multiauthoring process

168

Storage of Multimedia Documents. Following the general architecture of 4.2, our prototype provides as component of the server environment, a storage system for the multimedia documents. Within the task of designing this storage system, we made use of the object-oriented DBMS VODAK [21], which empowered us to support the necessary functionality efficiently and consistently on the level of the database schema. To achieve accessibility to document parts, the documents are not stored as a whole in the document database. Instead, the documents are decomposed into their basic document parts. For each part, we store information about the encoding and the quality (e.g. 16 bit or 8 bit audio data) as well as the bulk document part data. Parts of the same media type (text, image, audio, video, animation) are collected in the same class. Furthermore, for each complete document itself, we store general information. The general information for all documents are stored in a separate database class. Each database object of this class serves as information source for a specific multimedia document regarding search keywords, the structure of the document, and also the internal database addresses for its document parts.

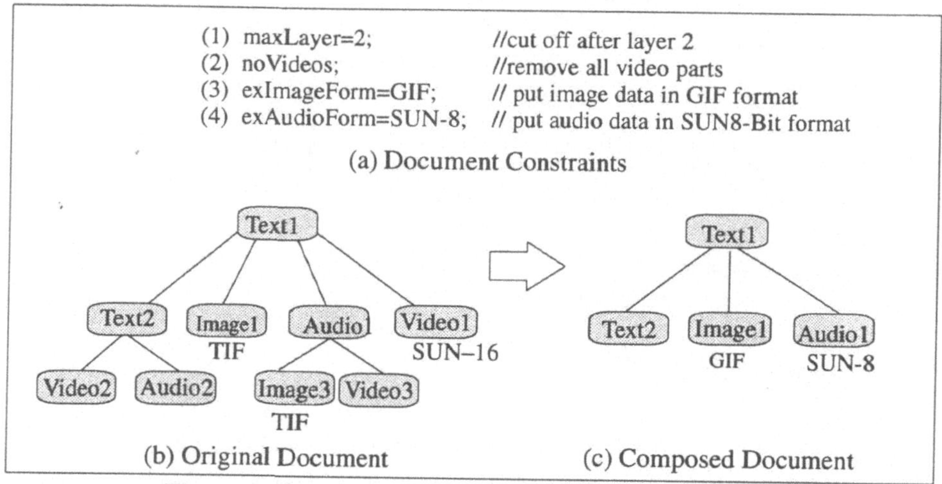

Figure 5: Sample dynamic document composition

Support of Document Querying. Document querying of the prototype is based on the query processing facility of the used DBMS. The clients directly generate query statements in the query language supported by the DBMS. To support another access language at the clients, a component mapping queries from one into the other language has to be included. At the server, the queries are submitted to the query processor of the DBMS. The generated queries are descriptive queries which can include search arguments addressing search keywords as well as the document structure. Composition of individual documents based on matching documents can be requested by attaching document constraints to queries (figure 5).

5 An Application Example and Its Commercialization

In the following, we detail the application scenario of an electronic multimedia calendar of events (CoE) already introduced from the point of view of a casual user in our introduction. First, we give an overview of the entire application focusing on the contribution a teleservice multimedia archive can make. Second, we describe a strategy for a stepwise commercial utilization of the CoE taking into account that the necessary infrastructure will only become incrementally available over a period of time.

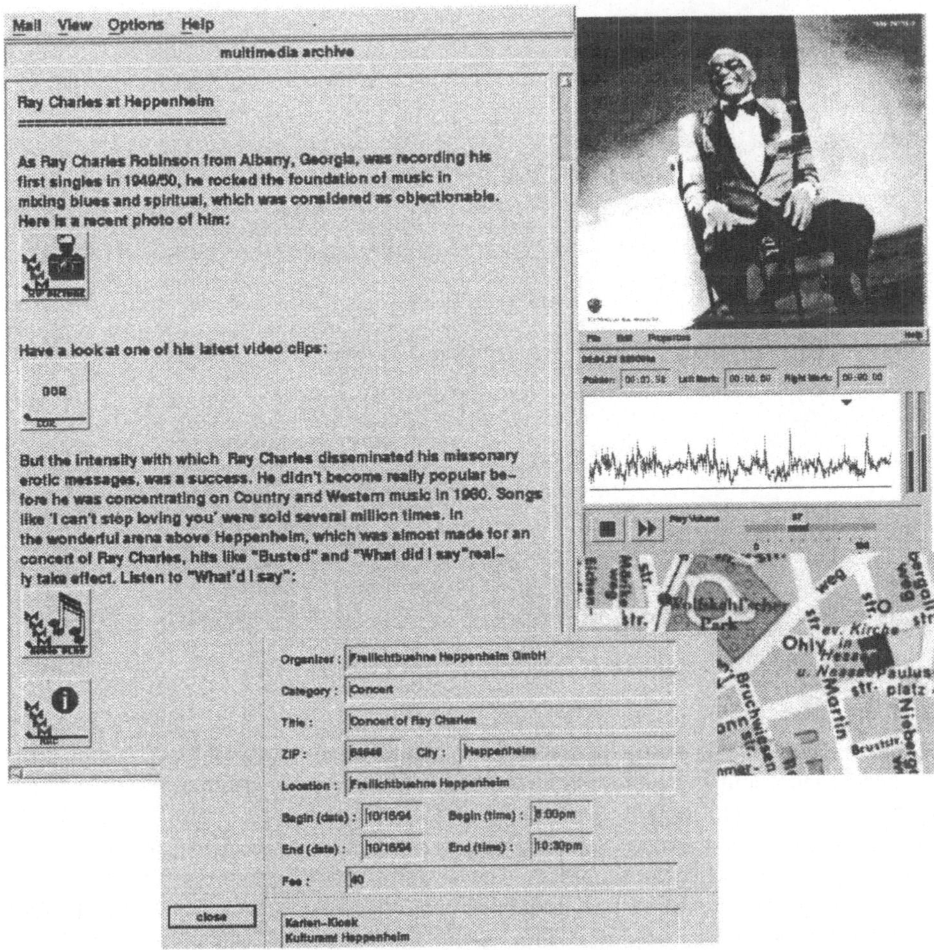

Figure 6: Sample Multimedia Event Description

5.1   A Multimedia Calendar of Events (CoE)

The overall goal of a CoE is to provide network-based access to a data source which contains multimedia event descriptions. Information providers are allowed to insert new descriptions, while information purchasers can only retrieve descriptions and make ticket reservations.

The hypermedia event descriptions have a structure such as shown in the example of figure 6. In addition to some general textual information about the event, these docu-

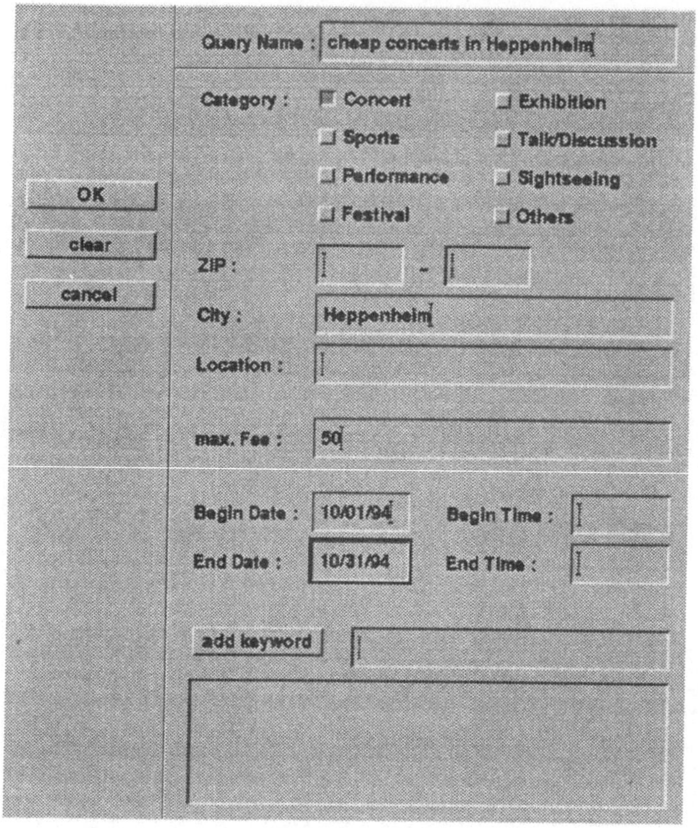

Figure 7: Query window of a CoE

ments include further multimedia information which is presented by clicking the icons included in the text. With respect to a concert, an information provider can include music pieces, video clips, a picture showing the concert hall, a city map with the highlighted recommended route to the concert hall, ... etc. The hypermedia event descriptions are inserted into a central, remote CoE archive by geographically (possibly worldwide) dispersed information providers. The descriptions can be the result of cooperative authoring processes such as outlined in 4.3. Participants of such processes typically include photo agencies, graphic studios, actor agencies, news agencies, the local arrangement office, multi media arts studios, ... etc. The event descriptions can be accessed by geographically dispersed information purchasers. The documents of their choice can be selected by issuing a descriptive query to the CoE archive. Such a query specifies the special kinds of events the purchaser is interested in, such as, e.g., *"Select all concerts that take place in Heppenheim in October 1994 for which there are still tickets left with a maximum price of 50 DM"*. It is suggested that a special query window such as the one shown in figure 7 allows to conveniently formulate such queries in a direct manipulative manner. The query is evaluated against the CoE archive and the matching documents are returned to the purchaser. If a user has special requirements for the documents to be returned, e.g., he does not want to get the video parts of the documents, a description of his constraints is added to the query. In this case, the CoE archive returns individualized documents satisfying these constraints. This feature allows for the users to control to some extend the costs resulting from the utilization of the teleservice. The CoE application also allows to make ticket reservations for the events contained in the CoE archive.

5.2 A Strategy for a Stepwise Productive Utilization

There might be some differences if we look at the various technological countries. However, in general, today's information technological infrastructure is still insufficient for commercial networked multimedia applications such as the CoE. Multimedia home stations connected to computer networks are still an exception. We are also far away from publicly accessible multimedia stations as assumed in the scenario of our introduction. Furthermore, the bandwidth necessary for multimedia data transfer, e.g. via ATM technology, are not yet available. Due to this situation, a full fledged CoE installation or any similar application can only be an isolated solution for a few users instead of thousands of suppliers and tenth of thousands of daily purchasers. Hence, what we would like to see is a stepwise realization and productive utilization of such applications. This means that the application should be successively adapted to the evolution of the infrastructure. It is not unrealistic to assume that these applications themselves can impact the evolution of the necessary infrastructure.

In the following, we describe a feasible strategy for a successive adaptation of our CoE application to the expected development of an information technological infrastructure. Starting with an analysis of todays situation, we characterize the succeeding steps towards a full fledged commercial CoE (figure 8). It is the general idea, that some day, users will have their own virtual ticket office that will allow to fetch multimedia event descriptions and to make ticket reservations.

Ticket Office Today. The customers of an average ticket office of today typically can get event information printed on paper. Audios and videos which could provide additional valuable information are not provided. Due to the costs for, e.g., mailing, the information material available is primarily focusing on events within a limited geographical area. For the ticket reservation and selling business, there is some kind of computer support which can involve on-line access to ticket information. An increasing number of todays ticket offices also support ticket reservations made by fax or recorded on a telephone answer machine.

Enhanced Ticket Office. The average ticket office now provides a multimedia station. It can be utilized by the customers to get comprehensive electronic multimedia event information including continuous data. Note that these information potentially can concern events all over the world. These event information are periodically downloaded from a central CoE-server and also via CD-ROMs.

Home User Access Tomorrow. As characteristic of this phase, it is assumed that the client software for the CoE application already runs on a growing number of home computers and publicly accessible multimedia stations which are connected to an existing network. Since a real multimedia supporting network such as ATM is not fully available yet, an existing network such as ISDN is utilized. Due to the bandwidth constraints of this network (e.g. 2x8 KBit/sec. with respect to smallband ISDN), no video clips at all

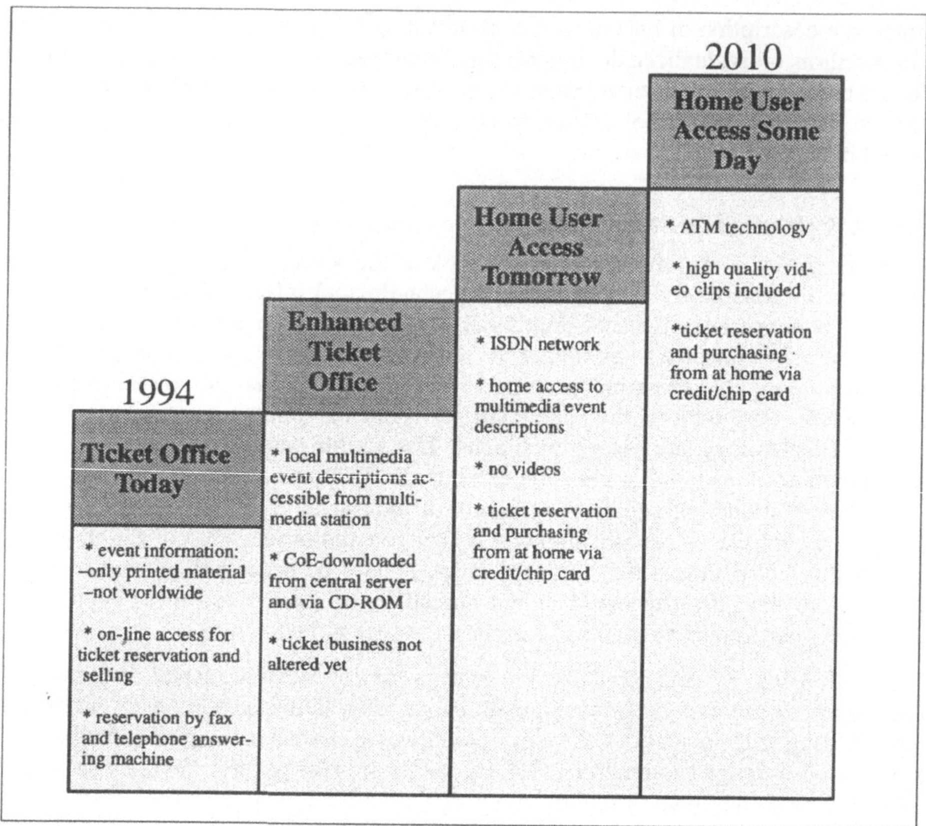

Figure 8: Stepwise realization of a commercial CoE

can be supported. However, audios can be included in the event descriptions stored in the server database.

Home User Access some Day (2010). In contrast to the former phase, here the network bandwidth is a less critical bottleneck for the CoE. It is expected that an adequate network such as e.g. ATM providing up to 155 MBit/sec is extensively available. Hence, video clips can be included in the CoE documents. The presentation of these video clips at the users' sites can be performed with an excellent quality (e.g. adequate size of video frames).

6 Results and Prospects

We have shown that a teleservice multimedia archive can be understood as a backbone for networked hypermedia applications in the sense, that it provides important features such as network-based transport, support of multimedia especially continuous data, concurrent use, recoverability, consistency, ... etc. required by these applications. By providing this functionality, properly designed multimedia applications for networked environments are encouraged. The teleservice can also support service profiles such as document pools, information offers, and workflow management. Its core functionality, which is required by all profiles, is focused on the network based interchange of hypermedia documents between archive clients and remote archive servers. Even for large scale networked hypermedia applications, only the application specific details have to be encoded, whereas the distribution and data storing and sharing aspects are entirely handled by the teleservice.

Abstracting from a concrete architecture, such a multimedia archive teleservice requires the use of technologies from *both*, multimedia databases technology, for the persistent storage and sharing of the data, as well as multimedia communication technology, for the network based interchange. These concepts have to be coupled together effectively and efficiently. One possible approach has been introduced in this paper. It is based on an extended client/server architecture consisting of many clients and many servers. It supports a synchronous, i.e. on-line, as well as an asynchronous, i.e. off-line, access mechanism. High volume data are separately interchanged employing a global referencing mechanism. Thus, when the data is transported to a client for presentation purposes, user interactions controlling the presentation can be handle on the data transportation layer. This makes the data communication more efficient since only those data are transported which are really needed by the client. However, this requires the use of a continuous data transport protocol. Furthermore, different to the usual client/ server model, the servers are not only responding to requests received from clients. They are also able to actively detect certain events which can require that a certain message has to be sent to one or several clients.

A typical advanced functionality of the teleservice, which is beneficial for many applications, is support of dynamic document composition. This and other examples have been briefly discussed. Fancy functional extensions such as multimedia queries and content based retrieval certainly can only be considered in the future, i.e. when efficient solutions are available.

To achieve openness, the consideration of standards is an essential requirement for a concrete implementation of a teleservice multimedia archive. Especially, a standardized document format such as SGML/HyTime as well as standardized mechanisms for accessing the server should be supported.

In our prototypical implementation which supports only a single server, the latter can be accessed by using a teleservice Multimedia Mail which follows the recommendations X.400. For the interchange of high volume continuous data, the global referencing standard Distinguished Object Reference (DOR) is supported. A continuous data transport protocol should be used for the actual transportation of the data in either way.

The research reported in this paper, especially the proposed general architecture and our experimental implementation approach, is intended to provide motivation for more work in this area. We would like to see further alternative architectural proposals. In general, we need to experiment with pilot kind of applications such as the described CoE application. We assume, that the required natural interest can be generated by showing the usefulness of such applications to the potential users. The research as well as industrial community should launch appropriate initiatives.

A hot item which has not been discussed in this paper is security. There are already some promising projects like, e.g., the SAMSON project [30] which are especially focused on this subject. Their results will be of high relevance for our proposed teleservice.

Already at this point in time of our research on globally accessible multimedia archives and their applicability as backbone for networked multimedia applications, we should begin to think about the stepwise productive utilization of such multimedia applications. As shown with respect to our CoE application, it should be attempted to develop an adequate concept for the stepwise realization and productive utilization. It is especially important that this concept reflects the fact that the required information technological infrastructure has still to be developed.

Acknowledgement

The authors would like to thank the DeTeBerkom GmbH, Berlin, for partial funding of the research reported in this paper. Thanks go out as well to all contributors of the GAMMA project and the members of the DeTeBerkom working group "Multimedia Archives". Many of the issues and ideas discussed in this forum have been reflected in this paper.

References

1. Altenhofen, M. et al.: "The BERKOM Multimedia Collaboration Service", *Proc. ACM Multimedia*, Anaheim, CA, 1993

2. Altenhofen, M., Schaper, J., Thomas, S.: "The BERKOM Multimedia Teleservices", *Proc. Second Int. Workshop on Advanced Teleservices and High Speed Communication Architectures*, Heidelberg, Germany, September 1994, LNCS 868, pp. 237-250

3. Berners-Lee, T., Cailliau, R., Groff, J., Pollermann, B.: "World-Wide Web: The Information Universe". *Electronic Networking*, Vol. 2, No. 1, Spring 1992, pp. 52-58

4. Borenstein, H., Freed, N.: "MIME (Multipurpose Internet Mail Extensions): Mechanisms for Specifying and Describing the Format of Internet Message Bodies", RFC 1341, Bellcore, Innosoft, June 1992

5. CCITT Recommendation X.400 series: 1988, Data Communication Networks, Message Handling Systems, Blue Book

6. Conklin, J.: "Hypertext: An introduction and survey", *Computer* 20,9, Sept. 1987, pp. 17-41

7. Christodoulakis, S. et al.: "Multimedia Document Presentation, Information Extraction, and Document Formation in MINOS: A Model and a System", *ACM Trans. on Office Inf. Syst.*, 4(4), 10, 1986

8. Ellis, C.A., Gibbs, S.J., Rein, G.L.:"Groupware: Some Issues and Experiences", *CACM*, Vol. 34, No. 1, January 1991, pp. 39-58

9. Grobe, M., for a tutorial introduction to HTML see: "http://www.ncsa.uiuc.edu/demoweb/html–primer.html", for a reference information on HTML see: "http://info.cern.ch./hypertext/WWW/MarkUp/MarkUp.html"

10. Halatz, H., Schwartz, M.: "The Dexter Hypertext Reference Model", in *CACM*, Vol. 37, No. 2, Feb. 1994

11. Hoschka, P., Butscher, B., Streitz, N.: "Telecooperation and telepresence: Technical challenges of a government distributed between Bonn and Berlin", *Informatization and The Public Secto,*. Vol. 2 (1992), pp. 269-299

12. Hardman, L., Van Rossum, G., Bulterman, C.A.: "Structured Multimedia Authoring", in *Proc. ACM Multimedia 1993*, Anaheim, CA, USA, Aug. 1993

13. Hofrichter, K., Moeller E., Scheller, A., Schürmann, G.: "The BERKOM Multimedia Mail Teleservice", *Proc. of the Fourth Workshop on Future Trends of Distributed Computing Systems*, Lisbon, Portugal, September 1993, IEEE Computer Society Press, Los Alamitos, California, 1993, pp. 23-30

14. ISO/IEC, Database Language SQL2 and SQL3, international commitee document, JTCI/SC21, WG3 DBL SEL-3b, April 1990

15. ISO/IEC, Information Processing - Text and Office Systems - Standardized Generalized Markup Language (SGML), International Standard 8879, 1986

16. ISO/IEC, Information Technologie - Text and office systems - Distributed Office Applications Model (DOAM), Part 2: Distinguished-object-reference and associated procedures (DOR), International Standard 10031, 1991

17. ISO/IEC, Information Technology - Text and office systems - Document Filing and Retrieval (DFR) - Part 1 and Part 2, International Standard 10166, 1991

18. ISO/IEC, Information Technology - Text and office systems - Office Document Architecture (ODA) and Interchange Format, International Standard 8631, 1991

19. ISO/IEC Information Processing, Hypermedia Time-based Structuring Language (HyTime), International Standard 10744, 1992

20. ISO/IEC Information Processing - Coded Representation of Multimedia and Hypermedia Information Objects (MHEG), ISO/IEC JTC 1/SC 29, International Organization for Standarization, 1993

21. Klas, W., Aberer, K., Neuhold, E.J.: "Object-Oriented Modeling for Hypermedia Systems using the VODAK Modeling Language (VML)", *Object-Oriented Database Management Systems*, NATO ASI Series, Springer Verlag Berlin Heidelberg, August 1993

22. Lemke, A., Streitz, N., Wilson, Brian: "WSCRAWL: The Use of a Shared Workspace in a Desktop Conferencing System", *Arbeitspapiere der GMD 672*, August 1992, Sankt Augustin

23. Medina-Mora, R., Winograd, T., Flores, R., Flores, F.: "The action workflow approach to workflow management technology", *Proc. Conference on Computer-Supported Cooperative Work (CSCW'92)*, November 1992, pp. 281-288

24. Moeller, E., Neumann, L., Schürmann, G., Thomas, S., Weber, R., Wolf, F.: "The BERKOM Multimedia-Mail Teleservice", to be published in *Computer Communications*

25. Moser, F., Rakow, T.C.: "Database Support for the Access towards an Open and Multimedia Archive " (in German), *Proc. of the GI-FG Databases Fall Workshop 93*, Jena, Germany, September 1993

26. Palaniappan, M., Fitzmaurice, G.: "Internetexpress: an interdesktop multimedia data-transfer service, *IEEE Computer*, 24(10): 58-67, October 1991

27. Newcomb, S.R., Kipp, N.A., Newcomb, V.T.: "The HyTime Hypermedia/Time-based Document Structuring Language", *CACM*, Vol. 34, No. 11, November 1991, pp. 67-83

28. Postel, B., et al.: "An Experimental Multimedia Mail System", *ACM TOIS*, Vol. 6, No. 1, January 1988, pp. 63-81

29. Pusch, H.: "Design and implementation of a global reference mechanism for arbitrary data objects", *Computer Standards & Interfaces*, 17(1994), forthcomming

30. RACE 2058, SAMSON - Security and Management Services in Open Networks, Deliverable D2, December 1992, Top Level Specification

31. Rakow, TC. et al.: "Using Object-Oriented Database Systems for Multimedia Applications" (in German), in: it+ti 3/93, Oldenbourg Verlag, München

32. Rakow, T.C. et al.: "Development of a Multimedia Archiving Teleservice using the DFR Standard", *Proc. Second Int. Workshop on Advanced Teleservices and High Speed Communication Architectures*, Heidelberg, Germany, September 1994, LNCS 868, pp. 401-412

33. Steinmetz, R., Rückert, J., and Racke, W.: "Multimedia-Systeme". *Informatik Spektrum*, 13(5):280-282, 1990.

34. Streitz, N., Hannemann, J., Thüring, M.: "From Ideas and Arguments to Hyperdocuments: Travelling through Activity Spaces", *Proc. of HYPERTEXT'89*, Pittsburgh, 1989

35. Thimm, H., Rakow, T.C.: "A DBMS-Based Multimedia Archiving Teleservice Incorporating Mail", *Proc. of the 1st Int. Conf. on Applications of Databases*, Vadstena, Sweden, June 1994, Springer LNCS 819, pp. 281-298

36. Thimm, H., Röhr, K., Rakow, T.C.: "A Mail-Based Teleservice Architecture for Archiving and Retrieving Dynamically Composable Multimedia Documents", *Proc. of the Int. COST 237 Workshop*, Multimedia Transport and Teleservices, Vienna, Austria, November 1994, Springer LNCS 882, pp. 14-34

37. Thimm, H.: "A Multimedia Enhanced CSCW Teleservice for Wide Area Cooperative Authoring of Multimedia Documents", position paper to the *ACM CSCW'94 WS on Distributed Systems, Multimedia, and Infrastructure Support in CSCW*, Chapel Hill, NC, USA, October 1994, ACM SIGOIS Bulletin, December 1994, Vol. 15, No.2, pp. 49-57

38. Harrick, M., Zellweger, P., Swinehart, D., Rangan, V.: "Multimedia conferencing in the etherphone environment", *IEEE Computer*, 24(10):69-79, October 1991

39. Woelk, D. Kim, W.: "Multimedia Information Management in an Object-Oriented Database System", *Proc. of the 13th VLDB Conference*, Brighton, 1987, pp. 319-329

40. Zellweger, P.T.: "Active paths through multimedia documents", in Documentation Manipulation and Typography, van Vliet, J.C. (Ed.), Cambridge University Press, Apr. 1988, pp. 19-34, *Proc. of the International Conference on Electronic Publishing, Document Manipulation, and Typography*, Nice, France, Aprl 20-22, 1988

Das Projekt COMENIUS

Dieter Kamm

Referat am 30.11.1994 anl. des Fachkongresses des BMFT und des Münchner Kreises zum Thema *"Neue Märkte durch Multimedia"*.

"Alles fliese von selbst *(FOLIE 1)* – Zwang sei ferne den Dingen" – war der pädagogische Leitfaden von Johann Amos Comenius vor fast 400 Jahren.

„Alles fliese von selbst – Zwang sei ferne den Dingen"

Folie 1

Ein offenes, prozeßorientiertes Modell des kommunikativen Lernens ist unser Comenius-Projekt des Jahres 1994. Ein Modellmit dem sich die Schule in der Bundesrepublik Deutschland auf die "Infobahn" begibt. Ein medienpädagogisches Modell für die Kinderin der Informationsgesellschaft in dem 4 Berliner Schulen, – 2 Ost, 2 West im Breitbandverfahren in der ATM-Technik mit-einander vernetzt werden, um multimediale Kommunikationsmodelledes Lernens zu entwickeln – *schaffen* wir damit die Schulen ab? Wie Ivan Illich es vor über 30 Jahren schon forderte?

Nie wieder Schule – ? "Focus" im März dieses Jahres und erzielte damit traumhafte Verkaufszahlen – Mit "schöne neue Schule" schlug der "Spiegel" 4 Wochen später in die gleiche Kerbe – und wer hat recht?

Die Kinder der Informationsgesellschaft – etwas respektlos auch die Nintendo-Kids genannt, erlernen heute bereits im Alter von 3, 4 oder 5 Jahren die Kulturtechniken der Industriegesellschaft, Rechnen, Schreiben und Lesen lernen. Und vorsichtige Kultusminister, Schulbeamte aber auch genügend Lehrer sind auch heute noch der Meinung, daß der Computer in der Grundschule nichts zu suchen habe. Und so sitzen die 6-, 7- oder 8-jährigen zuhause an ihrem Power PC mit Megabitspeicher und CD RomLaufwerk und in der Schule vorm ausgestopften Uhu *(FOLIE 2)* und lernen

Folie 2

- Körperform
- Kopfform
- Paarungsverhalten
- Füße
- Federn
- Flügel.....damit sie es in der Klassenarbeit oder der mündlichenPrüfung aufsagen können.

Angesichts dieser Tasache haben wir uns für das Comenius-Projekt folgende Fragen vorangestellt:

1. Was müssen die Kinder zukünftig als
   abrufbares Wissen in ihrem Gedächtnis
   speichern?

   und

2. Wie können wir sie in die Lage
   versetzen, gespeichertes Wissen abzurufen und damit richtig umzugehen?

   Daraus folgt:

3. Was müssen die Kinder zukünftig – in
   der Schule – lernen?

Folie 3

(FOLIE 3)

1. Was müssen die Kinder zukünftig als abrufbares Wissen in ihrem Gedächtnis speichern? und
2. Wie können wir sie in die Lage versetzen, gespeichertes Wissen abzurufen und damit richtig umzugehen?

Daraus folgt:

3. Was müssen die Kinder zukünftig – in der Schule – lernen?

Dies führt uns zu den pädagogischen Schlüsselfragen, die Ausgangspunkt des Forschungs- und Entwicklungsprojektes "Comenius" sind:

(FOLIE 4)

+ Welche zusätzlichen neuen Qualifikationen benötigen Kinder und Jugendliche in unserer heutigen Informationsgesellschaft?

+ Inwieweit muß der Erziehungs- und Bildungsauftrag nicht nur der Schulen angesichts der Herausforderungen der sich wandelnden Gesellschaft revidiert werden?

+ Wie können die allgegenwärtigen neuen Technologien im Sinne einer offeneren, fast möchte ich sagen unbegrenzten Lernwelt genutzt werden?

+ Welche Chancen bietet uns die medial geprägte Welt, schulisches und außerschulisches Lernen stärker miteinander zu verknüpfen, Spielen und Lernen über die Klammer der Kreativität als Einheit zu sehen, über jene Kreativität also, die gerade Kinder im Umgang mit neuen Medien so leicht entwickeln und die noch so wenig genutzt wird?

1. Das Comenius-Projekt in der medienpädagogischen Landschaft

Pädagogische/bildungspolitische Fragestellungen

- Welche zusätzlichen neuen Qualifikationen werden benötigt?

- Muß der gesellschaftliche Bildungs- auftrag revidiert werden?

- Wie können neue Technologien effektiv im Unterricht genutzt werden?

- Wie lassen sich (außerschulische) Medienkreativität und (schulisches) Lernen miteinander verbinden?

Folie 4

Lassen Sie mich diese Fragen durch *einige Feststellungen* unterlegen:

(FOLIE 5)

Kinder werden in eine Welt geboren, die von Anbeginn medial geprägt ist. Schon durch das Fernsehen sind längst reale und virtuelle Welt miteinander verschmolzen. In dieser ständigen Präsenz von Medien – neben dem Fernseher sind Videorecorder und (Spiel-) Computer inzwischen zum Standardinventar der Haushalte geworden – liegen gewiß viele Gefahren für die kindliche Entwicklung. Statt die eigene unmittelbare Umgebung aktiv unter Einbeziehung aller Sinne selbst zu "erobern", werden durch den Medienkomsum passive, rezeptive Verhaltensweisen gefördert. So jedenfalls lautet ein gewichtiges Argument der Kritiker.

Andererseits sind auch Kinder von Anbeginn Mitglieder unserer Informations- gesellschaft. Um in ihr bestehen zu können, reicht es längst nicht mehr aus, die umgebende Natur zu entdecken und kleinräumige Kommunikationsstrukturen nach- zuvollziehen.

Der handelnde Umgang mit Informationen wird zu einer zentralen Herausforderung der Bildung des ausgehenden 20. Jahrhunderts.

1. Das Comenius-Projekt in der medienpädagogischen Landschaft

Gesellschaftliche Tatsachen

- Kinder werden in eine Medienwelt geboren.

- Immer komplexere Zusammenhänge erfordern neue Formen des Lernens.

- Information ist die Basis für das Verständnis der Zusammenhänge.

Folie 5

Es gilt also, Kindern und Jugendlichen dabei zu helfen, das Informationsangebot wie auch mediale Kommunikationsformen interessengeleitet wahrzunehmen bzw. zu nutzen. Hier ist in besonderem Maße die Schule als zentraler institutioneller Lernort angesprochen.

Folie 6

(FOLIE 6)

Um die Proportionen zu erhalten, sei hier angemerkt: Die Schule ist auch ohne neue Technologien immer schon ein Kommunikationsraum vielfältigster Art gewesen. Schüler wie Lehrer verbringen einen Großteil des Tages in dieser Umgebung, sei es im Klassenraum, im Labor, in der Turnhalle, auf dem Pausenhof, usw.. Neben ihrer Aufgabe, kognitive Lernziele umzusetzen, also fachliches Wissen zu vermitteln, versteht sich die Schule in besonderem Maße als ein Ort sozialen Lernens.

Gerade unter dem Aspekt des *sozialen Lernens* ist unsere Gesellschaft und damit ganz vorn auch die Schule gegenwärtig vor eine Reihe von Herausforderungen gestellt, in der die Herausforderung durch die neuen Informations- und Kommunikationstechniken Platz findet.

---

1. Das Comenius-Projekt in der medienpädagogischen Landschaft

---

Lernort Schule

- Kommunikationsraum „Schule"

- Soziales Lernen als zentrale Aufgabenstellung

- Erwerb von Schlüsselqualifikationen:
  - eigenverantwortliches, selbständiges Arbeiten
  - Teamfähigkeit
  - demokratisches, soziales Engagement

- Diskurs als Einübung von Kommunikations- und Arbeitsformen:
  - offen
  - fächerübergreifend
  - problem- und handlungsorientiert

- Veränderungsdruck auch von außen

Folie 7

(FOLIE 7)

So haben sich die Schulen dieser Aufgabenstellung inzwischen in Form von Medienerziehung und *Informationstechnischer Grundbildung* gestellt. Diese jungen schulischen Arbeitsbereiche sind allerdings konsequenterweise selbst nur Teil einer übergreifenden Grundidee, die sich vielerorts schon in Form von Lehrplanrevisionen niedergeschlagen hat. Sie stellen Zwischenresultate einer anhaltenden pädagogischen Diskussion dar, die darauf zielt, Schülerinnen und Schüler bestmöglich mit allen Fähigkeiten auszustatten, die in dieser komplexen, sich ständig wandelnden Gesellschaft benötigt werden.

So treten neben überkommene fachorientierte und in starkem Maße auf kognitive Fähigkeiten abhebende Lernziele die für den Bildungsbereich immer dringlicher eingeforderten *"Schlüsselqualifikationen"*. Solche zentralen Fähigkeiten sind

+ eigenverantwortliches, selbständiges Arbeiten,
+ Teamfähigkeit,
+ demokratisches, soziales Engagement.

Gefordert werden Arbeitsformen, die als offener, fächerübergreifender, problem- und handlungsorientierter Diskurs beschrieben werden können:

+ *Offen* insofern, als situationsbezogene sowie auf den individuellen bzw. gruppenspezifischen Voraussetzungen beruhende Zugänge zum Lernbereich möglich sein sollen;
+ *Fächerübergreifend,* da die genannten Schlüsselqualifikationen durch eine rein fachorientierte Betrachtung zu wenig Beachtung erfahren, und da Bildung im Gesamtzusammenhang der menschlichen Lebensbeziehungen – die ja nicht an Fachdisziplinen ausgerichtet sind – begriffen werden sollte;
+ *Problem- und handlungsorientiert* insofern, als die Effizienz des Lernens durch konkrete Auseinandersetzung eine ganz andere Qualität erreicht, und zudem die soziale Dimension der arbeitsteiligen Problembewältigung im Team den Aspekt sozialer Verantwortung mit einer motivierenden Realsituation verbindet.

Wie sehr die Pädagogen und Politiker gerade hinsichtlich der Akzeptanz herausgefordert sind, belegt nicht zuletzt die – lautstarke und kritische – öffentliche Diskussion über die Angemessenheit gegenwärtiger schulischer Vermittlungsformen gegenüber den gesellschaftlichen und ökonomischen Bedürfnissen der kommenden Jahre.

Unter diesem Aspekt erfährt der Begriff der Öffnung des Unterrichts bzw. der Schule eine Erweiterung. Neben die methodisch-didaktische *Öffnung* tritt in diesem Kontext die Offenheit gegenüber dem Umfeld, sei dies der kulturell-gesellschaftspolitische Bezug zur örtlichen Umgebung, die Einbeziehung der lokalen Wirtschaft, die Verlagerung von Lernprozessen in originäre Umgebungen, oder die Redefinition der Schule als Komplement der *familiären Erziehung.*

Eine weitere – für das zukünftige Selbstverständnis der Schule eminent wichtige Dimension der Entwicklung – sei hier nur kurz angedacht:

Begreift man den schulischen Lehr- und Lernprozeß nicht mehr ausschließlich als Vermittlung gesicherten Wissens, sondern immer stärker auch als den Versuch, im

Rahmen eines von Schülern und Lehrern initiierten gemeinsamens Diskurses Wissensquellen zu erschließen und zu bewerten, dann erweitert sich das je spezifische Rollenverständnis.

---

1. Das Comenius-Projekt in der medienpädagogischen Landschaft

Pädagogische/bildungspolitische Fragestellungen

- Lehrerrolle traditionell:
  Erzieher und Wissensvermittler

- Lehrerrolle zunehmend auch:
  Berater und Moderator

- stärkere Verantwortung für
  Unterricht auch bei Schülern

Folie 8

(FOLIE 8)
Zweifellos werden Pädagogen auch zukünftig ihre zentralen Aufgaben als Erzieher und Wissensvermittler wahrnehmen, zugleich aber treten sie als *"professionelle Moderatoren"* oder "Steuerleute" auf.

Wissenserwerb wird zum gemeinsamen Prozeß, in dem sich Lehrer als Berater verstehen.

Ebenso sollte nicht unterschätzt werden, welche neue Qualität die *Schülerrolle* gewinnt. Schülerinnen und Schüler nehmen in solchen gemeinsamen Arbeits- und Lernprozessen in einem Maße Verantwortung für den Erfolg des Unterrichtsverlaufes auf sich, wie dies die traditionelle Schule – lassen Sie mich sagen: "von gestern" – nicht gekannt hat.

Verantwortungsbereitschaft und -fähigkeit sind aber die zentralenindividuellen Tugenden bzw. Qualifikationen der Mitglieder einerdemokratischen und sozialen Gemeinschaft.

Und damit bin ich beim Thema: Comenius ist ein pädagogisches Projekt, *das Wort und Bild* in jeglicher Form auf vielfältige Weise für den Bildungs- und Ausbildungsbereich verfügbar machen will, und dies angesichts des Umfeldes einer alles umfassenden Informationsgesellschaft.

---

1. Das Comenius-Projekt in der medienpädagogischen Landschaft

Das FWU entwickelt medienpädagogische Konzepte

Doppelte pädagogische Aufgabenstellung

- Kompetenz im Umgang mit neuen Informationsmedien

- Nutzung neuer Informationsmedien für unterrichtliche Ziele

Es ist einzugehen auf:

- Pädagogische/bildungspolitische Fragestellungen

- Gesellschaftliche Tatsachen

- Lernort Schule

- Rollenverständnis von Pädagogen

Folie 9

(FOLIE 9)
Mit dem FWU – Institut für Film und Bild in Wissenschaft und Unterricht-, steht in der konzeptionellen Verantwortung für den Inhalt des Projektes eine gemeinnützige Einrichtung, die seit Jahrzehnten die medienpädagogische Diskussion vorangetrieben hat. Das FWU ist ein Medieninstitut der Länder in der Bundesrepublik Deutschland und erfüllt einen öffentlichen Bildungsauftrag, indem es 16-mm-Filme, Videofilme, Diaserien und in jüngerer Zeit auch pädagogische Software produziert.

Als Partner von Bildstellen, Schulen und Hochschulen kennt es die Bedürnisse vor Ort und sieht somit auch die wachsende medienpädagogische Herausforderung, die darin liegt, daß die vielen neuen technischen Möglichkeiten, Wort und Bild zu jeder Zeit und an fast jedem Ort verfügbar zu haben, von einer entsprechenden Entwicklung der unterrichtlichen Integrationsfähigkeit begleitet sein müssen.

Um nicht mißverstanden zu werden: Es geht keinesfalls darum, die neuen Technologien auf *jeden Fall* auch in Schulen bzw. Hochschulen einzuführen. Es geht darum, Kindern und Jugendlichen die im Alltag benötigte Kompetenz im Umgang mit diesen Medien zu vermitteln und damit die Voraussetzungen für die Wahrnehmung des Grunderechts auf informationelle Selbstbestimmung zu schaffen. Und es geht sicherlich darum, den Zugriff auf Informations- und Kommunikationsmedien zu ermöglichen, die in einer Zeit rasch veralternden Wissens auch für den Bildungs- und Ausbildungsbereich immer wichtiger werden. Die Schule kann es sich nicht erlauben, zu einer angesichts dieser Entwicklungen rückständigen Institution zu werden und Medienkompetenz zur Privatangelegenheit zu erklären.

So wird in der wissenschaftlichen und öffentlichen Diskussion viel darüber nachgedacht, wie Bildung sich angesichts der schon verfügbaren und der am Horizont erscheinenden neuen Kommunikationsmedien zukünftig gestalten wird.

Daher haben wir uns zu folgender Vorgehensweise entschlossen:

(FOLIE 10)
+ *Feldexperiment:* Ein Forschungs- und Entwicklungsprojekt am 1.8.1994 in Berlin gestartet.
  Die neuen Gestaltungselemente werden in verschiedenen Anordnungen experimentell zusammengefügt, um die Möglichkeiten ihres Einsatzes zu erkunden, insbesondere unrealistische Anordnungen ihres Einsatzes zu erkennen. Das Ergebnis liegt in einer Möglichkeitsanalyse. die den Rahmen für das weitere Vorgehen zeigt.
+ Pilotprojekte
  Die Anwendung der experimentell gewonnenen Faktorkombinationen in verschiedenen typischen Bildungssituationen. Evtl. in 6 Testgebieten zur Breitbandkommunikation in der Bundesrepublik Deutschland.
+ Diffusion
  Die breite Anwendung der erprobten Systeme in der schulischen Praxis.

Und um diese Idee fortzuführen: Das *föderative System* bietet sehr gute Voraussetzungen für den in der dritten Stufe avisierten Diffusionsprozeß, der ja gerade nicht darin bestehen darf, daß ein einheitliches – um nicht zu sagen: starres – medienpädagogisches Modell auf zentralistische Weise verordnet wird.

Nicht zuletzt sollten wir hier auch das geeinte und in unserem Bewußtsein nach Osten hin noch wachsenden Europa als Partner im weiteren Ausbreitungs- und zugleich Wechselwirkungsprozeß im Auge haben.

Das Feldexperiment: Comenius in Berlin
(hier parallel eine entsprechende Graphik von Ponton projizieren:Repräsentation der Projektpartner)

2. Das Umsetzungskonzept

**Gutachten von Prof. Witte,
Universität München**

Aufgabenstellungen

- Digitalisierung
- Neue Formen der Gestaltung
- Neue Formen von Zugriffs-
  möglichkeiten

Umsetzungsstufen:

- Feldexperiment
- Pilotprojekte
- Diffusion

Folie 10

Ich sagte Ihnen schon, wir wollen in diesem Projekt nicht nur Fragen stellen und Hypothesen formulieren. Wir wollen diese Fragen und Hypothesen in konkrete Arbeits- bzw. Lernumgebungen übertragen. Ich freue mich daher sehr, daß gegenwärtig in Berlin konkrete Vorarbeiten für eine praktische Erprobung laufen, die im Schuljahr 1995/96 stattfinden wird.

Die Zusammenarbeit mit der DeTeBerkom gibt uns die Chance, eine Medien- und damit verbunden auch eine Kommunikationsumgebung in der Praxis zu erproben, wie sie bisher an deutschen Schulen nicht vorstellbar gewesen ist.

In der Tat ist Comenius-Berlin damit sogar weltweit das erste Projekt, in dem unter medienpädagogischer Fragestellung eine Breitbandverkabelung für multimediale Kommunikationssysteme realisiert wird.

3. Die erste konkrete Umsetzung: Comenius in Berlin

Die Projektteilnehmer

- I. Gesamtschule Hellersdorf (Jules-Verne Schule)

- 17. Grundschule Prenzlauer Berg

- Schiller-Oberschule, Charlottenburg

- Bettina-von-Arnim-Oberschule, Reinickendorf

- Jugendkunstschule „Atrium", Reinickendorf

- Landesbildstelle Berlin

Folie 11

Vier Berliner Schulen nehmen an diesem Projekt teil:
(FOLIE 11)
+ die Bettina-von-Arnim-Oberschule in Reinickendorf
+ die Jules-Verne-Gesamtschule in Hellersdorf,
+ die 17. Grundschule vom Prenzlauer Berg
+ und die Charlottenburger Schiller-Oberschule.
+ Als fünfter Partner ist die Jugendkunstschule "Atrium" in Reinickendorf zu nennen; sie wird auch außerschulische Impulse in das Projekt einbringen.

(FOLIE 12)
Diese Institutionen werden per Breitbandverkabelung miteinander verbunden sein. Als Datenzentrale und ständiger Ansprechpartnerbei inhaltlichen wie technischen Fragen steht im Zentrum dieses Netzes die Landesbildstelle Berlin.

Die dort einzurichtende zentrale Datenbank wird Dokumente unterschiedlicher Typen enthalten, insbesondere

3. Die erste konkrete Umsetzung: Comenius in Berlin

Technische Komponenten

- WAN (Wide Area Network) auf ATM-Basis

- LAN (Local Area Network) auf Dedicated-Ethernet-Basis

- Multimediafähige PC

- Dreidimensionale Kommunikationsräume

Folie 12

(FOLIE 13)
+ Textdokumente,
+ Bilddokumente (Graphiken, Fotos),
+ Bewegtbilddokumente (Videosequenzen),
+ Ton- bzw. Musikdokumente,
+ Computerprogramme.

Diese Dokumente werden von der Landesbildstelle und dem FWU für das Projekt bereitgestellt. Sie dienen als Material- bzw. Informationsbasis für die von den Schulen thematisch vorbereiteten Arbeitsschwerpunkte. Die Schwerpunkte werden im naturwissenschaftlichen Bereich mit dem Hauptaugenmerk auf ökologische Fragestellungen, im gesellschaftswissenschaftlichen Bereich mit Stadtteilerkundungen unter vielfältigen Gesichtspunkten, sowie im musisch-ästhetischen Bereich angesiedelt sein.

Zur technischen Unterstützung der Kommunikationsprozesse habe ich Ihnen schon das Stichwort *"Breitbandverkabelung"* genannt. Hier haben wir als kompetenten Projektpartner die Berliner Firma Condat zur Seite, aber auch die Unterstützung der DeTeBerkom.

(FOLIE 14)
Und die Techniker sagen uns Pädagogen, daß wir zwar überaus anspruchsvoll sind, wenn wir Daten wie die gerade genannten auf Abruf sofort zur Verfügung haben wollen, daß es aber möglich sei:eben mit einer Breitbandverkabelung und mit einem Übertragungsprotokoll namens ATM.

3. Die erste konkrete Umsetzung: Comenius in Berlin

Geplante Unterrichtsprojekte

- Ökologie/Gewässeruntersuchungen (naturwissenschaftlicher Schwerpunkt)

- Stadtteilerkundungen (gesellschaftswissenschaftlicher Schwerpunkt)

- Videodokumentationen, Projektzeitungen (musisch-ästhetischer Bereich)

Dokumente in der Datenbank (Landesbildstelle)

- Textdokumente

- Bilddokumente (Graphiken, Fotos)

- Bewegtbilddokumente (Videosequenzen)

- Ton- bzw. Musikdokumente

- Pädagogische Software

Folie 13

Auf dieser Basis wird es auch hochwertige Kommunikationsmöglichkeiten für die schulübergreifende gemeinsame Arbeit geben. Zentrale Kommunikationsangebote werden im sogenannten *Gemeinschaftshaus* Videokonferenzen und Electronic mail sein.

(zum Stichwort "Gemeinschaftshaus" evtl. zweite Ponton-Graphik)

Neben den Angeboten, Informationen von der Landesbildstelleabzurufen und über gemeinsame Fragestellungen bzw. Arbeitsergebnisse zu kommunizieren, wird es auch möglich sein, *eigene Dokumente* in das Informationsnetz zu integrieren. Auch hier

3. Die erste konkrete Umsetzung: Comenius in Berlin

Die Projektpartner

- *DeTeBerkom* (Auftraggeber)

- *FWU* (Projektleitung und pädagogischer Projektpartner)

- *Condat* (Projektpartner für Softwarelösungen: Schwerpunkt Technik)

- *Ponton* (Projektpartner für Softwarelösungen: Schwerpunkt Visualisierung)

- *Landesbildstelle*

- *Senatsverwaltung*

Folie 14

wird die Skala von einfachen schriftlichen Nachrichten bis zu digitalisierten Videoaufnahmen reichen.

Wenn man schon angesichts der technischen Vernetzung von Arbeitsplätzen von einem *virtuellen Kommunikationsraum* reden kann, dann erst recht angesichts einer Benutzerschnittstelle, die den Teilnehmerinnen und Teilnehmern am Diskurs eine räumliche und zeitliche Orientierung ermöglichen soll.

Zielvorstellung ist in diesem Zusammenhang, daß es nicht ausreichen kann, einfach Arbeitsergebnisse mehr oder weniger zusammenhanglos anderen zur Verfügung zu stellen. Der Prozeß der Erarbeitung eines Themas selbst soll zum roten Faden der Dokumentation in einem sogenannten *Projekthaus* werden.

(FOLIE 15)

Herr *Lütjens* von der Firma Ponton – unserem *künstlerischen* Projektpartner – wird Sie im Anschluß in diese virtuellen Häusereinführen, in das Projekthaus, in das Gemeinschaftshaus, und er wird Ihnen zeigen, in welchem Verhältnis sie zu den realen Schulen und zur Landesbildstelle stehen.

3. Die erste konkrete Umsetzung: Comenius in Berlin

Zeitplan

2. Halbjahr 1994: Konzeptphase

1. Halbjahr 1995: Vorbereitung der pädagogischen Arbeit, Programmierung der Software, Installation der Hardware

Schuljahr 1995/96: Realisierungsphase Unterrichtseinheiten und schulübergreifende Projekte mit den installierten multimedialen Kommunikationssystemen

1996: Veröffentlichung der Ergebnisse

Folie 15

Bevor ich aber das Wort an Herrn Lütjens übergebe, möchte ich doch noch eines anmerken, was mir ganz besonders am Herzen liegt. Ich komme damit zugleich auf den Anfang dieser kleinen Projektdarstellung zurück: auf die beteiligten Kinder bzw. Jugendlichen.

Auch wenn es selbstverständlich sein muß, sei es hier besonders betont: *Mittelpunkt jeglicher Pädagogik ist das Kind.*

Gerade angesichts der exponierten Stellung des COMENIUS-Projektes sind sich daher alle Beteiligten einig, daß jeder Schritt der Umsetzung mit großer *Behutsamkeit* erfolgen muß und detaillierterAbsprachen unter allen Beteiligten bedarf.

Mit dem Einsatz der weltumspannenden neuen Technologien sind zweifellos enorme Chancen einer umfassenden Kommunikation verbunden. Oder wie wir im Rahmen des Projektes Comenius sagen: Aus vielen verstreuten Einzeldiskursen soll sich ein allgemeiner und damit zugleich auch offenerer Diskurs entwickeln und somit die Komplexität der heutigen Lebensbeziehungen spiegeln.

Wir alle betreten Neuland. Das ist unsere Absicht, denn wir wollen Erfahrungen sammeln, die uns mehr Sicherheit bei der Beantwortungder Frage geben, wie sich schulisches – und außerschulisches – Lernen angesichts der Herausforderungen der Informationsgesellschaft entwickeln kann und welche Chancen und Risiken die modernen Kommunikationstechniken für eine nachhaltige Umsetzung pädagogischer Zielsetzungen bieten.

Unser Optimismus darf uns aber nicht dazu verleiten, in die Rolle eines modernen Zauberlehrlings zu verfallen und den Geistern, die uns dienlich sein sollen, schließlich nur ausgeliefert zu sein.

Das gilt für die Gesellschaft im allgemeinen. Ganz besonders gilt es für den so sensiblen schulisch-pädagogischen Bereich, in dem – neben den Elternhäusern – die entscheidenden Weichen für unser aller Zukunft gestellt werden.

Abstract:

Das medienpädagogische Projekt COMENIUS soll neue bzw. erweiterte Kommunikationsmöglichkeiten für Erziehung und Bildung erschließen. Dabei steht die schulische Bildung im Mittelpunkt, in der Tendenz ist aber an eine Integration unterschiedlichster Lernbereiche und damit auch an einen erneuerten Begriff des Lernens gedacht Im Rahmen des Projektes sollen didaktische und methodische Wege für eine solche Öffnung des Unterrichts über Klassen- und Schulgrenzen hinweg erprobt werden.

Das Referat stellt die Herausforderungen dar, denen die sich die Schule angesichts der allgegenwärtigen Informationsgesellschaft stellen muß. Und es stellt ein erstes Pilotprojekt vor, das gegenwärtig in Berlin durchgeführt wird.

Anhang 2

Gestatten Sie mir zunächst einen Hinweis auf den Namen des Projektes, genauergesagt den Namensgeber: Der Pädagoge JOHANN AMOS COMENIUS (1592 – 1670) ist heute eine Symbolfigur für volksnahe und kindgerechte Bildung. In seiner Person wie in seinem Lebenswerk vereinte er erzieherische Aufgaben mit bildungspolitischer Programmatik und unterrichtspraktischen Anregungen. Sein Lehrbuch ORBIS SENSUALIUM PICTUS. DIE GEMALTE WELT wurde zum Pionierwerk für die systematische Nutzung der Anschaulichkeit zu didaktischen Zwecken – "ein Bild sagt mehr als tausend Worte" – und machte seinen Autor so auch zum "Schutzpatron" der Medienpädagogik.

Multimedia für Ausbildung am Beispiel der Automobilindustrie

Volker Stauch

Zusammenfassung

Ziel ist es, durch die Schaffung eines Netzes von Anwendungen zur Sicherstellung der Qualität des Kundendienstes beizutragen. Dabei spielt in der Automobilindustrie der schnelle und reibungsarme Informationsverbund zwischen den beteiligten Servicepartnern eine zentrale Rolle.

Die hier vorgestellten Multimedia-Applikationen zeigen Möglichkeiten, wie auf der Basis breitbandiger Kommunikationssysteme eine wechselseitige Übertragung ausgewählter Serviceinformationen zwischen der Unternehmenszentrale, den Niederlassungen und Vertragspartnern in Zukunft erfolgen kann.

Sofern die technischen Voraussetzungen erfüllt sind und die Realisierung der Anwendungen in der betrieblichen Praxis stattgefunden hat, können diese neuartigen Wege der Information und Qualifikation von Vertriebspartnern mit Hilfe des Einsatzes neuer Medien dazu beitragen, daß eine Verbesserung in den Kommunikationsbeziehungen zwischen Innen- und Außenorganisation erreicht wird.

Die Bedeutung neuer Medien für die Wissensvermittlung in der Automobilindustrie

Die Automobilwirtschaft stellt unverändert einen Dreh- und Angelpunkt im internationalen ökonomischen Wettbewerb dar. In allen Herstellerländern bildet der Automobilsektor den entscheidenden Faktor für Beschäftigung und ökonomische Prosperität. So haben insbesondere die konzeptionellen Überlegungen, die sich unter dem Stichwort "Lean Production" zusammenfassen lassen, erheblich dazu beigetragen, die Aufmerksamkeit auf die Entwicklung, Herstellung, Vertrieb und Service des Autos gelenkt. Danach werden Hersteller, die sich der durch die schlanke Produktion erreichten hohe Produktivität und Produktions- bzw. Produktqualität nicht annähern können, auf dem Weltmarkt nicht konkurrenzfähig sein. Damit sind wir seit Anfang der 90er Jahre verstärkt mit einem der Hauptprobleme der Automobilindustrie konfrontiert – der kostengünstigen Produktion qualitativ hochwertiger Produkte für den Qualitätswettbewerb eines primär kundenorientierten Marktes.

Ein weiteres Hauptproblem besteht in der erfolgreichen Vermarktung des Autos, das heißt, die Ausgestaltung des Verhältnisses zwischen dem Automobilhersteller, dem Servicebereich und dem Kunden. Hier entscheidet sich letztlich, ob ein Kunde ein bestimmtes Auto kauft und ob er mit der Serviceleistung zufrieden ist. Solange der Traum der Hersteller vom wartungsfreien Auto nicht Wirklichkeit geworden ist, bleibt der After Sales Service von strategischer Bedeutung. Obgleich betriebswirtschaftlich betrachtet, im Kfz-Betrieb der Handel mit Kraftfahrzeugen im Vordergrund steht, bleibt trotzdem der Servicebereich und damit die Werkstatt und das Werkstattpersonal von zentraler Bedeutung. Die Automobilproduzenten sind auf den Servicebereich und seine Fähigkeit, Fehler rasch zu diagnostizieren und zu beheben, mehr als je zuvor angewiesen. Das Zusammenspiel von flexibler Produktion und Elektronifizierung des Autos führt zu einer Komplexität und Vielfalt von Kraftfahrzeugtechnik, deren Beherrschung im Service- und Instandhaltungsbereich eine extrem hohe Qualität von Diagnose und Reparaturtechnik und -management erfordert.

Um diesen Anforderungen gerecht zu werden, ist eine intensive Kommunikation zwischen Herstellerfirma, Regionen, Niederlassungen und Servicepartnern unerläßlich.

Betrachtet man im After-Sales-Bereich die Kommunikationsanforderungen, dann betrifft dies häufig das gesamte Aufgabengebiet von der Ausbildung von Werkstatt- und Vertriebspersonal, aktueller Produktbesprechung, Ersatzteilwesen und Fahrzeugdaten bis zur Bereitstellung von Werkstattliteratur und operativer Auftragsabwicklung.

Es fragt sich daher, wie kann das Problem einer ausreichenden informellen Versorgung aller Aufgabenträger unterschiedlichster Organisationsebenen gelöst werden? Wie ist Informationsbedarf und -beschaffung zu koordinieren? Welches methodisch/technische Instrumentarium bietet sich dazu an und wie muß eine Kommunikation zwischen allen Beteiligten beschaffen sein? Mit anderen Worten: Welche Chancen bietet der Einsatz neuer Medien zur Verbesserung der Information und Qualifikation von Vertriebspartnern?

Obgleich von allen Unternehmen höchste Anstrengungen unternommen werden, Informationssysteme für unterschiedlichste betriebliche Applikation zu entwickeln und zu installieren, können damit bei weitem nicht alle Anforderungen gedeckt werden. Dies rührt nicht zuletzt daher, daß die heutigen Informationssysteme weitgehend auf die Verwendung singulärer Medien wie "Daten" und "Texte" beruhen. Dabei bleibt unberücksichtigt, daß an die Informationsversorgung inzwischen beträchtlich höhere mediale und kommunikative Anforderungen gestellt werden, da zusätzlich verstärkt der Einsatz von Standbildern erforderlich ist sowie die Verwendung von Bewegtbildern, Filmen und die Nutzung von Audio gefordert wird.

So können erst durch Standbilder komplizierte Objekte und Strukturen wirksam dargestellt werden. Dagegen bieten Bewegtbilder den zusätzlichen Vorteil einer realitätsnahen Wiedergabe von Abläufen, da durch variable Abspielgeschwindigkeiten spezifische Zusammenhänge pointiert dargestellt werden können. Die Abbildung spezieller Wirklichkeitsausschnitte benötigt zudem häufig auditive Darstellungsformen wie Sprache, Musik und Geräusche.

Darüber hinaus erfordert ein wesentlicher Anteil des Kommunikationsbedarfs noch den materiellen Transport von Informationsträgern. Zeitliche Verzögerungen und Reisetätigkeiten mit nicht unerheblichen Abwesenheitszeiten vom Arbeitsplatz sind die Folgen.

196

Insofern ist es nur naheliegend, bei der Konzeption zukünftiger Informationssysteme eine dem Menschen vertraute Bedienungs- und Informationsoberfläche zu schaffen und die computerorientierten Daten durch gewohnte Medien wie Sprache, Bild und Text ("Multimedia") zu ergänzen und teilweise zu substituieren. Von daher entsteht die Notwendigkeit für eine Technik, die es ermöglicht, Informationen einzeln oder gemischt in den Modi Sprache, Daten, Text und Bildgrafik (Stand- und Bewegtbild) zu kombinieren, das heißt, eine computerbasierte Medienintegration auf Verarbeitungsebene zu realisieren. Daneben ergibt sich ein zusätzlicher Bedarf für entsprechend leistungsfähige Kommunikationskanäle, um im Rahmen der verschiedenen Anwendungen zwischen den räumlich verteilten synchron oder asynchron kooperierenden Arbeitsgruppen kommunizieren zu können.

Technische und organisatorische Rahmenbedingungen als Voraussetzung für den Einsatz neuer Medien

Obwohl für den kombinierten Einsatz unterschiedlicher Medien der Begriff "Multimedia bereits seit geraumer Zeit in der Fachpresse Verbreitung gefunden hat und auch vereinzelt Anwendungssysteme vorgestellt wurden, soll nicht verkannt werden, daß der Einsatz derartiger Applikationen in der betrieblichen Praxis erst am Anfang steht und sich in aller Regel allenfalls im Planungs- bzw. Prototypstadium befindet. Dies rührt in erster Linie aus der Erfüllung von drei Vorbedingungen, deren Entwicklungsstand gegenwärtig noch eine breite Realisierung behindern.

Ein *erster* Grund resultiert aus den technischen Anforderungen, die an die Informationserstellung für Multimedia-Anwendungen geknüpft sind und sich teilweise noch im Entwicklungsstadium befinden und auf die betriebliche Anwender nur begrenzten Einfluß haben. Diese Anforderungen lassen sich durch folgende Merkmale zusammenfassen:

- Zusammenwachsen von Computer- und Fernseh-/Videotechnik als Voraussetzung, Anwendungen aus beiden Bereichen zu mischen.
- Zusammenwachsen von Computer- und Verlagstechnik zur Erstellung, Speicherung und Kommunikation hochwertiger Printmedien, die im allgemeinen Daten, Text und Grafik integrieren.
- Zusammenwachsen von Fernseh-/Video- und Verlagstechnik, um interaktive Abrufe von Informationsbeständen zu erreichen, die das gesamte Spektrum der singulären Medien beinhalten.

Hier sind verstärkte Normierungsbestrebungen gefragt, um unterschiedliche Techniken zueinander zu bringen. Erst damit ist eine Voraussetzung für Multimedia-Anwendungen gegeben, die sich widerspiegelt in einer interaktiven Multimedia-Technik auf der Basis leistungsfähiger Rechner (Workstations, hochleistungsfähige PC's) mit entsprechenden komfortablen Benutzeroberflächen (Windows-Technologie, Mousetechnik) und optischen Speichermedien (CD-ROM, Bildplatte).

Eine *zweite* entscheidende Komponente ist die Gestaltung des Kommunikationsweges. Zur Überwindung geographisch unterschiedlicher Standorte sind die Kommunikationswege von erheblicher Bedeutung.

Während sich heute der öffentliche Informationsverkehr überwiegend auf die Kommunikationswege wie Datex-L und Datex-P stützt, ist diese Transferform für Multimedia Anwendungen unzureichend.

Vielmehr wird für die Kommunikation ein digitales Hybridsystem benötigt, um den Anforderungen zu genügen. Dabei sollte die Möglichkeit bestehen, auf Netze mit folgenden Leistungsmerkmalen zugreifen zu können:

- Terrestrische und/oder Satellitenkommunikation im Wählverkehr mit Bitraten von 2 – 140 Mbit/s
- B-ISDN mit nx64 kbit/s (z. B. auch Primärmultiplexanschlüsse mit standardisierter S_{2M}-Schnittstelle)
- Vermittelnde Breitbandnetze (VBN) der Telekom mit 140 Mbit/s.

Hierzu müssen die technischen und organisatorischen Anstrengungen unternommen werden, das Einsatzfeld breitbandiger Kommunikationswege sicherzustellen. Dazu gehört in erster Linie die Realisierung eines flächendeckenden Glasfasernetzes, das nicht allein auf die Bundesrepublik beschränkt ist, sondern mittelfristig europäische bzw. weltweite Ausdehnung erfährt. Auch die Schaffung breitbandiger Vermittlung und Endeinrichtungen ist eine unbedingte Notwendigkeit. Der vielfach zitierte "Datenhighway" existiert heute keineswegs.

Neben den weitgehend technisch orientierten Anforderungen muß als *dritte* Voraussetzung auch ein Überdenken und Neuformieren der mit der Nutzung der Kommunikationswege verbundenen öffentlichen Dienste erfolgen. Hier ist zumindest gegenwärtig insbesondere die Telekom aufgefordert, eine

- Verfügbarkeit der öffentlichen Kommunikationswege entsprechend des oben aufgeführten Leistungsspektrums und unter Berücksichtigung der nationalen und internationalen Standards zu gewährleisten
- Stabilität der Tarife für die öffentlichen Kommunikationswege sicherzustellen und wirtschaftliche Kommunikationsgebühren anzubieten, damit ein breitbandiger Informationsausstausch eine Alternative gegenüber herkömmlicher Kommunikation darstellt.

Nur bei hinreichender Planungssicherheit sieht sich der Anwender in der Lage, die weitreichenden und sehr teueren Investitionen zu tätigen.

Keineswegs dürfen Entwicklungen eintreten, wie sie im Bereich des Vermittelnden Breitbandnetzes (VBN) gegeben sind. Die dort vor Jahren angekündigten Ausbaustufen sind zwar in der BRD weitgehend realisiert worden, jedoch werden gegenwärtig

- gewünschte Breitband-Neuanschlüsse nicht oder nur zu sehr viel teureren Bedingungen (500 %) angeboten
- vorhandene Breitbandanschlüsse in ursprünglich nicht geplanter oder vorhersehbarer Weise verteuert (ca. 20 % p. a.) sowie
- Entgelte für die Leitungsgebühren drastisch verteuert (ca. 20 % p. a.).
- Für den Anwender bedeutet dies, daß in einem Zeitraum von ca. 5 Jahren
- alle wichtigen Planungsdaten durch eine gewaltige Teuerungswelle wertlos werden

- der Wert der eigenen Investitionen massiv verloren geht, da diese Einrichtungen nicht mehr nutzbar sind
- ein Ersatz durch qualitativ gute und gleich teure öffentliche Kommunikationswege absolut fehlt und auf unabsehbare Zeit nicht mehr verfügbar wird
- ein Umsteigen auf andere öffentliche Wege (ISDN, Satellit, ATM) neue und sehr teure Investitionen beim Anwender erfordert
- die Verwendung sehr viel niedrigerer Bitraten als 140 Mbit/s Codecs erfordert, die je nach Anwendung verschieden sein müssen (Bewegtbild, Festbild) und teilweise deutlich schlechtere Bild- und Tonqualität als die übliche Fernsehqualität aufweisen.

Damit wird deutlich, daß eine Kontinuität in der Strategie des öffentlichen Netzangebots gefordert ist, und für potentielle Anwender erst durch die Realisierung dieser technischen und organisatorischen Vorbedingen die Voraussetzung für den Einsatz von Multimedia Diensten gegeben ist.

Neue Medien für die Kommunikationsbeziehungen im After-Sales-Service

Sofern die organisatorischen und technischen Rahmenbedingungen geklärt sind, ist der After Sales Service der Automobilbranche wie kein anderer für den Einsatz von Multimedia Techniken prädestiniert. In einem ersten Schritt kristallisieren sich vier typische Anwendungsgebiete heraus:

- Bereitstellung und Nutzung von technischen Dokumenten in den Kundendienstwerkstätten der Außenorganisation
- Kundendienstschulungen als flankierende Maßnahmen zu den traditionellen Lehrgängen des Herstellerkundendienstes
- Fernlehrgang im Online-Dialogverkehr
- Klärung aktueller technischer Problemfälle zur Unterstützung bei der Lösung von Kundendienstleistungen.

Im folgenden wird näher auf die Anforderungen und Lösungsansätze für diese ausgewählten Kundendienstaufgabenstellungen, die die Kommunikationsbeziehungen erleichtern sollen, eingegangen. Dabei basieren die Einsatzszenarien auf dem in der nachstehenden Abbildung aufgezeigten technischen Konzept.

Nutzung von Multimedia-Dokumenten in der Kundendienst-Außenorganisation

Ein wesentliches Problem in den Kundendienstwerkstätten der Außenorganisation besteht darin, aus der einstürzenden Medienflut und -vielfalt technischer Dokumente (Broschüren, Mikrofiches, Bulletins etc.) alle für den Service relevanten Informationen schnell und unkompliziert herauszufinden.

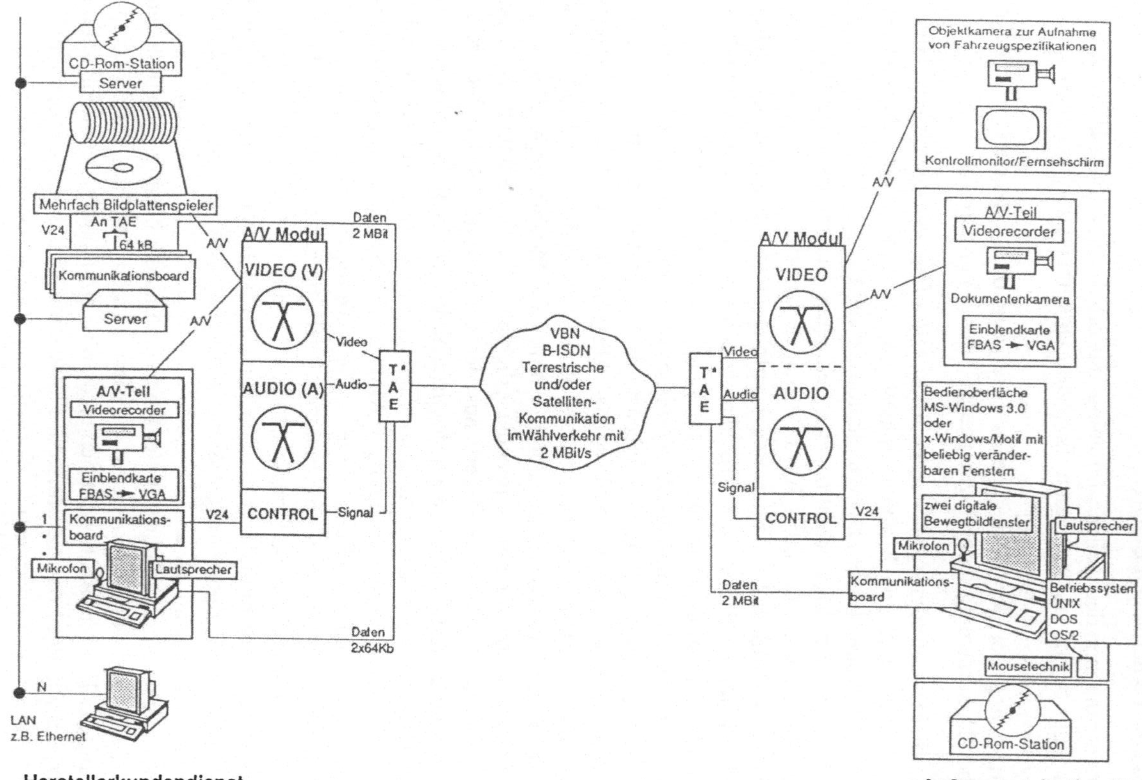

Herstellerkundendienst

Außenorganisation **

* Die Ausgestaltung der TAE (Teilnehmer Anschluß Einrichtung) ist abhängig vom verwendeten Netz. Dabei ist zu berücksichtigen, daß es gegenwärtig keine
Gateways zwischen VBN und B-ISDN, VBN und 2MBit Wählverkehr sowie keine Automatik zwischen VBN und Satelliten-Kommunikation gibt.

** Die Konzeption ist darauf ausgelegt, daß der Herstellerkundendienst bei bestimmten Anwendungen in einer Art "Broadcasting"
gleichzeitig mit mehreren Außenorganisationen kommuniziert. Insofern steht die hier aufgeführte Außenorganisation stellvertretend für mehrere Betriebe.

Abbildung: **Technische Konzeption für die Kommunikation zwischen Herstellerkundendienst und Kundendienst-Außenorganisation
im Rahmen von Multi-Media Anwendungen auf der Basis von Breitband-Informationssystemen**

Insofern gibt es einen erheblichen Bedarf

– an Unterstützung bei der Teilebestimmung mit erheblich komfortabler ausgestattetem Zugriff auf die relevante Ersatzteil-Dokumentation gegenüber den heutigen Mikrofiche-Lesegeräten.
– an Unterstützung bei der Recherche in einer inhaltlich integrierten produkttechnischen Dokumentation durch geeignete Retrival-Verfahren.

Zur Umsetzung dieser Anforderungen können *Multimedia Informationssysteme* Hilfestellung leisten. Dabei muß von Rechnerfamilien ausgegangen werden, die von leistungsfähigen PC-Versionen bis hin zu Workstations reichen.

Der Umfang der Servicedokumentation eines einzigen Herstellers in einem Kfz-Betrieb umfaßt allein bereits ca. 60 – 100 000 Seiten. Um diese erhebliche Datenmenge zu verwalten, wird sich in aller Regel opto-elektronischer Speichermedien bedient. Die Bedieneroberfläche der Arbeitsplatzrechner muß benutzerfreundlich gestaltet und Mouse-Steuerung und/oder Touch-Screen-Techniken beinhalten.

Die Realisierung der Anwendungserfordernisse kann sich nur in zwei Stufen vollziehen. In einem ersten Schritt ist zunächst die technische Dokumentation zu strukturieren und in eine einheitlich logische Ablagehierarchie (Aktenschränke, Ordner, Dokumente) zu bringen. Dabei sollte sich auf die Medien Text und Grafik beschränkt werden, die gegebenenfalls durch Animations-Module ergänzt werden. Bereits hierdurch entstehen für den Anwender erhebliche Verbesserungen. Er kann das Dokument, für das er sich interessiert, aus der gewünschten Ablagehierarchie "anklicken" oder detaillierte Suche nach Mehrfachkriterien über Schlüsselwörter und/oder Dokumentattributwerte durchführen. Erst in einem *zweiten Schritt* sollte dann die Entwicklung zu einem vollständigen Multimedia Dokument vorangetrieben werden, indem Video- und Audioelemente ergänzt werden. Diese Video- bzw. Audiosequenzen sind vollständig in die Benutzeroberfläche einzubinden, so daß der Anwender sie genauso wie Text und Grafik handhaben kann.

Ziel dieser Anwendungen muß daher die Schaffung eines *Multimedia-Dokumenten-Archivierungs- und Wiedergewinnungssystem* sein, das eine ausgefeilte Inhaltsverwaltungsfunktionen hat und auf einen Hypertext ähnlichem Zugriffskonzept beruht. Damit kann zusätzlich ein erster Schritt in der Überwindung der bislang noch üblichen Trennung von Lern- und Arbeitsprozessen realisiert werden. Darüber hinaus könnte zur Verbesserung der Kommunikationsbeziehungen eine breitbandige Kommunikation die Voraussetzung schaffen, daß Multimedia Dokumente sehr schnell ausgetauscht, ergänzt und aktualisiert werden können.

Dezentrale Schulung der Kundendienstaußenorganisation

Ziel einer *dezentralen breitbandigen Kundendienstschulung* muß es sein, möglichst genau den bewährten traditionellen Schulungscharakter beizubehalten, um damit auch bei den Lernenden Akzeptanzproblemen von vornherein zu begegnen.

Unter Berücksichtigung dieser Zielsetzung ist es möglich, daß ein Trainer die Schulung von einem zentralen Studio des Herstellerkundendienstes aus durchführt. Dazu müssen die von dem Instruktor gezeigten Objekte (z.B. Fahrzeugaggregate) sowie die

verbale Erklärung des Lerninhaltes mit Hilfe von Kameras und Mikrofon aufgenommen und über breitbandige Netze den dezentral lernenden Kundendienstmitarbeitern vor Ort übermittelt werden. Die technischen Möglichkeiten des Breitbandnetzes erlauben jederzeit, bei Unklarheiten Zwischenfragen zu stellen.

Im Rahmen einer Lernstoffvermittlung kann sich dann ein Instruktor auf Schautafeln stützen, die zur Strukturierung der Sendung dienen bzw. notwendige Erklärungen zu dem betreffenden Thema enthalten. Darüber hinaus können bedarfsweise Erklärungen und Demonstrationen am Objekt gezeigt werden. Die Kameraführung übernimmt ein professioneller Kameramann. Über eine Regieeinrichtung wird die Sendung gesteuert. Im wesentlichen gehört dazu der Sendeaufbau und die Sendeleitung, das heißt die Vermittlung und Steuerung eingehender Zwischenfragen, die Schaltung diverser Kontrollmonitore sowie der Einsatz des Medienmix.

Eine öffentliche breitbandige Vermittlungseinrichtung steuert die Kommunikation zwischen Herstellerkundendienst und Kfz-Betrieb der Außenorganisation. Dabei ist ein entscheidender Unterschied zwischen der sonst üblichen Kommunikation dahingehend gegeben, daß nicht von einer Punkt-zu-Punkt Verbindung zwischen zwei Teilnehmern ausgegangen wird, sondern in einer Art "Broadcasting-System" gleichzeitig eine Menge von Teilnehmern in den Informationsprozeß eingeschaltet ist. Die Anzahl einer Sendung zugeschalteter Teilnehmer (Kundendienstwerkstatt) hängt dann von der Regieausstattung des Herstellerkundendienstes und den technischen Möglichkeiten der Breitband-Vermittlungsstelle ab.

Die Ausstattung der Lernumgebung beim Händler kann sich in diesem Fall auf eine elektronische Kontrolleinheit, die den Monitor zur Wiedergabe der eingehenden Bilder und Töne steuert, eine Kamera, die das Bild der Lernenden aufnimmt, sowie einem Mikrofon und Lautsprecher zur Audio Wiedergabe bzw. Aufnahme beschränken.

Bei dieser Sendeform ist eine interaktive Schulung möglich, die sich jederzeit durch Rückfragemöglichkeiten der Lernenden auszeichnet und damit auch ein inhaltliches "Abschweifen" und "Tiefergehen" ermöglicht.

Dezentrale Fernlehrgänge für die Kundendienst-Außenorganisation

Eine weitere Chance zur Vermittlung von Kundendienstwissen besteht in der Realisierung von *Fernlehrgängen im breitbandigen Dialogverkehr*. Dazu wird ein Teil der Schulung – und zwar Themen, die insbesondere weitgehend dem Basiswissen zugerechnet werden können, in Form computergestützter, multimedialer und benutzergesteuerter Lernprogramme aufbereitet. Die Erstellung und Archivierung dieser Programme durch Autoren wird mit Hilfe geeigneter Autorensoftware unterstützt. Diese Schulungsmethode, auch als Computer Bused Training (CBT) bekannt, findet immer mehr Verbreitung.

Die Schulungsprogramme können dann bedarfsweise von den Lernenden des Kfz-Händlers angefordert werden. Während des Durcharbeitens eines Lernprogramms wird der Anwender von einem Instruktor betreut. Dabei ist vorstellbar, daß ein Instruktor mehrere örtlich verstreut Lernende unterstützt.

Bei einer solchen Struktur verläßt der sich weiterbildende Mitarbeiter für seine Schulung nicht mehr die gewohnte Arbeitsumgebung, sondern setzt sich in Abstimmung mit seinem Arbeitspensum an den Lernarbeitsplatz und kommuniziert mit dem Herstellerkundendienst.

Entsprechend dem Lernfortschritt werden von dem Lernprogramm automatisch vom Herstellerkundendienst die benötigten Bilder, Filmsequenzen und der zugehörige Ton abgerufen und über breitbandige Kommunikationskanäle übertragen. Diese Bereitstellung übernimmt dort ein Rechner mit einem Multitasking-Betriebssystem, der die Anforderungen und Meldungen aller laufenden Lernprogramme bearbeitet und die Zuschaltung von Breitband-Quellen und -Senken wie Bild-Plattenspieler und Instruktorplatz steuert. Für den Fall von Lernschwierigkeiten nimmt der Lernende mit dem Instruktor Kontakt auf. Dem Instruktor ist es möglich, gleiche Bildschirminhalte wie der Lernende auf seine Instruktorenstation zu laden, so daß eine echte Diskussion über das auftretende Problem erfolgen kann. Zusätzlich ist es möglich, ihn nochmals Bilder und Filmsequenzen von der Bildplatte abspielen zu lassen, oder er demonstriert mitseiner Kamera an einem Schriftstück, einem Modell oder an einer Tafel die Lerneinheit ganz individuell.

Produktbetreuungsunterstützung der Kundendienst-Außenorganisation

Eine weitere Nutzungsform, die Breitband-Informationssysteme bieten können, knüpft an die Fortführung von Schulungsaktivitäten an. So verfügen heute die meisten Herstellerkundendienste über einen Produktbetreuungsbereich, das heißt einer Dienstleistungsfunktion gegenüber der Außenorganisation, damit im Fall von produkttechnischen Fragen und Problemen eine gemeinsame Klärung bzw. Lösung erreicht werden kann. Als meistverbreitetes Hilfsmittel dient dazu den beteiligten Mitarbeitern des Kundendienstes das Telefon.

Vorstellbar wäre deshalb, einen erheblich besseren produkttechnischen Betreuungsgrad zu erreichen, indem

- sporadisch über das beschriebene "Broadcasting-System" kurzfristig produkttechnische Veränderungen und/oder Abhilfemöglichkeiten bei aktuellen technischen Problemfällen in Form einer werkseigenen *"Wochenschau des Kundendienstes"* vorgestellt werden.
- regelmäßig ein *"Hotline-Service"* angeboten wird, mit dem zur Klärung einer technischen Frage eine Konferenzschaltung zwischen Werk-stattpersonal des Kraftfahrzeughändlers und einer Produktbetreuungsgruppe beim Herstellerkundendienst möglich ist. Bedarfsweise können zur Unterstützung auch räumlich getrennte Experten aus der Kon-struktion oder Fertigung hinzugezogen werden.

Die Realisierung dieser Anwendung hat gegenüber dem bisherigen Telefonservice den Vorteil, Auffälligkeiten am Produkt in Bild und Ton den befragten Spezialisten zugänglich zu machen und so die Hilfestellung von Seiten der Experten beträchtlich wirksamer zu gestalten. Darüber hinaus besteht die Möglichkeit einer sukzessiven Problemeinkreisung durch die Interaktionsmöglichkeiten zwischen Auskunftsuchenden in der Kundendienstwerkstatt und Experten des Herstellerkundendienstes. Damit entfallen für den Herstellerkundendienst zum einen Kosten durch das Aussenden von Mitarbeitern, die spezielle Klärungen vor Ort vornehmen müssen und zum anderen wird ein erheblich verbesserter Betreuungsgrad erreicht, der sich letztlich in einer Steigerung des Serviceniveaus gegenüber dem Kunden niederschlägt.

Ausblick

Zusammenfassend kann festgehalten werden, daß zur Bewältigung der aus der immer komplexer werdenden Fahrzeugtechnik resultierenden Anforderungen an die Informations- und Kommunikationsbedürfnisse der Kundendienstmitarbeiter alle Beteiligten zur Suche nach neuen Wegen gezwungen sind. Insofern ist die Notwendigkeit zur Entwicklung neuartiger Techniken zur Gestaltung der Kommunikationsbeziehungen vorgezeichnet.

Multimediale breitbandige Informationssysteme können hier hier eine neue Ära der Informationsverarbeitung eröffnen, indem sie die Chance bieten, bestehende Aufgabenfelder wirksamer zu unterstützen und darüber hinaus völlig neue Anwendungsbereiche erschließen. Der zukünftige Nutzungsgrad dieser Systeme im After Sale Service hängt jedoch insbesondere davon ab, ob

- leistungsfähige Hardware sowie Endgerätkomponenten wie Netzadapterkarten und Video-Mixing-Karten sowie entsprechende Anwendungssoftware zu günstigen Preisen angeboten werden, so daß Kraftfahrzeughändler ihre Chance erkennen und bereit sind, die entsprechenden Investitionen zu tätigen
- Hard- und Softwareproduzenten sich frühzeitig auf Standards einigen können bzw. sich bei den Anwendern existierende Standards durchsetzten, die möglichst das gesamte Multimedia Spektrum abdecken und damit die Voraussetzungen für eine Kommunikation schaffen
- Fernmeldeorganisationen bzw. entsprechende "Provider" zum einen die technischen und organisatorischen Anstrengungen für die Realisierung eines flächendeckenden breitbandigen wählbaren Netzes unternehmen, das nicht allein auf die Bundesrepublik beschränkt ist, sondern mittelfristig europäische bzw. weltweite Ausdehnung erfährt und zum anderen, daß breitbandige Vermittlungs- und Endeinrichtungen geschaffen werden
- Die Gebührenentwicklung für die aufgeführten Kommunikationsformen für Endverbraucher preiswerter und wirtschaftlich vertretbar werden
- eine Akzeptanz für diese Systeme bei allen Beteiligten gegeben ist, die sich darin ausdrückt, daß Endbenutzer bei den Mitarbeitern die Scheu vor diesen neuartigen Kommunikationsformen abbauen, aber auch Informationsanbieter bei der Auswahl des Mitarbeiterpotentials sich an einem veränderten Anforderungsprofil orientieren.

Ein flächendeckender Einsatz dieser Multimedia-Techniken mit den daraus resultierenden Anwendungsfeldern wird letztlich davon abhängen, wie schnell sich diese technischen, organisatorischen und wirtschaftlichen Hemmnisse von den Hard- und Softwareentwicklern sowie Nachrichtentechnikern in Zusammenarbeit mit den betrieblichen Anwendern überwinden lassen.

Multimedia Publishing – eine neue verlegerische Herausforderung

Hans Kreutzfeldt

Vorweg

Meine Damen und Herren, lesen Sie etwa gern „multimedial"? Sind über Computer zu lesende elektronische Bücher nicht Zeugnis einer fortschreitenden Verflachung unserer geistigen Ansprüche, kurz: ein Menetekel für das nahende Ende unserer abendländischen Kultur? Mit der uns eigenen intellektuellen Aufmerksamkeit werden wir hier simple Rhetorik vermuten. – Alles Schwarzmalerei, alles konservative Zukunftsverweigerung? Das nun auch wieder nicht ganz. Also: Das Hosianna auf den neuen Kulturträger „Multimedia" klingt doch noch recht verhalten.

Nun bin ich nicht nur betroffener Leser, ich bekenne mich auch zur Rolle des mitschuldigen Verursachers. Denn ich versuche seit nunmehr fünf Jahren, dem alternativen elektronischen Buch zum Durchbruch zu verhelfen. Ich möchte Ihnen heute aus der Sicht eines von dieser Thematik betroffenen Verlagshauses, der Verlagsgruppe Bertelsmann, Einblick geben in die Welt des „Multimedia Publishing". Ich möchte die Probleme aufzeigen und die Chancen, die sich dabei für den modernen Verleger ergeben.

Ich kann für unser Haus heute feststellen: „Unsere Programmpolitik wird bereits zunehmend von multimedialen Werken geprägt." – Was bedeutet das? Ich meine damit zunächst einmal *nicht*, daß wir in absehbarer Zeit dem Exitus des gedruckten Buchs entgegensehen und wir Programmarbeit und redaktionelle Inhaltsplanung künftighin nur noch den elektronischen Büchern widmen werden. Ich meine aber sehr wohl, daß wir unsere Werke – wenn sie für eine elektronische Nutzung geeignet sind – für diese öffnen sollten.

Wir erleben derzeit eine aufregende Umbruchsphase: Hardware- und Softwarehäuser versuchen sich im Publizieren von multimedialen Inhalten, während viele klassische Verlage noch zögerlich im Abseits stehen. Und auch junge neue Unternehmen nutzen die Chance der Stunde, um in einem stürmisch wachsenden neuen Markt dabeizusein. Das, was noch vor zwei Jahren mangels einer zu kleinen Käuferschar in Europa vom Investment her undenkbar war, ist heute Realität: Wir haben jetzt auch in Europa, in Deutschland, einen hungrigen Markt für elektronische Bücher, der bedient werden will.

Unsere ersten elektronischen Bücher haben wir noch im wesentlichen aus bereits veröffentlichten gedruckten Büchern – oder parallel dazu entwickelt. Es gab aber auch schon bald Inhalte, die wir von vorn herein gleichzeitig für eine elektronische Nutzung und für Printversionen vorsahen. Was wir für die Produktform „Klassisches Buch" oder „Elektronisches Buch" gleichermaßen brauchen, sind gute geeignete Substanzen, von kreativen Menschen geschaffen. Und dann natürlich auch den richtigen Verleger oder Lektor mit der Phantasie zur Vorausschau, welche Werke daraus in Zukunft entwickelt werden können und in welchen medialen Formen sie zu realisieren sind.

1 Electronic Publishing

1.1 Aus Werken werden Substanzen

Electronic Publishing heißt heute das Zauberwort, das in aller Verleger Munde ist – oder ihnen in diesen gelegt wird... . Electronic Publishing ist für mich zunächst erstmal eine wesentliche Vorbedingung, um Verlagssubstanzen zu erzeugen. Und bei Bertelsmann haben wir dies so definiert, daß wir unsere Inhalte „elektronisch" entwickeln und aufbauen, unabhängig davon, auf welcher Plattform sie später publiziert werden. Sie werden strukturiert gespeichert auf dem Computer, der uns – wenn wir ihn richtig füttern – als wichtiges modernes Werkzeug zur Seite steht.

Als ich im Jahre 1987 bei Bertelsmann eintrat, war meine allererste Aufgabe, ein solches Werkzeug für das komplexeste aller Bücher, das Lexikon, zu schaffen. Nach dreijähriger Entwicklung war das Ergebnis das Redaktionssystem **BEES** (Bertelsmann Encyclopedia Editorial System), mit dem heute die BERTELSMANN LEXIKOTHEK ständig elektronisch aktualisiert und produziert wird *(Chart 1)*.

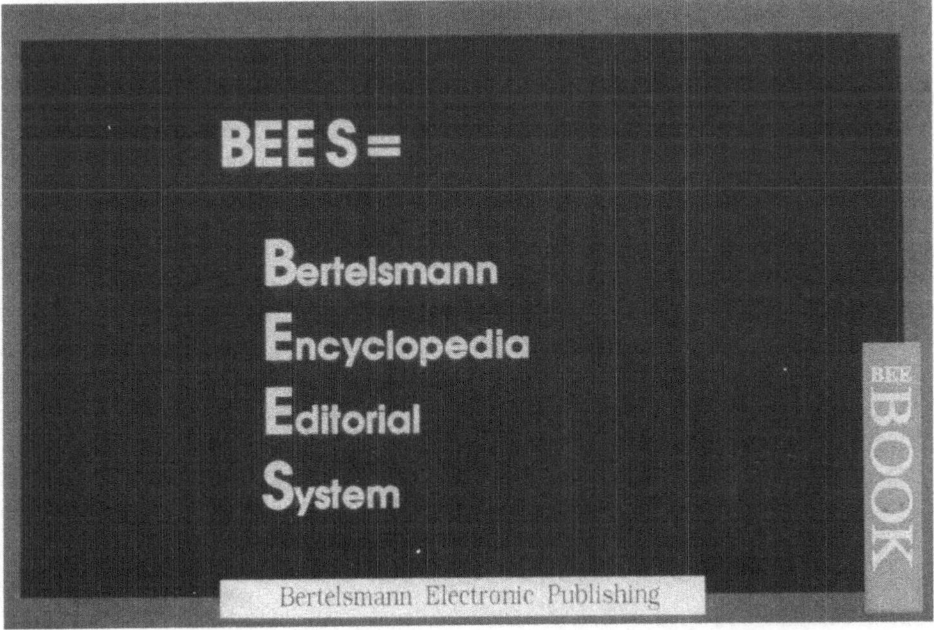

Chart 1

Dieses Lexikon wird mit jedem Nachdruck – mindestens einmal im Jahr – aktualisiert, und dies wäre in den letzten Jahren mit den stürmischen politischen Veränderungen im Osten Europas kaum ohne die Hilfe des Computers zu realisieren gewesen.

Mit BEES können aber auch sog. *Spin-off*-Produkte produziert und neue Werke entwickelt werden. So entstanden aus der großen Lexikon-Wissensdatenbank diverse Fachlexika wie z.B. ein Geschichtslexikon, ein Wirtschaftslexikon oder ein Tierlexikon. Sie waren nicht einfach „auf Knopfdruck" fertig, wie manche vermuten, wohl aber bereits elektronisch generiert als Grundsubstanz für das Fachlexikon, das dann durch die Fachredakteure mit der notwendigen Tiefe weiter erarbeitet wurde.

Daß nach Fertigstellung des Spin-off-Werks die Gesamtsubstanz wieder etwas an Wert gewonnen hat, ist klar; und in der Regel ergibt sich daraus auch wieder eine sinnvolle Ergänzung und Aktualisierung des Grundwerks, ein *„Spin-in"* für die große Wissensdatenbank .

BEES ist ein integriertes Redaktionssystem, d.h. Datenbank und Vorstufe in einem. Es dient der Produktion von der Erfassung der Texte bis hin zur Belichtung „seitenglatter Endfilme". BEES ist heute in Gütersloh ebenso wie in München (über ISDN-Leitung) und anderen Orten, wo Bertelsmann-Verlage ansässig sind, verfügbar.

1.2 Vom Electronic Publishing zu Electronic Media

Die *strukturierte elektronische Erfassung* unserer Substanzen im Redaktionssystem war nun die wesentliche Voraussetzung für deren Verwendung in elektronischen Medien. So wurden aus dem Redaktionssystem BEES neben klassisch gedruckten Büchern auch elektronische Bücher, die **BEE-BOOKs** (Bertelsmann Encyclopedic Electronic **BOOKs**) generiert, auf die ich anschließend noch näher eingehe *(Chart 2)*.

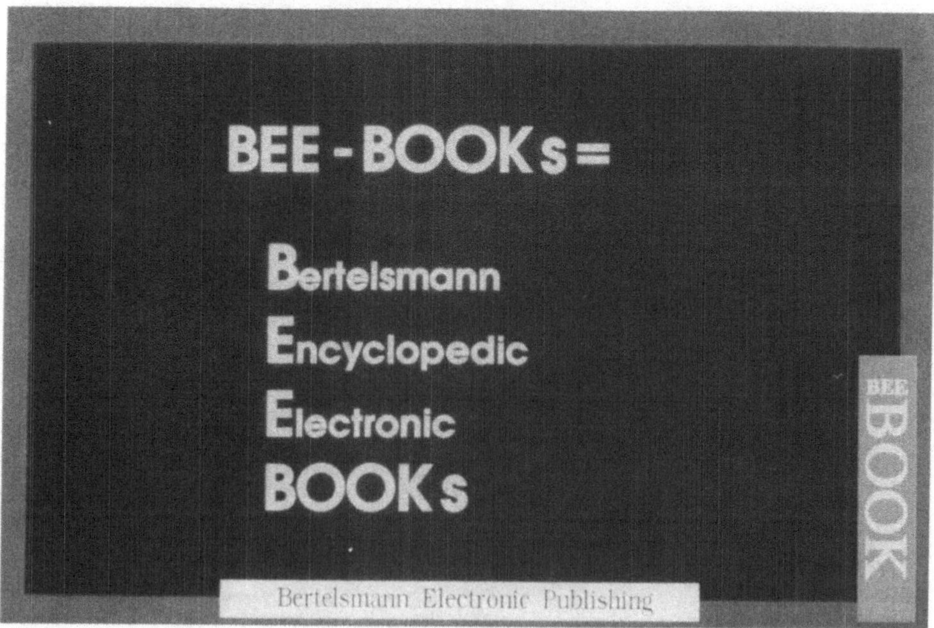

Chart 2

2 Ein neuer Markt: Elektronische Medien

2.1 Die CD – ein idealer elektronischer Datenträger

Die *CD*, die Compact Disc, hat bekanntlich Ende 1992 die gute alte Vinyl-Schallplatte endgültig vom Markt verdrängt. Sie ist heute als *das* Speichermedium für Musik und Sprache bekannt.

Eine *CD-ROM*, ist nun physikalisch eigentlich dasselbe wie eine gewöhnliche Audio-CD, nur mit dem kleinen Unterschied, daß diese CD nicht allein als Speichermedium für Musik und Sprache, sondern auch für andere (Text-)Daten eines Computerprogramms dienen kann. Ein CD-ROM-Abspielgerät unterscheidet sich also von einem gewöhnlichen CD-Player nur durch ein paar zusätzliche Chips, die die Verständigung mit dem Computer sicherstellen.

Auf einer gewöhnlichen CD-ROM mit 12 cm Durchmesser können ca. 660 Millionen Buchstaben (Zeichen) gespeichert werden! Das entspricht etwa 300 000 Schreibmaschinenseiten Text!

Bedenkt man, daß für das elektronische Lesen, für das sog. „Retrieval" weiterer Speicherplatz für die verschiedenen Dateiverzeichnisse („Indizes") benötigt wird, so schrumpft dieses verfügbare Speichervolumen etwas, es ist aber immer noch immens viel – genug, um z.B. unsere 15bändige LEXIKOTHEK A-Z mit ihren 6000 Druckseiten Text problemlos auf einer 12cm-CD unterzubringen!

Auch wenn man noch Farbfotos, Videoclips und Audiodaten (Musik, Sprache) hinzunimmt, bleibt genügend Platz, um umfangreiche Großwerke auf einer CD-ROM zu speichern.

2.2 Die wichtigsten Multimedia-Standards und ihre Marktgröße

Die *CD-Familie* ist sehr vielfältig, wie das *Chart 3* zeigt. Neben der „Mutter" der klassischen Audio-CD mit 12cm Durchmesser, gibt es verschiedene Formate, von der großen Bildplatte mit 30cm Durchmesser bis hin zur kleinen „Single"-CD-ROM mit nur 8cm. Leider sind die verschiedenen CDs nur bedingt kompatibel und dies oft nur in einer Richtung: So ist eine Audio-CD wohl auf einem CD-i-Player abspielbar, eine CD-ROM jedoch weder auf dem CD-i- noch auf dem Audio-Player... . Als Datenspeicher am meisten durchgesetzt hat sich die CD-ROM für den PC (12cm); sie hat auch die größte Plattform an Abspielgeräten.

Wir unterscheiden heute in Deutschland im wesentlichen vier verschiedene CD-Standards mit unterschiedlich großen Hardware-Plattformen *(Chart 4):*

Plattform 1: CD-ROM Microsoft Windows
Zum Jahresende 1994 wird die 1-Millionen-Grenze überschritten; z.Zt. monatlich wachsend um ca. 60 000. Wir haben also p.a. etwa eine Verdoppelung des Marktes.

Plattform 2: CD-ROM Apple Macintosh
Heute weniger als 50 000 „MACs" mit CD-ROM; Marktgröße und Wachstum weniger als 1/10 vom Windows-Markt; Kundenstruktur engagiert/professionell.

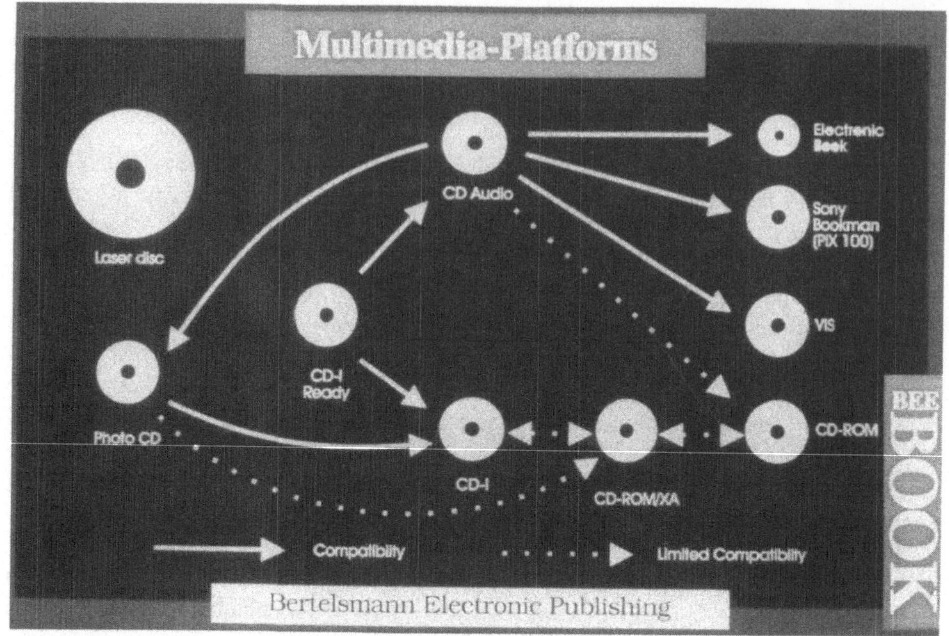

Chart 3

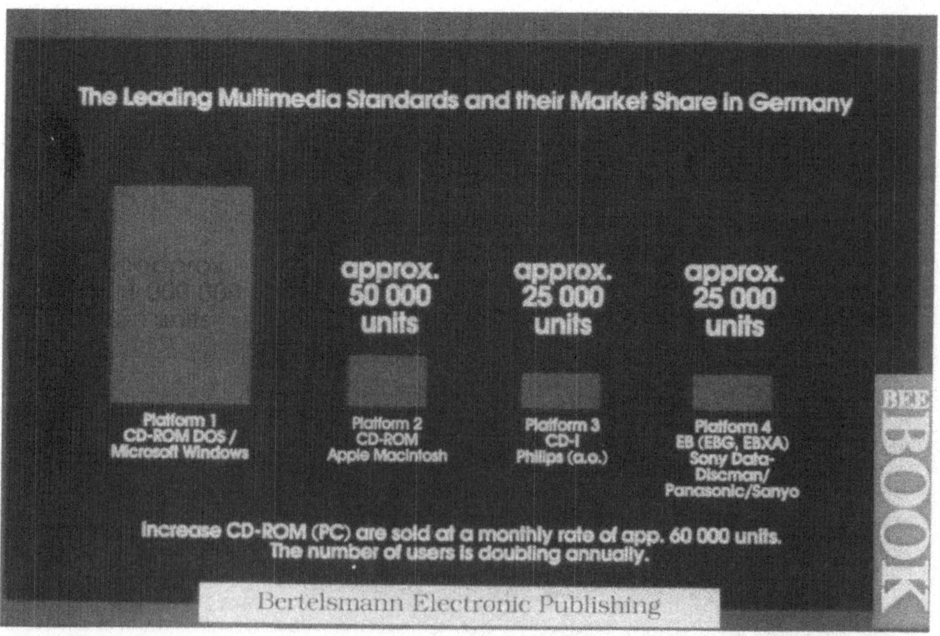

Chart 4

Plattform 3: CD-i Philips (u.a.)
Heute ca. 25 000 CD-i-Player am deutschen Markt. Philips plant neue Strategie für Europa und beginnt in Deutschland mit neuem deutschsprachigen Programm.

Plattform 4: EB (EBG, EBXA) Sony DATA-Discman / Panasonic / Sanyo
Derzeit weniger als 25 000 Geräte am Markt (stagnierend), davon nur die Hälfte "Multimedia", d.h. mit Ton.

Plattform (5): PC DOS / Diskette
Wir haben heute in deutschen Landen schätzungsweise mehr als 7 Mill. PC. Dank neuer effektiver Software-Kompressionstechniken ist auch die „klassische" Floppy Disc, die Diskette für den PC als Datenträger für das elektronische Publizieren kleiner Werke von Bedeutung.

Das interessanteste Abspielgerät für Multimedia-Produkte ist heute der PC mit CD-ROM-Laufwerk. Und diese Plattform wächst auch am stärksten. Hier findet der Boom statt.

2.3 Marktsegmentierung am Beispiel Bertelsmann

Die für elektronisches Publizieren besonders geeigneten Themen sind für Bertelsmann

- Lexika (vom Universallexikon zum Fachlexikon) und Ratgeber
- Wörterbücher (mono-, bi- oder multilingual) und Sprachkurse
- Chroniken
- Kartographie

Dabei unterscheiden wir heute nicht streng nach den Kriterien „professioneller Markt" und „Consumer-Markt"; denn es gibt bei unseren „Consumer-orientierten" Titeln keine scharfe Trennung für professionelle oder private Nutzung.

Hervorragend geeignet für das Medium CD-ROM ist beispielsweise der Themenkreis Fremdsprachenkurse. Hier werden die Unterschiede zwischen klassischem und elektronischem Buch besonders deutlich: Denken Sie an den herkömmlichen Sprachkurs, ein Schuhkarton voller unterschiedlicher Lernmittel: Lehrbuch, Arbeitsheft und mindestens drei Sprachkassetten. Die Interaktivität solcher Pakete ist recht mangelhaft; mühsam spult auf den Kassetten vor und zurück zum gesuchten Beispiel. Die CD-ROM bietet dafür alles in einem: Der Schüler kann interaktiv, seinem persönlichen Lernfortschritt angepaßt, dem Kurs folgen.

Inzwischen haben wir ein elektronisches Verlagsprogramm mit fast 50 Titeln *(Chart 5-8)*.

Unser erster Multimedia-Titel war sofort ein Erfolg: Das *Bertelsmann Universallexikon (Chart 9)* auf 12cm-CD-ROM enthält den Text des über 1000seitigen Printwerks mit ca. 70 000 Stichwörtern, etwa 1000 Fotos, Grafiken und Tabellen, 24 Videosequenzen und 90 Minuten Ton (Musik, Sprache, Vogelstimmen, Nationalhymnen, ...). Wir bringen dieses Werk jedes Jahr in einer neuen aktualisierten Version heraus, sowohl in Print wie auf CD-ROM, und es ist als CD-ROM z.Zt. mit

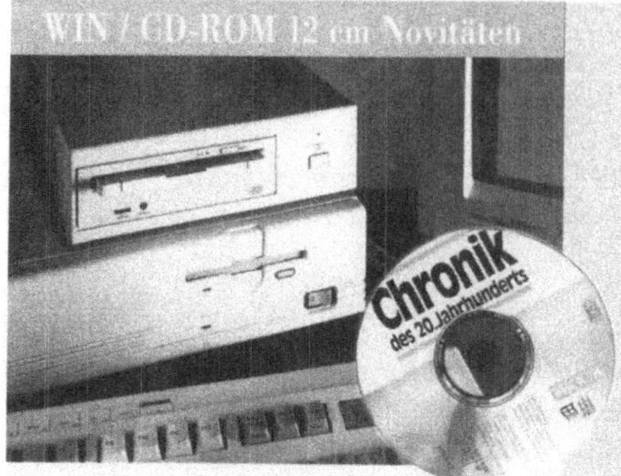

Erschließen
Sie sich neue Welten

Die Nachschlagewerke auf 12cm-CD-ROM (Compact Disc – Read Only Memory) bieten Ihnen nicht nur eine Fülle von Textinformationen, sondern auch Fotos, Grafiken, Ton und Videosequenzen. Und: Die einzelnen Texteinträge können ausgedruckt werden oder über ein Textverarbeitungsprogramm in Ihr individuell erstelltes Manuskript eingefügt werden. Auch Lesezeichen und ergänzende eigene Notizen können eingegeben werden.

Sie benötigen: Einen IBM-kompatiblen PC (ab 386, 4 MB RAM) mit CD-Laufwerk (nach ISO 9660) und Soundkarte (für CD-ROM mit Tonsequenzen) sowie Windows 3.1.

Schlüssel zum reichen Wissensschatz der BEE-BOOKs im 12cm-Format sind die elektronischen Suchmöglichkeiten:

Die „Stichwortsuche" (Index) führt Sie gezielt zu dem für Sie interessanten Artikel Ihres elektronischen Nachschlagewerkes.

Durch die „Volltext-Suche" ist es Ihnen möglich, alle Artikel zu finden, die einen oder mehrere von Ihnen vorgegebene Begriffe enthalten. So erhalten Sie z.B. beim Universal Lexikon mit der Frage nach „Komponist" und „Italien" ein Lexikon der italienischen Komponisten!

Die „Verweissuche" führt Sie durch Anklicken des Verweises zu einer weiterführenden Textstelle oder zu erläuternden Fotos, Grafiken, Tondokumenten oder Videosequenzen.

Die „Menüsuche" erleichtert Ihnen den raschen Zugriff auf Beiträge eines bestimmten Wissensgebietes oder zu den Grafiken, Karten, Tabellen, Tondokumenten und Videosequenzen eines von Ihnen ausgewählten Sachgebietes.

Die elektronischen Suchmöglichkeiten ermöglichen dem Leser der BEE-BOOKs in Sekundenschnelle den gezielten Zugriff zu Informationen, die ihm in herkömmlichen Nachschlagewerken in Buchform nicht zugänglich sind.

Jetzt komplett aktualisiert! Die Ausgabe 1995 macht Information zum multimedialen Erlebnis: O-Tondokumente aus Politik, Wirtschaft, Kultur, Entertainment und Sport, rund 1 000 Grafiken und Tabellen, zahlreiche Musikbeispiele und Videosequenzen optimieren den praktischen Nutzen und veranschaulichen Zusammenhänge.

ISBN 3-570-11107-5 (WIN)
DM 98,- / ÖS 692,- / SFr. 98,-
Erscheint: Oktober '94

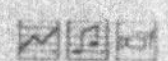

Ein weiteres Werk in der bewährten Bertelsmann Lexikon-Reihe jetzt auch als multimediale CD-ROM! Rund 2 000 Tierarten werden vorgestellt, ihre Lebensräume und Verhaltensweisen ausführlich beschrieben, zoologische Fachbegriffe erläutert. Rund 1 000 farbige Fotos und Grafiken, Verbreitungskarten sowie zahlreiche Ton- und Videosequenzen ergänzen diesen Überblick über das gesamte Tierreich.

ISBN 3-570-11058-3 (WIN)
DM 148,- / ÖS 1332,- / SFr. 148,-
Erscheint: Oktober '94

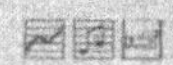

Deutsche Rechtschreibung nach den für die Schule verbindlichen Regeln. Neu bearbeitete und aktualisierte Fassung mit 115 000 Stichwörtern. Dieses Standardwerk zur deutschen Rechtschreibung berücksichtigt zahlreiche Neuschöpfungen und wurde der Entwicklung unseres Wortschatzes angepaßt. Griffig, klar und übersichtlich wird der „Mackensen" seinem Ruf gerecht: Ein zuverlässiger Helfer in allen Zweifelsfällen.

ISBN 3-570-11109-1 (DOS / WIN)
DM 49,90 / ÖS 449,- / SFr. 49,90
Erscheint: Oktober '94

Chart 5

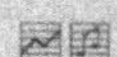

Die vertonte Ausgabe! Jedes Stichwort deutlich ausgesprochen von Muttersprachlern. Für Schule, Weiterbildung und Korrespondenz. Ca. 55 000 Stichwörter und Wendungen. Modernster Wortschatz mit vielen Anwendungsbeispielen. Wahlweise als Windows- oder (speicherresidentes) DOS-Programm zu installieren. Mit Ton und einem integrierten Bildwörterbuch unter Windows.

ISBN 3-570-11112-1 (DOS / WIN)
DM 98,- / ÖS 882,- / SFr. 98,-
Erscheint: Oktober '94

Die elektronische Umsetzung des gleichnamigen einsprachigen Englisch-Wörterbuchs, 10. Auflage, mit 1 600 Seiten und etwa 150 000 ausführlichen Einträgen sowie Hunderten von Abbildungen (WIN). Wahlweise als Windows- oder (speicherresidentes) DOS-Programm zu installieren. Ein unverzichtbares Hilfsmittel für jeden, der sich ausgiebig mit der englischen Sprache beschäftigt.

ISBN 3-570-11101-8 (DOS / WIN)
DM 148,- / ÖS 1332,- / SFr. 148,-
Erscheint: Oktober '94

Diese Demo-CD-ROM gibt einen ausführlichen Überblick über die elektronischen Bücher von Bertelsmann Electronic Publishing auf CD-ROM. Die Vorführung kann sowohl manuell als auch automatisch gesteuert werden; im Automatikmodus führt sie 40 Min. lang durch die Welt der BEE-BOOKs.

ISBN 3-570-11066-4 (WIN)
Schutzgebühr:
DM 10,- / ÖS 90,- / SFr. 10,-

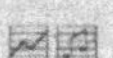

Die vertonte Ausgabe! Jedes Stichwort deutlich ausgesprochen von Muttersprachlern. Für Schule, zu Hause und unterwegs. Mit ca. 55 500 Stichwörtern und Wendungen. Viele Verwendungsbeispiele, „Überlebenssätze" für das Ausland und Musterbriefe erleichtern die Arbeit. Wahlweise als Windows- oder (speicherresidentes) DOS-Programm zu installieren. Mit Ton und einem integrierten Bildwörterbuch unter Windows.

ISBN 3-570-11115-6 (DOS / WIN)
DM 98,- / ÖS 882,- / SFr. 98,-
Erscheint: Oktober '94

Die elektronische Umsetzung des einsprachigen englischen Wörterbuchs „The New Merriam Webster Dictionary". 60 000 Einträge mit klaren, präzisen Definitionen machen dieses Wörterbuch zu einem elementaren Hilfsmittel. Wahlweise als Windows- oder (speicherresidentes) DOS-Programm zu installieren. Ein ideales Lehrmittel und Nachschlagewerk für die Schule und berufliche Anwendungen.

ISBN 3-570-11102-4 (DOS / WIN)
DM 68,- / ÖS 612,- / SFr. 68,-
Erscheint: Oktober '94

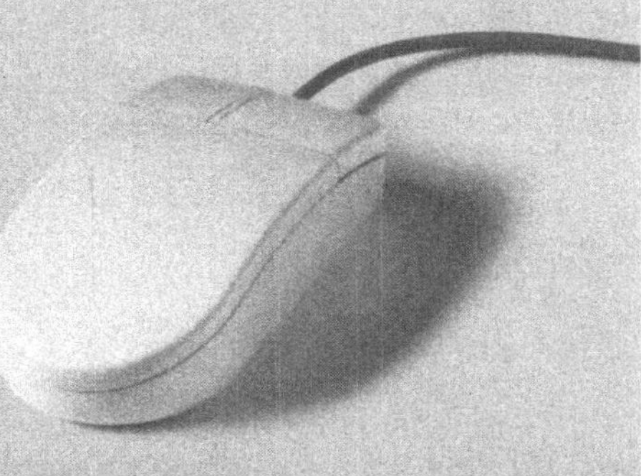

Alle Preise unverbindliche Preisempfehlung

Chart 6

Chronik des 20. Jahrhunderts

Unser Jahrhundert - Tag für Tag, Jahr für Jahr - in einem einzig-
artigen Werk: Mehr als 100 000 Einträge informieren über das
Tagesgeschehen zu Themen aus Politik, Wirtschaft, Wissenschaft und Technik, aus Kultur, Alltag und Sport vom Januar
1900 bis zum Dezember 1992. Außerdem werden mehr als 5 500
bekannte Persönlichkeiten unseres Jahrhunderts vorgestellt.
Rund 90 Min. Original-Tondokumente.

ISBN 3-570-11006-0 (WIN)
DM 248,- / ÖS 2232,- / SFr. 248,-

Bertelsmann Taschenwörterbuch Englisch

Für Schule, Weiterbildung und Korrespondenz. Ca. 55 000
Stichwörter und Wendungen. Modernster Wortschatz mit
vielen Anwendungsbeispielen. Wahlweise als Windows-
oder (speicher-residentes) DOS-Programm zu installieren.
Mit einem integrierten Bildwörterbuch unter Windows.

ISBN 3-570-11018-4 (DOS / WIN)
DM 49,90 / ÖS 449,- / SFr. 49,90

Bertelsmann Lexikon Geschichte

Ein zuverlässiger Führer durch die Weltgeschichte, unverzicht-
bar für das Verständnis der politischen Gegenwartsprobleme.
Enthält zusätzlich zum umfassenden Text zahlreiche Karten,
Grafiken und Portraits. Historische Tondokumente veranschau-
lichen das Zeitgeschehen.

ISBN 3-570-11009-5 (WIN)
DM 148,- / ÖS 1332,- / SFr. 148,-

Bertelsmann Lexikon Wirtschaft

Grundbegriffe aus den Bereichen Arbeits-, Wirtschafts- und
Sozialrecht, Sozialversicherung, Geld-, Bank- und Börsenwesen, Ausbildung und Beruf. Außerdem über 1 000 Kurzdar-
stellungen wichtiger Persönlichkeiten, Berufsbilder, Unter-
nehmer, Institutionen der Wirtschaft, Länderportraits und
Tondokumente.

ISBN 3-570-11016-8 (WIN)
DM 148,- / ÖS 1332,- / SFr. 148,-

Chart 7

Für Schule, zu Hause und unterwegs. Mit ca. 55 000 Stichwörtern und Wendungen. Viele Verwendungsbeispiele, „Überlebenssätze" für das Ausland und Musterbriefe erleichtern die Arbeit. Wahlweise als Windows- oder (speicherresidentes) DOS-Programm zu installieren. Mit einem integrierten Bildwörterbuch unter Windows.

ISBN 3-570-11019-2 (DOS / WIN)
DM 49,90 / ÖS 449,- / SFr. 49,90

Dietl
Ein Nachschlagewerk der neuesten Terminologie auf den Gebieten Export- und Importhandel, Land-, See- und Lufttransport, Zoll, Bank-, Finanz- und Börsenwesen sowie Vertrags- und Handelsrecht und aller weiteren relevanten Bereiche des Wirtschafts- und Rechtsverkehrs.

ISBN 3-409-19822-9 (DOS / WIN)
DM 198,- / ÖS 1782,- / SFr. 198,-

Über 22 000 Stichwörter und rund 150 ausführliche Beiträge zu allen relevanten Begriffen aus den klassischen Feldern: Betriebswirtschaft, Wirtschaftsinformatik, Volkswirtschaft, Recht und Steuern. Erstellt von rund 150 anerkannten Top-Autoren aus Wirtschaftswissenschaft und Unternehmenspraxis. 13., vollständig überarbeitete Auflage 1993.

ISBN 3-409-29926-2 (WIN)
DM 398,- / ÖS 3582,- / SFr. 398,-

Für Schule, Weiterbildung und Korrespondenz. Ca. 55 000 Stichwörter und Wendungen. Modernster Wortschatz mit vielen Anwendungsbeispielen. Wahlweise als Windows- oder (speicherresidentes) DOS-Programm zu installieren. Mit einem integrierten Bildwörterbuch unter Windows.

ISBN 3-570-11048-4 (DOS / WIN)
DM 49,90 / ÖS 449,- / SFr. 49,90

Boelcke u.a.
Das umfassende und aktuelle GABLER Wirtschafts-Wörterbuch enthält rund 20 000 Stichwörter zu den Gebieten Marketing, Management, EDV, Betriebs- und Volkswirtschaft, Politik, Recht, Buchführung, Handelskorrespondenz und vielen anderen. Mit hilfreichen Verwendungsbeispielen.

ISBN 3-409-19824-5 (DOS / WIN)
DM 198,- / ÖS 1782,- / SFr. 198,-

Hamp/Stenzel/Kürzinger
Die Übersetzer dieser über konfessionelle Grenzen hinweg weitverbreiteten Bibelausgabe halten sich wortgetreu an die Urtexte des Alten und Neuen Testaments. Texterläuterungen, umfangreiche Register, Zeittafeln und Karten (nur WIN) ergänzen das „Buch der Bücher".

ISBN 3-570-11004-4 (DOS / WIN)
DM 128,- / ÖS 1152,- / SFr. 128,-

Für Schule, zu Hause und unterwegs. Mit ca. 55 000 Stichwörtern und Wendungen. Viele Verwendungsbeispiele, „Überlebenssätze" für das Ausland und Musterbriefe erleichtern die Arbeit. Wahlweise als Windows- oder (speicherresidentes) DOS-Programm zu installieren. Mit einem integrierten Bildwörterbuch unter Windows.

ISBN 3-570-11051-6 (DOS / WIN)
DM 49,90 / ÖS 449,- / SFr. 49,90

Sanchez
Neben dem allgemeinsprachlichen Vokabular umfaßt das GABLER Wirtschafts-Wörterbuch insbesondere die Wirtschafts- und Handelsterminologie, schließt aber auch rechtliche Ausdrücke mit ein. Zusätzlich mit hispanoamerikanischen Ausdrücken, die sich von den in Spanien üblichen Ausdrucksformen unterscheiden.

ISBN 3-409-19826-1 (DOS / WIN)
DM 198,- / ÖS 1782,- / SFr. 198,-

Der gesamte enzyklopädische Text der 6 900 Seiten starken, 15-bändigen Großen Bertelsmann Lexikothek A–Z - auf einer CD-ROM! Ehemals mühsame Recherchearbeit wird durch die problemlose Verknüpfung von Suchbegriffen zu einem schier grenzenlosen Informationserlebnis.

ISBN 3-570-11020-6 (WIN)
DM 2800,- / ÖS 25200,- / SFr. 2800,-

Alle Preise unverbindliche Preisempfehlung

Chart 8

Chart 9

Abstand der Bestseller am deutschen CD-ROM-Markt. Ein multimediales Großlexikon auf CD-ROM ist zur Zeit in Vorbereitung.

Inzwischen kamen viele weitere große CD-ROMs hinzu; u.a. die *Chronik des 20. Jahrhunderts* – nicht das einbändige Werk, sondern 93 Jahrgangsbände (das Jahrhundert „Tag für Tag") und obendrauf noch ein 2000seitiges Personenlexikon des 20. Jahrhunderts. Dieser Titel wird ergänzt durch ca. 80 Minuten Ton (Politikerreden, historische Aufnahmen). Eine Neubearbeitung mit einer noch reicheren Ausstattung an Fotos und historischen Videoslips kommt 1995 heraus.

Ein multimediales *Tierlexikon (Chart 10)* folgte zum Herbst 1994 ebenso wie die „sprechenden Wörterbücher": bilinguale Wörterbücher Englisch-Deutsch und Französisch-Deutsch, bei denen jede Vokabel durch Native-Speaker gesprochen wird.

Es zahlt sich aus, wenn Verlage bei ihrem „Electronic Publishing" beim Speichern ihrer Daten möglichst Hardware-unabhängig bleiben. So ist es dann nur ein kleinerer Schritt, die Daten für unterschiedliche Betriebssysteme zu konvertieren und als elektronisches Werk zu produzieren.

Chart 10

2.4 Andere Plattformen

Und so haben wir unsere Substanzen z.T. auch für andere Standards (u.a. *Apple MAC*)
aufbereitet, wenn die Größe der Hardwareplattform dies kalkulatorisch zuläßt.

Zur Buchmesse '94 haben wir gemeinsam mit Philips das Bertelsmann Universallexikon auf *CD-i* vorgestellt. Seit dieser Standard „Full screen video"-Darstellung
zuläßt ist er erwachsen geworden, und Philips hat vielleicht doch noch die Chance, mit
einer neuen Programmpolitik CD-i zum Durchbruch zu verhelfen.

In letzter Zeit bekommen die weltweit verbundenen Computernetze wachsende Be-
deutung. So haben wir seit Mitte des Jahres unter die „Online-Verleger" gegangen.
Ein Großlexikon mit 120 000 Stichwörtern ist heute im internationalen privaten Netz-
werk von CompuServe zugänglich. Parallel bietet uns ein „Bertelsmann Forum" in
CompuServe die Möglichkeit des direkten elektronischen Dialogs mit unseren
Kunden.

3 Vertriebskanäle für CD-ROM

Für den Vertrieb von elektronischen Büchern auf CD-ROM oder Diskette bieten sich
heute im wesentlichen folgende Wege an:

- Der *Computer-Fachhandel* hat den Vorteil, die Hardware zur Präsentation gleich dabei zu haben und Multimedia-Hardware mit entsprechenden Anwendungen zusammen verkaufen zu können.
- Der *Buchhandel* hingegen ist es gewohnt, beratend „Inhalte" zu verkaufen.
- Das *Warenhaus* steht in der interessanten Mitte und könnte sich des einen wie des anderen Vorteils bedienen.
- Der *CD-ROM-Fachhandel* und *CD-ROM-Versender* nehmen heute eine stark wachsende Position ein.
- Speziell für uns gewinnt heute auch an Bedeutung der Vertriebsweg *Bertelsmann Buchclub,* der heute mit eigenen CD-ROM-Seiten in seinem Katalog für dieses Medium erfolgreich wirbt.

Wir haben uns einen speziell geschulten Außendienst *(„MediaSales")* aufgebaut, der – nicht nur mit Bertelsmann-Titeln – den Handel auf allen Distributionsschienen fachkundig berät.

Und mit den gleichen Argumenten, mit denen ich den inhaltsorientierten klassischen Verleger ermuntern möchte, das „Elektronische Buch" als sein Themenfeld zu sehen, möchte ich auch alle Buchhändler aufrufen, die Chancen der Zeit zu erkennen, und sich hierfür zu engagieren. Die Zahl der in Multimedia engagierten Buchhändler steigt derzeit ständig.

4 Ein gemeinsamer Markt für Verlage, Hardware- und Softwareentwickler

Die interessierten Verlage haben sich im Börsenverein des Deutschen Buchhandels zu einem *„Arbeitskreis Elektronisches Publizieren"* zusammengefunden. In den verschiedenen Arbeitsgruppen des mittlerweile auf mehr als 250 Mitglieder angewachsenen Interessenverbands wird heute reger Erfahrungsaustausch betrieben, um gemeinsam den neuen Markt aufzubauen. Als Sprecher der Arbeitsgruppe Multimedia kann ich konstatieren, daß ein die deutschen Verlage sich heute intensiv für die neuen Medien interessieren und die Zahl der aktiven „elektronischen Verleger" ständig wächst.

„Frankfurt went electronic again." Auch auf der diesjährigen Buchmesse Frankfurt wurde wieder eine eigene Ausstellungshalle dem Thema Multimedia gewidmet, und der Handel konnte sich anhand von Musterdekorationen informieren, wie man die neuen Medien optimal in seinem Geschäft präsentiert. Als zweite, ebenso wichtige Messe hat die *CeBIT* in Hannover in diesem Frühjahr die ganze Palette der elektronischen Titel auch international gezeigt. Frankfurter Buchmesse und CeBIT haben mit ihrer breiten Öffentlichkeitswirkung den Markt der elektronischen Medien deutlich vorangebracht.

Die Hardware-Industrie hat sich in ihrer Planung voll auf eine multimediale Zukunft eingestellt. Mitte der 90er Jahre werden zwei von drei PCs serienmäßig mit CD-ROM-Laufwerk ausgestattet sein. Viele Hardwarehersteller und Softwareentwickler wie IBM, Microsoft, Compaq, Philips oder Apple suchen aus diesem Grunde engen Kontakt mit Verlagen, bzw. bauen selbst Software-Verlage auf.

Der CD-ROM-Markt hat den Durchbruch zum Consumer-Markt erfahren. Und 1994 boomt dieser Markt. Der moderne „Substanzverleger" muß die Chance der Stunde nutzen. Inhalte und Substanzen sind das Fundament des Verlegers; keinesfalls dürfen die Verlage den Markt der Elektronischen Bücher der Hardware-Industrie überlassen.

Mit der Verbreiterung der Hardwareplattform und den verbesserten technischen Möglichkeiten (demnächst z.B. Video über den vollen Bildschirm) muß sich auch die Qualität unserer CD-ROMs derjenigen der amerikanischen Verlage anpassen.

Wer heute an unseren in Deutschland produzierten CD-ROMs reklamiert, sie seien noch zu wenig aufwendig gemacht, der möge bedenken, daß der amerikanische Markt zehnmal so groß ist als der deutsche und daß die amerikanischen Scheiben demzufolge auch eine zehnfache Investition vertragen. Wenn wir einen Titel mit fünf Mitarbeitern entwickeln, so setzen die amerikanischen Kollegen dafür 50 ein. Dennoch meine ich, die europäischen Scheiben können sich heute neben den amerikanischen sehen lassen; die Multimedia-Assets sind meist nicht so sehr auf Effekt hin ausgewählt, sondern auf die Inhalte, und die Inhalte sind vielleicht doch besser strukturiert und bieten besonders in der Volltextrecherche mehr. Und ganz im Sinne des Datenbank-Publishing ist es dem modernen „Substanz-Verleger" heute möglich, geeignete Projekte von vorn herein international anzulegen und somit die großen Investitionen für Mulitmedia-Titel kalkulierbarer zu machen. Und zunehmend gehen deutsche Verleger auch internationale Partnerschaften ein.

5 BEE-BOOK-Umfrage

Zum Schluß möchte ich Ihnen kurz einige Highlights einer kürzlich durchgeführten Umfrage unter unseren Kunden (Basis ca. 3000 Kunden) nennen:

- Unser CD-ROM-Kunde ist eindeutig männlich *(Chart 11)*.
- Er ist kein junger Freak sondern im Durchschnitt erstaunliche 41 Jahre alt *(Chart 12)*.

Wie gesagt, dies ist nur aus dem Blickwinkel unseres derzeitigen CD-ROM-Angebots. Ich bin sicher, die Statistik wird sich ändern, sobald wir mit einem zusätzlich Kinderprogramm herauskommen.

6 Resümee

Komme ich jetzt noch einmal zu meinen einleitenden Worten zurück, so möchte ich zum Schluß konstatieren: Meine Damen und Herren, das klassische Buch ist heute bis zur Vollkommenheit entwickelt, aber es hat heute auch seine Rolle als Leitmedium verloren. Dies ist nun kein Grund für wehmütige Rückblicke – der moderne „Substanzverleger" muß sich vielmehr diesem Faktum stellen und die elektronischen Medien als koexistierende Produkte zu seinen Büchern anerkennen.

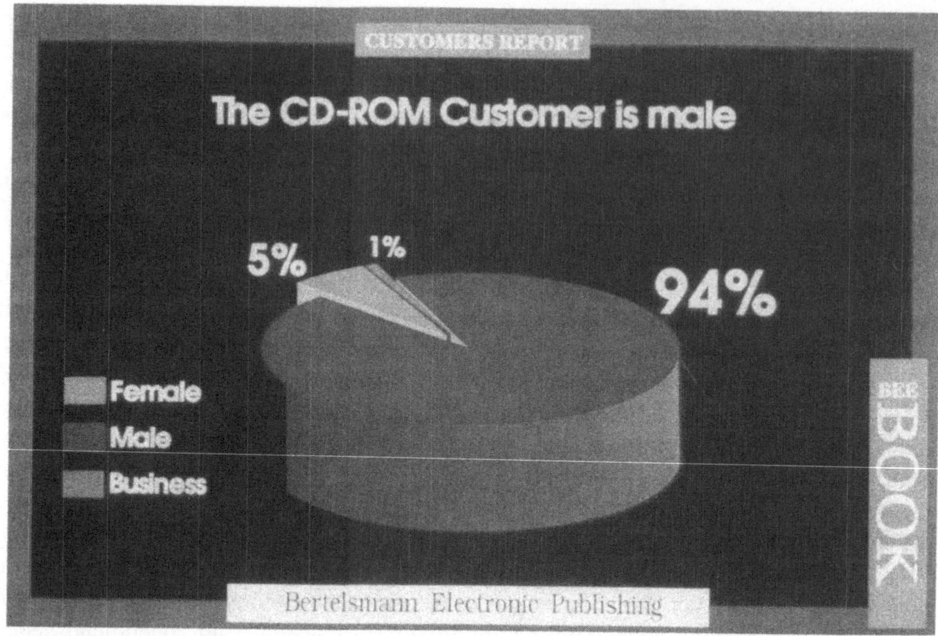

Chart 11

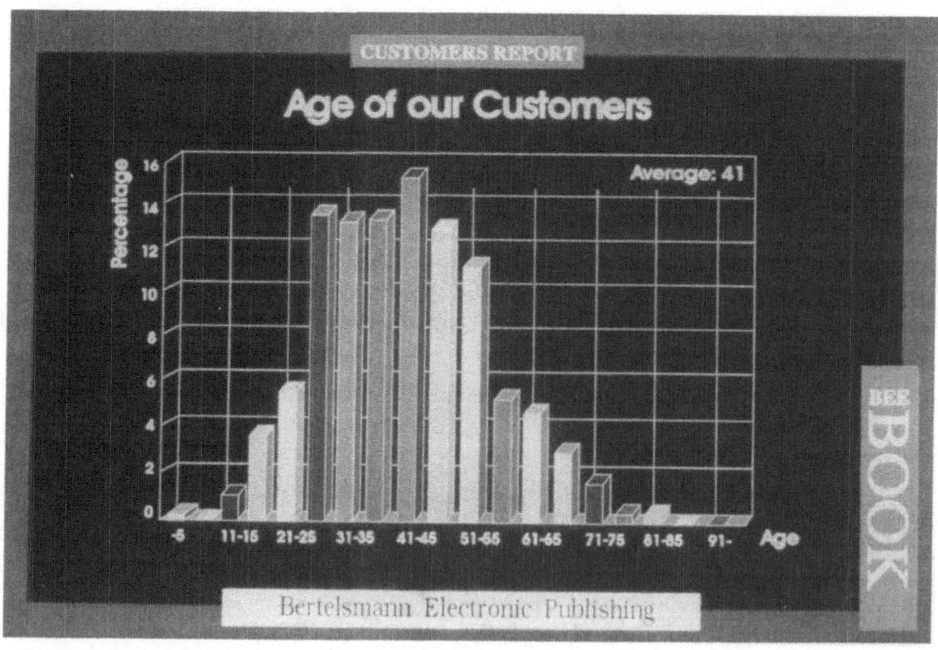

Chart 12

Wir stehen in der sehr interessanten und aufregenden Aufbauphase einer neuen Verlagswelt, die für uns auch wirtschaftlich sehr erfolgreich werden kann. Und die inhaltsorientierten Verlage haben dabei die Chance, die multimedialen Werke in ihrer höheren kreativen Wertigkeit maßgeblich zu gestalten und ihre Leser zur Akzeptanz der neuen, elektronischen Bücher zu führen.

Ich danke Ihnen für Ihre Aufmerksamkeit.

Human Factors der Bildkommunikation bei Multimedia-Anwendungen

L. Mühlbach

Heinrich-Hertz-Institut für Nachrichtentechnik Berlin GmbH, Einsteinufer 37, D-10587 Berlin

Zusammenfassung

Es wird versucht, Human Factors Erkenntnisse und Empfehlungen aus den Bereichen Bildfernsprechen und Videokonferenz auf die Bildkommunikation bei Multimedia-Anwendungen zu übertragen bzw. unter den Randbedingungen der Multimedia-Kommunikation zu modifizieren. Die auf diesem Hintergrund angesprochenen ergonomischen und sozialpsychologischen Aspekte betreffen u.a. die Bildaufnahme und -wiedergabe (z.B. Position der Videofenster für die interpersonelle Kommunikation) und die Bedienung sowie die Reziprozität und „Privacy" der Bildkommunikation. Es zeigt sich, daß schon aus vorhandenen Forschungsergebnissen viele Hinweise für eine nutzergerechte Gestaltung von Multimedia-Systemen abgeleitet werden können.

Schlüsselwörter:
Multimedia, Bildkommunikation, Human Factors, Position der Videofenster, Blickfehlwinkel, Privacy, informelle Kommunikation

1   Einleitung

Neben der Charakterisierung durch die Möglichkeit, Informationen in verschiedenen Formen darzustellen und zu verarbeiten, können Multimedia-Systeme oder Multimedia-Dienste auch als Kombination von Computertechnologie und Telekommunikation aufgefaßt werden (z.B. Rudge, 1993). Das bedeutet u.a., daß neben dem Abruf und der Verarbeitung von Informationen in Form von Text, Graphik, Standbild, Bewegtbild und Ton auch die Kommunikation mit Personen möglich ist, die sich an einem anderen Ort (oder auch an mehreren anderen Orten) befinden. Man denkt dabei u.a. an

Anwendungen wie Telekooperation oder CSCW[1] (z.B. Riner, 1993). Bei der interpersonellen Telekommunikation im Rahmen solcher Anwendungen kann nicht nur die Sprache, sondern es können auch Bilder übertragen werden.

Der vorliegende Beitrag beschäftigt sich mit diesem Teilaspekt von Multimedia-Anwendungen.

Mit „Bildkommunikation" ist im folgenden also die Übertragung von Bewegtbildern in Echtzeit zwischen zwei oder mehr Orten gemeint. Normalerweise handelt es sich um Bilder, die mit Hilfe von Videokameras an den verschiedenen Orten aufgenommen wurden. Inhalte der Bilder sind in erster Linie Personen, die miteinander kommunizieren, es können aber auch Dokumente oder Objekte sein, die im Rahmen der Kommunikation eine Rolle spielen. Es wird vorausgesetzt, daß mit der Bildkommunikation immer auch eine Tonkommunikation (z.B. Sprache) einhergeht[2]. Diese Ausführungen zeigen, daß unter „Bildkommunikation" hier im wesentlichen das verstanden wird, was außerhalb der „Multimedia-Welt" als „Bildfernsprechen" oder „Videokonferenz" bezeichnet wird.

Das Fachgebiet „Human Factors" umfaßt alle Aspekte der vielfältigen Beziehungen zwischen dem Nutzer eines technischen Systems, diesem System selbst, anderen Nutzern und der Nutzungsumgebung. Die Aspekte, die die Beziehungen des Nutzers zum technischen System im engeren Sinne (also z.B. zu seinem Endgerät) betreffen, werden von Teildisziplinen wie Ergonomie oder „Anthropotechnik" bearbeitet (z.B. Bernotat, 1979).

Bei der Darstellung von Human Factors Aspekten der Bildkommunikation bei Multimedia-Anwendungen wird im folgenden versucht, die Erkenntnisse aus den Bereichen Bildfernsprechen und Videokonferenz soweit wie möglich anzuwenden bzw. unter den Randbedingungen der Multimedia-Kommunikation zu modifizieren. Die daraus resultierenden Vorschläge für eine nutzergerechte Gestaltung sind nicht in jedem Falle durch wissenschaftliche Untersuchungen gestützt, was daran liegt, daß Human Factors Aspekte von Multimedia, speziell die der Bildkommunikation, noch recht wenig untersucht wurden.

Nachdem zunächst kurz der Nutzen von Bildkommunikation angesprochen wird, werden (ohne den Anspruch auf Vollständigkeit) einige ergonomische und sozialpsychologische Aspekte der Bildkommunikation bei Multimedia-Anwendungen vorgestellt.

---

[1] CSCW = Computer Supported Co-operative Work

[2] Aspekte der Tonkommunikation werden hier nicht behandelt, obwohl sie unter Human Factors Gesichtspunkten mindestens genauso wichtig wie die Bildkommunikation ist.

2 Nutzen der Bildkommunikation

Als Hauptvorteil der (interpersonellen) Bildkommunikation wird normalerweise die Übertragbarkeit nonverbaler Signale gesehen (z.B. Fischer, 1987). Solche Signale sind z.B. solche der Mimik (Lächeln, Stirnrunzeln), Gestik (Kopfnicken, Schulterzucken, Handbewegungen) und des Blickverhaltens. Sie steuern und beeinflussen die Kommunikation und können verbale Signale verstärken oder relativieren (z.B. Ironie). Aus nonverbalen Signalen wird häufig auch auf Charaktereigenschaften des Geprächspartners (z.B. Arroganz) geschlossen.

Allgemein kann durch Bildkommunikation die „Telepräsenz" erhöht und die Attraktivität von Telekommunikationssystemen gesteigert werden (Mühlbach u.a., 1993). Das gilt sicher nicht für alle Anwendungen, genaue Bedarfsanalysen sind in jedem Falle nötig. Generell scheint aber der folgende Zusammenhang plausibel zu sein: Je mehr sich Multimedia-Anwendungen durchsetzen und je mehr damit physischer Transport von Personen und Objekten durch Telekommunikation ersetzt wird, desto wichtiger werden technische Komponenten (evtl. als Teil von Multimedia-Systemen), die das menschliche Grundbedürfnis nach interpersoneller Kommunikation befriedigen. Neben diesem allgemeinen Nutzen bringt die Bildkommunikation zusätzlich Vorteile bei Spezialanwendungen. Zu nennen sind in diesem Zusammenhang u.a. die Telekommunikation von Gehörgeschädigten (z.B. Frowein u.a., 1991; von Tetzchner, 1991), das Tele-Dolmetschen (Böcker, 1994) oder die Erhöhung der Sprachverständlichkeit (Östberg u.a., 1989), insbesondere bei fremdsprachlicher Kommunikation.

3 Ergonomische Aspekte der Bildkommunikation

3.1 Modelle und Metaphern

Unter Human Factors Gesichtspunkten ist die Benutzerfreundlichkeit eines Telekommunikationssystems u.a. davon abhängig, inwieweit sich der Nutzer ein hinreichend adäquates internes Modell vom System und seinen Funktionen machen kann (z.B. Norman, 1983) bzw. inwieweit eine Metapher benutzt werden kann, aus der der Nutzer auf Eigenschaften des Systems schließen kann (Carroll u.a., 1988). Bei „herkömmlichen" Videokonferenzen kann ein solches Modell beispielsweise das eines in zwei Teile aufgeteilten Konferenztischs sein: Der eine Teil befindet sich (mit den daran sitzenden Personen) in Ort A, der andere in Ort B. Bekannt sind auch die Schreibmaschinen Metapher vieler Textverarbeitungsprogramme (vgl. z.B. Carroll u.a., 1988) und die Desktop-Metapher, denen viele windows-orientierte Systeme entsprechen (z.B. Johnson u.a., 1989).

Bei Multimedia-Anwendungen kann sich in bezug auf Modelle oder Metaphern eine spezielle Problematik ergeben: Da - wie oben gesagt - Multimedia auch als Zusammenwachsen von Computer und Telekommunikation (hier: Bildfernsprechen) angesehen werden kann, bedeutet das für den Nutzer u.a., daß er die diesen Diensten oder Anwendungen zugrundeliegenden Modelle zusammenbringen muß. Dafür wäre es hilfreich, wenn er soweit wie möglich auf bekannte Modelle zurückgreifen könnte. So muß etwa ein Multimedia-System mit Bildkommunikation eine Metapher anbieten, die dem Aufnehmen und Auflegen des Hörers beim Bildfernsprechen entspricht.

Es kann aber auch sein, daß die Implementierung der Bildkommunikation bei Multimedia-Anwendungen mit Hilfe von „Videofenstern" einer Windows-Oberfläche unter Human Factors Gesichtspunkten nicht in allen Fällen die optimale Lösung ist. Denkbar ist beispielsweise, daß die Bedienung für den Nutzer dadurch erleichtert wird, daß klarer zwischen Bildkommunikation und den anderen Funktionen von Multimedia-Anwendungen getrennt wird: einerseits ein Bildkommunikations-Display, daneben ein Multimedia-Endgerät. Das Bildkommunikations-Display muß dabei nicht unbedingt ein Desktop-Display sein; zukünftig sind auch größere Flachbildschirme denkbar, die etwa an der Wand befestigt sind. Die Metapher wäre in diesem Falle die einer Präsenz-Arbeitsbesprechung, bei der einige der Beteiligten auf ein Multimedia-Terminal zugreifen können. In diesem Zusammenhang ist sicher noch Forschungs- und Entwicklungsarbeit zu leisten.

3.2 Parallelität verschiedener Informationsarten

Bei Multimedia-Anwendungen werden sowohl statische als auch dynamische Informationen eingesetzt. Statische Informationen sind z.B. Texte oder Standbilder, dynamische (oder auch „flüchtige" Informationen) sind z.B. Sprache (bzw. Ton allgemein) und Bewegtbilder. Diese Informationsarten stellen unterschiedliche Anforderungen an die menschliche Informationsverarbeitung. So bereitet beispielsweise die parallele Darbietung statischer Information normalerweise keine Probleme, während die gleichzeitige Darbietung verschiedener dynamischer Informationen die Informationsverarbeitungs-kapazität überschreiten kann. Das gilt insbesondere dann, wenn diese Informationen nicht redundant oder korrelativ sind. Diese Gegebenheiten müssen bei der Bildkommunikation im Rahmen von Multimedia-Anwendungen berücksichtigt werden: Nur schwer wird es z.B. möglich sein, sich gleichzeitig auf einen Videoclip (z.B. vom CD-ROM) und auf die interpersonelle Bildkommunikation zu konzentrieren.

3.3 Bildaufnahme und Bildwiedergabe

Für die Bildaufnahme und -wiedergabe beim Bildfernsprechen und bei der Videokonferenz gibt es inzwischen eine Reihe von durch Human Factors Untersuchungen untermauerte Empfehlungen (u.a. ETSI, 1992; Gerfen, 1986; Mühlbach, 1987, 1990; RACE ISSUE (o.J.) a, b). Hier können nur die wichtigsten aufgegriffen und auf ihre Bedeutung für die Bildkommunikation bei Multimedia-Anwendungen hin untersucht werden.

Eine Empfehlung lautet, daß die Bildwiedergabe mit ausreichender **Bildqualität** (örtliche und zeitliche Auflösung, Farbwiedergabe usw.) erfolgen sollte. Leider ist in bezug auf viele Anwendungen - und das gilt insbesondere für viele der neuen Multimedia-Anwendungen - nicht klar, was im konkreten Falle „ausreichend" ist. Bei einigen Anwendungen kann beispielsweise ein kleines Bild mit geringer Auflösung ausreichend sein, andere Anwendungen erfordern evtl. ein hochaufgelöstes Bild oder sogar eine 3D-Wiedergabe. In vielen Fällen werden die Nutzer von Multimedia-Systemen (jedenfalls die, die nicht durch ihre Beschäftigung mit Computern zu Multimedia-Anwendungen gekommen sind) u.a. aufgrund der sich aus den internen Modellen ergebenden Erwartungen (s.o.) eine Bildqualität wünschen, die hinsichtlich der wesentlichen Parameter der Fernsehqualität entspricht (z.B. Mühlbach, 1987). Es ist zu untersuchen, inwieweit die Vorteile der Bildkommunikation bei Multimedia-Anwendungen auch bei geringerer Bildqualität zum Tragen kommen.

Hinsichtlich der **Bildgröße** gehen die Empfehlungen beim Bildfernsprechen (unter Berücksichtigung von Betrachtungsentfernungen zwischen 60 cm und 120 cm) in Richtung auf eine Bildhöhe von mindestens 10 cm zur Darstellung einer Person, mit der kommuniziert wird oder an deren nonverbalen Signalen (z.B. Mimik, Blickkontakt) man interessiert ist (z.B. ETSI, 1992; Mühlbach, 1987). Im Rahmen von Mehrpunkt-Videokonferenzen sind für die Darstellung weiterer Gesprächspartner unter bestimmten Bedingungen auch kleinere Bilder akzeptabel (Mühlbach u.a., 1989). Letztlich wäre aber die Darstellung von Personen in natürlicher Größe vorteilhaft (Mühlbach u.a., 1993). Unvereinbarkeiten mit diesen Empfehlungen können bei Multimedia-Anwendungen zumindest dann auftreten, wenn neben einem Videofenster gleichzeitig andere Fenster (z.B. für die Dokumentenbearbeitung) geöffnet sind und die gegebene Bildschirmgröße eine Darstellung von ausreichend großen Personenbildern nicht zuläßt[3]. Die Situation verschärft sich noch, wenn z.B. im Rahmen von Mehrpunkt-Verbindungen mehrere Personenbilder zu sehen sein sollen, um die kontinuierliche visuelle Präsenz aller Gesprächspartner zu gewährleisten, die sich bei Mehrpunkt-Videokonferenzen als vorteilhaft herausgestellt hat (Mühlbach u.a., 1989). Es ist zu untersuchen, unter welchen Umständen auch kleinere Bilder hilfreich sind oder ob man auf die Darstellung von Personen lieber ganz verzichten sollte, wenn die für das Bildfernsprechen geltenden Minimalforderungen nicht erfüllt werden können. Sicher kann aber wohl schon gesagt werden, daß ein Zusammenhang zwischen der Zahl und Größe der bei einer Multimedia-Anwendung gleichzeitig geöffneten Fenstern und der dazu notwendigen Bildschirmgröße und -auflösung sowie (aufgrund des Großflächenflimmerns) Bildwiederholfrequenz besteht.

---

[3] Bei einem 14"-Bildschirm (ca. 21 cm Höhe) würde ein Videofenster von 10 cm Höhe etwa die Hälfte der Bildschirmhöhe einnehmen; bei einem 17"-Bildschirm (ca. 26 cm Höhe) immer noch mehr als ein Drittel.

Eine Reihe von Untersuchungen zur Bildkommunikation beschäftigten sich mit dem **Blickfehlwinkel**, der dadurch entsteht, daß der Nutzer eines Bildfernsprech- oder Videokonferenzsystems normalerweise nicht in die Kamera schaut, wenn er seine auf dem Bildschirm wiedergegebenen Gesprächspartner anschaut (vgl. **Abb. 1**).

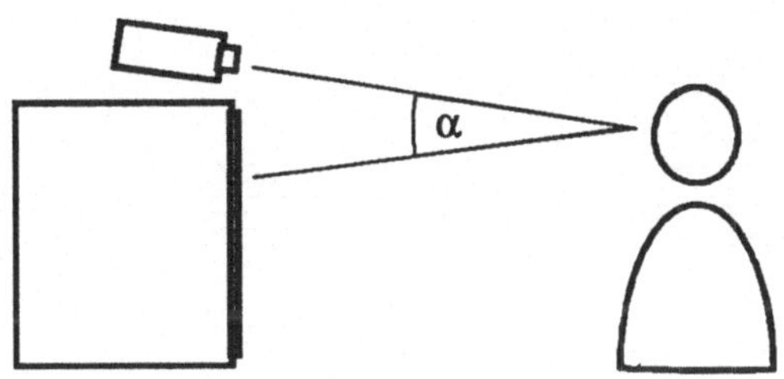

Abb. 1:   Blickfehlwinkel bei der Bildkommunikation

Die Ergebnisse von Human Factors Untersuchungen legen nahe, daß man Blickfehlwinkel soweit wie möglich reduzieren sollte, daß aber Blickfehlwinkel von ca. 8° in vielen Kommunikationssituationen akzeptabel sind (z.B. ETSI, 1992, Kellner u.a., 1985). Beim Bildfernsprechen kann dieser Empfehlung häufig durch eine Anordnung der Kamera über dem Bildschirm, so nahe wie möglich an der Oberkante, entsprochen werden; durch Systeme mit teildurchlässigen Spiegeln lassen sich Blickfehlwinkel weiter reduzieren (z.B. Flohrer, Weikinnis, 1988).

Bei Multimedia-Anwendungen können nun die Videofenster für die Bildkommunikation im Prinzip an beliebigen Stellen positioniert werden. Das kann zu inakzeptablen Blickfehlwinkeln führen. Es sollte daher überlegt werden, ob nicht die „Standardposition" für die Videofenster zur Personenwiedergabe bei Multimedia-Anwendungen im oberen Bildschirmbereich liegen sollte (vgl. **Abb. 2**). Vorausgesetzt, die Kamera ist am oberen Bildschirmrand positioniert, lassen sich damit akzeptable Blickfehlwinkel erreichen: Bei einem Betrachtungsabstand von 80 cm liegt der Blickfehlwinkel bei etwas über 8°. Wenn die Kamera, z.B. durch Einbau in das Monitorgehäuse, noch näher an den oberen Bildschirmrand gebracht wird, lassen sich noch geringere Blickfehlwinkel (bis zu unter 6°) erreichen.

Sind die Videofenster im unteren Bildschirmbereich positioniert, lassen sich dagegen kaum akzeptable Blickfehlwinkel erreichen: Bei einer Anordnung nach **Abb. 3** liegen die Blickfehlwinkel z.B. (bei einem Betrachtungsabstand von 80 cm) über 14°.

226

Abb. 2:   *Position der Videofenster für die Bildkommunikation im oberen Bereich*

Abb. 3:   *Position der Videofenster für die Bildkommunikation im unteren Bereich*

Die **Position der Videofenster** für die interpersonelle Kommunikation im oberen Bildschirmbereich (vgl. **Abb. 2**) hätte auch andere potentielle Vorteile: Eine solche Aufteilung, bei der im unteren Bereich z.B. Dokumente wiedergegeben werden, entspricht einer Situation, bei der vor einer Person auf dem Tisch Dokumente liegen und diese mit einer anderen, (z.B. an diesem Tisch) gegenübersitzenden Person kommuniziert. Hier könnte also eine Metapher (s.o.) im Sinne des Nutzers eingesetzt werden.

Auch wahrnehmungspsychologisch entspricht die hier vorgeschlagene Positionierung des Videofensters der Metapher: Objekte im oberen Bereich eines Bildes werden (unter sonst gleichen Bedingungen) eher als weiter entfernt als Objekte im unteren Bereich wahrgenommen (z.B. Wickens, 1990). Die Positionierung des Videofensters bzw. der Videofenster im oberen Bildschirmbereich berücksichtigt auch weitere ergonomische Empfehlungen: Während normalerweise (z.B. bei der Textdarstellung auf dem Bildschirm) eine mittlere Blickrichtung von ca. 15° unter der Horizontalen empfohlen wird (z.B. Kraiss, 1976), sollte die Darstellung von Personen eher in Augenhöhe erfolgen.

3.4 Bedienung

Die für das Bildfernsprechen empfohlenen Bedienfunktionen wie Verbindungsaufbau, Eigenbild, Video-Pause usw. (z.B. ETSI, 1992) müssen auch bei der Bildkommunikation im Rahmen von Multimedia-Anwendungen verfügbar sein. Auch Hilfsmittel, die die Bedienung erleichtern (wie z.B. die standardisierten Piktogramme für das Bildfernsprechen; ETSI, 1994), sollten soweit wie möglich in gleicher Weise verwendet werden.

Da Multimedia-Systeme auch für die Telekooperation zwischen mehr als zwei Standorten eingesetzt werden, sind zusätzlich die für Mehrpunkt-Konferenzen empfehlenswerten Bedienfunktionen (z.B. zur Bildregie, zur Einberufung von Konferenzen und ggf. zur Schaltung von Unterkonferenzen, vgl. Kolrep u.a., 1990; Romahn u.a., 1985) relevant. Zu nennen sind in diesem Zusammenhang u.a. Bedienfunktionen zur Zuordnung der verschiedenen Teilnehmerbilder zu bestimmten Videofenstern und zum einfachen „Ein- und Ausschalten" der Videofenster.

Ein in diesem Zusammenhang interessanter Ansatz ist die Möglichkeit, Videofenster zu „Picons" (Picture Icons) zu verkleinern, wenn sie in einer Situation stören, aber in einer „Stand-By-Position" gehalten werden sollen. Die Verkleinerung darf dabei nur soweit gehen, daß der Nutzer die im Videofenster dargestellte Person noch identifizieren kann. Durch „Anklicken" wird das Videofenster wieder in seiner vorherigen Größe dargestellt. Human Factors Untersuchungen haben gezeigt, daß durch diese Möglichkeit, die sich an die Bedienung der meisten graphischen Benutzeroberflächen anlehnt, die Bildregie deutlich erleichtert wird (Cornacchia, Papa, 1992).

228

3.5 Umgebung

Viele „umgebungsergonomische" Aspekte der Bildkommunikation bei Multimedia-Anwendungen sind die gleichen wie die bei Multimedia-Anwendungen ohne Bildkommunikation bzw. allgemein wie die bei Bildschirmarbeitsplätzen (z.B. Klima, Lärm, Blendfreiheit usw., vgl. z.B. Cakir u.a., 1979). Besondere Anforderungen ergeben sich aus der Randbedingung, daß bei der Bildkommunikation normalerweise an einem Ort a) ein Bild mit ausreichendem Kontrast wiedergegeben werden muß (wofür eine geringe Beleuchtungsstärke vorteilhaft ist) und b) eine Person oder ein Objekt mit ausreichender Tiefenschärfe von einer Kamera aufgenommen werden muß (wofür eine hohe Beleuchtungsstärke vorteilhaft ist). Auch wenn dieser „Grundwiderspruch" der Aufnahme und Wiedergabe bei der Bildkommunikation durch die Entwicklung lichtempfindlicher Kameras in den letzten Jahren sicher „entschärft" wurde, sollten diese Aspekte bei der Gestaltung der Umgebung für die Nutzung von Multimedia-Systemen berücksichtigt werden.

4 Sozialpsychologische Aspekte der Bildkommunikation

Sozialpsychologische Aspekte der Bildkommunikation betreffen u.a. Fragen des Kommunikationsverhaltens („Spielregeln der Bildkommunikation"), der Gruppendynamik und des Schutzes der Privatsphäre. Hier lassen sich die meisten der Erkenntnisse, die im Zusammenhang mit Bildfernsprechen und Videokonferenz gewonnen wurden, auf Multimedia-Anwendungen übertragen. Drei häufig diskutierte Themen sollen - stellvertretend für viele andere - hier angesprochen werden: Reziprozität, Privacy und informelle Kommunikation.

4.1 Reziprozität

Reziprozität bei der Bildkommunikation bedeutet, daß ein Gesprächspartner, der von einem anderen gesehen wird, diesen ebenfalls sehen kann. Häufig wird Reziprozität als Sine-qua-non-Bedingung der Bildkommunikation aufgefaßt und daher z.B. gefordert, die Möglichkeit einer „Einweg-Bildverbindung" beim Bildfernsprechen technisch zu verhindern. Begründet wird die Forderung nach reziproker Bildkommunikation u.a. durch Analogieschluß von einer Präsenzsituation, bei der normalerweise ein Gesprächspartner einen anderen nur dann sehen kann, wenn er auch selbst gesehen werden kann: Die Beobachtung eines anderen, ohne selbst gesehen zu werden, gilt normalerweise als unanständig oder zumindest unhöflich.

Human Factors Analysen haben nun aber ergeben, daß die Reziprozität zwar *möglich* sein sollte (und in vielen Kommunikationssituationen auch der Normalfall sein wird), daß es aber durchaus Anwendungen gibt, bei denen (nach Absprache und mit Einverständnis der Kommunikationspartner!) eine nicht-reziproke Bildverbindung durchaus sinnvoll sein kann. Das betrifft in erster Linie Anwendungen, bei denen die Darstellung von Objekten (Dokumente, Modelle usw.) im Vordergrund steht (und durch One-way-Verbindungen evtl. zusätzlich Kosten gespart werden können). Aber auch bei der Darstellung von Personen können nicht-reziproke Verbindungen benutzerfreundlich sein: Beratungsdienste (z.B. Seelsorge) könnten davon profitieren, daß z.B. der Experte für den Ratsuchenden sichtbar ist (non-verbale Signale, Vertrauen usw.), letzterer aber nicht notwendigerweise für den Berater.

4.2 Privacy

Die Ungestörtheit bzw. Vertraulichkeit der Kommunikation („Privacy") ist insbesondere bei der Bildkommunikation wichtig (z.B. Benimoff, Whitten, 1993; Fischer, 1987). Schon in frühen Untersuchungen zum Bildfernsprechen stellte sich z.B. heraus, daß die Angst, unvorbereitet gesehen zu werden, eine der größten Hemmschwellen für die Nutzung der Bildkommunikation im privaten Bereich ist (Mühlbach, Prussog, 1984). Wenn auch die Randbedingungen für die berufliche Nutzung andere sind, sollte dieser psychologische Aspekt nicht unterschätzt werden.

Der Nutzer muß z.B. zu jedem Zeitpunkt wissen, ob und wie er gesehen wird (Fish u.a., 1992), d.h. welcher Bildausschnitt zu sehen ist, und wer ihn gerade sieht. Um feststellen zu können, *wie* man von anderen gesehen wird, ist ein Eigenbild nötig, das bei Bedarf eingeschaltet werden kann. Häufig ist es sinnvoll, im Eigenbild wahlweise das codierte als auch das uncodierte Bild betrachten zu können. Um feststellen zu können, *ob* man von anderen gesehen wird, müssen bestimmte Statusinformationen dargestellt werden. Im Rahmen von Mehrpunktkonferenzen haben sich beispielsweise kleine, in die Bilder der Gesprächspartner eingeblendete Bildschirmsymbole bewährt, die je nach Status leer (Teilnehmer sieht mich nicht) oder ausgefüllt (Teilnehmer sieht mich) dargestellt werden.

Zur Privacy gehört auch, daß der Nutzer entscheiden kann, ob er in einer gegebenen Situation durch eine Bildkommunikation gestört werden darf oder nicht. Ein Verhindern von Bildkommunikation muß von dem Initiator einer solchen akzeptiert werden; hier müssen sich evtl. ganz neue soziale „Spielregeln" herausbilden. In diesem Zusammenhang muß auch die (in vielerlei Hinsicht praktische) Möglichkeit der Steuerung der Kamera des entfernten Gesprächspartners gesehen werden, sie führt potentiell zu einem Verlust an Privacy[4].

---

4 Bei Human Factors Untersuchungen hat sich herausgestellt, daß eine Steuerung der Partnerkamera evtl. dann akzeptabel ist, wenn die Steuerung vom „Kamerabesitzer" explizit (z.B. durch Tastendruck) freigegeben werden muß (Runde u.a., 1991).

Eine Möglichkeit, Privacy zu verbessern, wäre z.B. die Implementierung eines „Türspion-Modells": Wie ein Wohnungsinhaber sich mittels Blick durch einen Türspion darüber informieren kann, wer an seiner Wohnungstür klingelt (und ggf. demjenigen den Eintritt verweigern kann), wäre es nach diesem Modell beim Aufbau einer Bildverbindung zu einer anderen Person möglich, sich vor dem „Abnehmen" darüber zu informieren, wer zu kommunizieren wünscht. Zu untersuchen ist, wie ein solches Modell technisch möglich wäre und inwieweit die potentiellen Kommunikationspartner (insbesondere der Initiator) solche Verfahren akzeptieren. Denkbar wäre beispielsweise die Schaltung einer zunächst einseitigen Bildverbindung vom Anrufer zum Angerufenen (und damit Aufgabe der Reziprozität in diesem Punkt, s.o.) oder zumindest die Anzeige der Rufnummer.

4.3 Informelle Kommunikation

Informelle Kommunikation ist die Art von Kommunikation, die z.B. in den Kaffeepausen von Arbeitsbesprechungen oder Konferenzen stattfindet. Die Gesprächspartner unterhalten sich nach spontaner Kontaktaufnahme zwanglos zu zweit oder in kleinen Gruppen. Informelle Kommunikation stellt eine wichtige Ergänzung formeller Kommunikation dar. Bestimmte Abstimmungsprozesse lassen sich effektiver durchführen, Pattsituationen bei Verhandlungen können überwunden werden.

Informelle Kommunikation zeichnet sich dadurch aus, daß sie spontan auftritt und weder Zeitpunkt noch Kommunikationspartner im voraus planbar sind.

Wichtigste Voraussetzung für das Auftreten informeller Kommunikation ist die räumliche Nähe bzw. der visuelle Kontakt zu potentiellen Kommunikationspartnern (Fish u.a., 1992). Der visuelle Kontakt ist insbesondere für die Initiierung informeller Kommunikation, d.h. für die Identifizierung des Gesprächspartners, des Gesprächsthemas sowie des genauen Zeitpunkts der Kontaktaufnahme, bedeutsam.

Wird durch den Einsatz von Multimediasystemen die physische Präsenz von Personen im privaten oder geschäftlichen Bereich in stärkerem Maße als bisher durch Telepräsenz ersetzt, muß sichergestellt sein, daß daraus resultierende soziale Defizite der Kommunikation auf ein Minimum reduziert werden. Das bedeutet u.a., daß solche Systeme soweit wie möglich auch informelle Kommunikation zulassen sollten.

Neben Systemen, die die informelle Kommunikation mittels einer Videokonferenzverbindung zwischen halböffentlichen Räumen unterstützen (z.B. „VideoWindow"; vgl. Fish u.a., 1990), finden sich auch erste Ansätze zur Ermöglichung informeller Kommunikationsprozesse im Bereich von Multimedia-Systemen. Solche Systeme sind z.B. der „Cruiser" von Bellcore (Fish u.a., 1992; Root, 1988) und "Polyscope" bzw. "Vrooms" von Xerox (Borning, Travers, 1991; Gaver u.a., 1992).

Das von Bellcore (USA) entwickelte Cruiser[5]-System ermöglicht für einen geschlossenen Nutzerkreis Bildkommunikation in Form von Bildtelefon- bzw. Videokonferenzverbindungen vom Arbeitsplatz aus. Darüber hinaus werden zusätzliche Möglichkeiten zur informellen Kommunikation angeboten (wie z.B. „Cruises", „Autocruises" und „Glances"), mit denen der Gang über einen „virtuellen Flur" bzw. das kurze informelle Hereinschauen bei Kollegen (gezielt oder per Zufall gesteuert) simuliert werden soll. Im Cruises-Modus wird beispielsweise sofort nach Anruf (d.h. ohne daß der Angerufene den Anruf akzeptieren muß) eine Audio-Video-Verbindung geschaltet. Gibt innerhalb von 3 Sekunden keiner der Beteiligten ein Visit-Kommando, wird die Verbindung wieder unterbrochen. Im Glances-Modus wird eine ganz kurze reine Bild-verbindung (1 s) geschaltet. Mit einem „Private"-Kommando können die Teil-nehmer Crusises und Glances verhindern.

Ergebnisse eines Feldversuchs mit dem Cruiser zeigten u.a., daß „Glances" häufig benutzt wurden, um zu sehen, ob jemand ansprechbar ist, bevor eine Bildtelefonverbindung geschaltet wurde oder bevor derjenige persönlich aufge-sucht wurde. Gelegentlich wurde auch eine Dauerverbindung zwischen zwei Büros hergestellt („virtual shared office"), um jederzeit die Möglichkeit einer einfachen und spontanen Kontaktaufnahme zum entfernten Partner zu haben oder um auf einen vorübergehend abwesenden Kollegen zu warten (Fish u.a., 1992). Es stellte sich auch heraus, daß die Kontaktaufnahme bei informeller Kommunikation nach ganz subtilen Mechanismen erfolgt (z.B. unaufdringliches Beobachten des anderen, Aufnahme oder Ablehnung von Blickkontakt, variable Gesprächsdistanz), die durch das Cruiser-System noch nicht hinreichend unter-stützt wurden. Hier sind also noch weitere Forschungs- und Entwicklungs-arbeiten nötig.

5 Ausblick

Auch für Multimedia sind - kaum daß die Markteinführung begonnen wurde - neue Techniken und neue Möglichkeiten in Sicht. Zu nennen sind hier beispielsweise neue Fernsehtechniken (z.B. HDTV) und vor allem 3D-Techniken, an deren Einsatz für die Bildkommunikation international, vor allem in Japan und in den USA, aber zunehmend auch in Europa (z.B. Sand, 1993), gearbeitet wird. 3D-Techniken bieten bei Multimedia-Anwendungen voll-kommen neue Möglichkeiten der Bilddarstellung: Bilder können stereoskopisch und mit Bewegungsparallaxe[6] wiedergegeben werden. Durch die binokulare Tiefenwahrnehmung der Stereoskopie ist es sogar möglich, Personen auch auf relativ kleinen Bildschirmen in natürlicher Größe erscheinen zu lassen, da sie dann in einer entsprechenden Entfernung wahrgenommen werden. Auch die Struktur eines Multimedia-Bildschirms läßt sich evtl. durch 3D-Wiedergabe

---

5 „to cruise" hier im Sinne von „herumschlendern"

übersichtlicher gestalten. Allerdings müssen dazu noch grundlegende Forschungsarbeiten durchgeführt werden.

Auch ein Ausblick auf die bei Multimedia-Anwendungen angesprochenen Sinnesmodalitäten sei erlaubt: „Multi"-Media spricht heute den Gehör- und den Gesichtssinn an; weitere Entwicklungen könnten den Tastsinn (ggf. sogar den Geschmacks- oder Geruchssinn) einbeziehen (vgl. auch Riner, 1993).

6 Neue Märkte durch Multimedia?

Was ist aus Human Factors Sicht zu tun, um „neue Märkte durch Multimedia" zu finden? Zunächst muß konstatiert werden, daß Akzeptanz nicht nur von den hier angesprochenen Human Factors Aspekten abhängt, sondern auch von Gesichtspunkten wie Kosten, Nutzen, Attraktivität und evtl. Image. Eine Berücksichtigung der Human Factors ist aber Voraussetzung dafür, daß technische Systeme angenommen werden, wenn prinzipiell Bedarf vorhanden ist. Wie gezeigt wurde, lassen sich viele Hinweise für eine nutzergerechte Gestaltung von Multimedia-Systemen schon aus vorhandenen Forschungsergebnissen zum Bildfernsprechen und zur Videokonferenz ableiten.

Um neue Märkte zu finden, sind (und hier kommt auch die Human Factors Methodik zum Tragen) detaillierte Bedarfs- und Marktanalysen unter Einbeziehung „menschlicher" Gesichtspunkte unabdingbar (s. auch Clarke, 1990). Vergessen werden darf dabei allerdings nicht, daß man bei solchen Analysen häufig vor der Schwierigkeit steht, daß potentielle Nutzer zuwenig konkrete Vorstellungen von den Möglichkeiten neuer Systeme und Dienste haben. Hier können Pilotanwendungen helfen. Unter Marketinggesichtspunkten sollte auch an eine Bedarfsstimulation durch attraktive Anwendungsdemonstrationen gedacht werden.

7 Literatur

Benimoff, N. I.; Whitten, W. B.: Human Factors Isssues in Multimedia Conferencing. Proc. of the 14th Int. Symp. on Human Factors in Telecommunications, Darmstadt, 1993.

Bernotat, R.: Die ergonomische Gestaltung der Kommunikation Mensch-Maschine. In: ITG-Fachberichte, Band 67, Bilddarstellende Systeme und Technologien für neue Kommunikationsformen. VDE-Verlag GmbH, 1979.

---

[6] Unter „Bewegungsparallaxe" versteht man die Bildveränderungen, also z.B. die Verschiebungen ungleich entfernter Objekte, bei Bewegung des Betrachters. Neben der Stereoskopie wird die Abbildung der Bewegungsparallaxe als wichtigstes Mittel zur Wiedergabe von Tiefe in Bildkommunikationssystemen angesehen (z.B. Wickens, 1990).

Böcker, M.: ISDN-Videokommunikation für Konferenzdolmetscher - Anforderungen an die Bild- und Tonqualität. ntz Nachr.-techn. Z. 47 (1994) H. 8, 572-576.

Borning, A.; Travers, M.: Two Approaches to Casual Interaction over Computer and Video Networks. CHI '91 Conference Proceedings, 1991, 13-19.

Cakir, A.; Reuter, H.-J.; von Schmude, L.; Armbruster, A.: Anpassung von Bildschirmarbeitsplätzen an die physische und psychische Funktionsweise des Menschen. Arbeitswissenschaftliche Erkenntnisse / Bildschirmarbeitsplätze 2 (1979), 1-8.

Carroll, J. M.; Mack, R. L.; Kellog, W. A.: Interface Metaphors and User Interface Design. In: M. Helander (Ed.): Handbook of Human-Computer Interaction. North-Holland: Elsevier 1988.

Clarke, A. M.: Is the Failure of Videoconferencing Uptake Due to a Lack of Human Factors or Poor Market Research? Proc. of the 13th Int. Symp. on Human Factors in Telecommunications, Torino, 1993.

Cornacchia, M.; Papa, P. (Eds.): Integration of Multipoint Videotelephone Systems with PC Facilities: Video Switching, Tele-pointing and Tele-drawing. Race Project 1065 ISSUE (Deliverable 65/FUB/HFG/D5/A/005/B1), 1992.

ETSI: Human Factors in Videotelephony. HF-TR 002-1. Sophia Antipolis: European Telecommunications Standards Institute 1992.

ETSI: Pictograms for point-to-point videotelephony. ETS 300 375. Sophia Antipolis: European Telecommunications Standards Institute 1994.

Fischer, K.: Bildkommunikation. Berlin, Heidelberg, New York: Springer 1987.

Fish, R. S.; Kraut, R. E.; Chalfonte, B. L.: The VideoWindow System in Informal Communications. CSCW 90 Proceedings, 1990.

Fish, R. S.; Kraut, R. E.; Root, R. W.; Rice, R. E.: Evaluating Video as a Technology for Informal Communication. CHI '92, Proc. of the ACM Conference on Human Factors in Computing Systems, May 3-7, Monterey, CA, 1992.

Flohrer, W.; Weikinnis, H: Man-Machine Aspects of an Office Videophone. Proc. of the 12th Int. Symposium on Human Factors in Telecommunications, The Hague 1988.

Frowein, H. W.; Smoorenburg, G.F.; Pyters, L.; Schinkel, D.: Improoved Speech Recognition Through Videotelephony: Experiments with the Hard of Hearing. IEEE Journal on Selected Areas in Communications 9 (1991) No. 4, 611-616.

Gaver, W.; Moran, T.; MacLean, A.; Lövstrand, L.; Dourish, P.; Carter, K.; Buxton, W.: Realizing a Video Environment: EuroPARC's Rave System. CHI '92, 1992, 27-35.

Gerfen, W.: Videokonferenz. Alternative für weltweite geschäftliche Kommunikation - ein Leitfaden für Anwender. Heidelberg: v. Decker 1986.

Johnson, J.; Roberts, T. L.; Verplank, W.; Smith, D. C.; Irby, C. H.; Beard, M.; Mackey, K.: The Xerox-Star: A retrospective. IEEE Computer 22 (1989) No. 9, 11-29.

Kellner, B.; Mühlbach, L.; Prussog, A.; Romahn, G.: Bildtelefon mit Blickkontakt? Technische Möglichkeiten und empirische Untersuchungen. ntz Nachr.-tech.Z. 38 (1985) Heft 10, 698-703.

Kolrep, H.; Arif, M.; Hopf, K.; Mühlbach, L.: Mehrpunkt-Videokonferenzen per Selbstwahl - Ergebnisse einer Nutzeruntersuchung. ntz Nachr.-tech. Z. 43 (1990) H. 7, 520-525.

234

Kraiss, K.-F.: Vision and Visual Displays. In: Kraiss & Moraal (Eds.): Introduction to Human Engineering. Köln: Verlag TÜV Rheinland GmbH 1976.

Mühlbach, L.: Nutzergerechte Bildfernsprechendgeräte. ntz Nachr.-tech.Z. 40 (1987) Heft 7, 506-511.

Mühlbach, L.: Nutzungsaspekte von Videokonferenzsystemen. In: H. Ohnsorge (Hrsg.): Benutzerfreundliche Kommunikation. Berlin, Heidelberg, New York: Springer 1990.

Mühlbach, L.; Prussog, A.: Bildtelefon im Wohnzimmer? - Ergebnisse einer empirischen Untersuchung. ntz Nachr.-techn. Z. 37 (1984) H. 8, 486-490.

Mühlbach, L.; Arif, M.; Hopf, K.; Romahn, G.: Mehrpunkt-Telekonferenzen - Nutzer-untersuchungen mit verschiedenen Varianten. ntz Nachr.-tech.Z. 42 (1989) H. 1, 8-12.

Mühlbach, L.; Prussog, A.; Böcker, M.: Videokonferenzen mit 3D-Techniken - Stereoskopie und individueller Blickkontakt. ntz Nachr.-techn. Z. 46 (1993) H. 11, 818-837.

Norman, D. A.: Some observations on mental models. In: D. Genter & A. L. Stevens (Eds.): Mental Models. Hillsdale, NJ: Erlbaum 1993.

Östberg, O.; Lindström, B.; Renhäll, P.-O.: Contribution od Display Size to Speech Intelligibility in Videophone Systems. Int. Journal of Human-Computer Interaction 1 (1989) No. 1, 149-159.

RACE ISSUE: Videoconferencing - Guidelines for user organisations and service providers. RACE Project 1065 - ISSUE.

RACE ISSUE: Human Factors Guidelines for Videotelephony. RACE Project 1065 - ISSUE.

Riner, D.: Grundlagen von Multimedia. Technische Mitteilungen PTT (1993), 304-377.

Romahn, G.; Kellner, B.; Mühlbach, L.: Bildfernsprechkonferenz - Erste Erfahrungen mit einem Multipoint-Experimentalsystem. ntz Nachr.-techn. Z. 38 (1985) Heft 10, 690-695.

Root, R. W.: Design of a Multi-Media Vehicle for Social Browsing. Proc. of the Conference on Computer-Supported Cooperative Work, Sept. 26-28, 1988, Portland, OR 1988.

Rudge, A. W.: I'll be seeing you: Multimedia communications in the 21st century. Electronics & Communication Engineering Journal (1993), 293-302.

Runde, D.; Hopf, K.; Rose, B.; Kolrep, H.; Prussog, A.: Interaktives Arbeiten mit Dokumenten beim Bildfernsprechen. ntz Nachr.-techn. Z. 44 (1991) Heft 1, 22-26.

Sand, R.: Three Dimensional Television - Recent and Current Research and Development in Europe. Proc. of the TAO First Int. Symp., 1993.

von Tetzchner, St.: Sign Language. In: T. Kristiansen (Ed.): A Window to the Future. Kjeller: Norwegian Telecom Research Department 1991.

Wickens, Ch. D.: Three-dimensional stereoscopic display implementation: Guidelines derived from human visual capabilities. SPIE 1256 (1990), 2-11.

Gesellschaftspolitische Aspekte der Multimedia-Anwendungen

Rüdiger Funiok

Kurzfassung:

(1) Soziale und kulturelle Gewohnheiten sind mit Ursachen und Kriterien der technischen Entwicklung. Das Beispiel von BTX zeigt, wie sich das unter aanderem in mangelnder Akzeptanz auswirkt.

(2) Eine bewußte Beachtung des Nutzers drückt sich im Anknüpfen an seinen gewachsenen Gewohnheiten und Einstellungen aus und stellt ein erstes Erfolgsrezept für Multimedia dar. Benutzerfreundliche Gestaltung der Geräte und Software-Oberflächen ist die zweite Bedingung für einen Erfolg, die Achtung vor der Autonomie und Wahlfreiheit des Nutzers die dritte (aufgezeigt am Beispiel der elektronischen Zeitung).

(3) Gegenwärtig stehen wir in der dritten Phase des Ausbaus von Telekommunikation. Während es in der ersten um die staatlich gelenkte Sicherung der Grundversorgung ging, bei der zweiten der freie Wettbewerb (Liberalisierung, Deregulation) Innovationen schuf, verlangt die jetzige Situation ein koordinierendes Handeln des Staates. Die Transparenz und Qualität des Angebot sind zu fördern, Lizenzvergaben an Beiträge im öffentlichen Interesse zu binden, auch um damit ein Existenzminimum an Mulitimedia für die sozial Schwachen zu garantieren. Schließlich sollte die (internationale) Medienpolitik die Werbung regulieren und den Schutz personenbezogener Daten sicherstellen.

(4) Aufgabe des Bildungssystems ist es einmal, die informationstechnische Grundbildung weiterzuentwickeln (um z.B. bei Datenbankabfragen die elektronischen Signaturen lesen zu können). Medienerziehung müßte die notwendige Dosis an kritischer Aufmerksamkeit und "Arbeitshaltung" beim Medienkonsum verstärken. Neben dem Jugendschutz wird – angesichts verführerischer Werbeappelle und Teleshoppings – eine Konsumentenerziehung durch die Eltern immer wichtiger.

0   Vorbemerkung

Man sagt "Ich bin kein Prophet", wenn man meint: Ich bin mir meiner Prognosen nicht so sicher, ich bin kein Zukunftsforscher. Welche "Killer-Anwendung" wird für Multimedia den Durchbruch auch auf dem Massenmarkt privater Konsumenten bringen? Oder wird Multimedia eine wichtige, aber auf den professionellen Datenaustausch beschränkte Innovation bleiben? Auf diesem Kongreß haben Berufenere mehr oder weniger Mut gehabt, Prophezeiungen auf diese Fragen abzugeben.

Ein Prophet in diesem Sinne bin ich nicht, aber in einem anderen wohl. Im ursprünglichen, dem religiösen Kontext bedeutet Prophet-Sein nämlich: ungewöhnliche Aspekte zur Sprache bringen, an schmerzliche Wahrheiten erinnern, den eigenen Glaubensbrüdern und -schwestern ins Gewissen reden. Solche Propheten sind so unbeliebt wie sie nötig sind, ihre Verwandten sind die Hofnarren, die weisen Spinner. Das Thema, das mir gestellt wurde, scheint mir eine solche Rolle aufzudrängen. Ich hoffe, das wirkt sich belebend auch auf Sie als Zuhörer aus – nicht jeder von Ihnen hatte schon eine Tasse Kaffee nach dem Mittagessen.

Ich möchte freilich gleich eine Entwarnung geben: Obwohl ich Theologe und Pädagoge bin, werde ich keine globale Technik- und Medienkritik vortragen, wie sie unter meinen Fachkollegen leider oft üblich ist. Ich teile diese Rund-um-Kritik inhaltlich nicht und ich bin außerdem als Jesuit Taktiker genug um zu wissen: Für gesellschaftspolitische Aspekte sensibilisieren kann sich Sie nur mit Zwischenrufen, die Sie auch verstehen und nicht mit solchen, die Sie schlicht verärgern. (Sonst könnten Sie mit mir das tun, was diese Karikatur dem Referenten androht, zumindest innerlich).

Thomas Plaßmann

1 Soziotechnik und Soziokultur – keine rein akademischen Wortverbindungen

Hier also mein erster prophetischer Zwischenruf: Die Gestaltung von Technik – und speziell das Entwickeln konkreter Anwendungen – ist zu wichtig, als daß man sie allein den Ingenieuren und Wirtschaftlern überlassen darf. Das gilt verstärkt von der Kommunikationstechnik, von den Multimedia-Anwendungen; denn mit dieser Technik wird eine Infrastruktur geschaffen, die wichtig ist für die technische und demokratische Entwicklung der Gesellschaft. Multimedia hat ganz sicher soziale *Folgen*.

Aber noch vorher gilt: Soziale und kulturelle Gewohnheiten, private und öffentliche Denk- und Entscheidungsprozesse sind mit *Ursachen und Kriterien* der technischen Entwicklung. Oder besser: sie sollten es sein. Daß sie es *sind*, bekommt die Medienindustrie als mangelnde Akzeptanz ihrer Hard- und Software zu spüren. Daß sie es *sein sollte*, ist ein Plädoyer für eine bewußte, den heutigen Bedürfnissen angepaßte Medienpolitik.

Nehmen wir ein Beispiel aus der jüngeren Mediengeschichte: *Bildschirmtext* hat keineswegs die Erwartungen eingelöst, die nicht nur die Anbieter, sondern auch neutrale Kommunikationswissenschaftler an dieses Medium geknüpft hatten. Daß sich dieser Zugvogel, den die Post Mitte der 70er in England einfing, sich trotzdem kaum vom Boden erhob, lag nicht an den Technikern, mehr schon an den damals noch kaum vorhandenen oder wenigstens kaum tätigen Marketingstrategen der Telekom.

Vor allem aber lag es daran, daß der breiten Bevölkerung der Nutzen des neuen Angebots nicht klar wurde, das Angebot zu wenig durchsichtig, zu wenig strukturiert und zum Teil unseriös war, vor allem aber die Benutzung für Computerlaien zu schwierig war und ist. "Schuld" an dieser Misere hat freilich nicht nur die Telekom und die "dummen" Nutzer (zu denen ich mich übrigens mit meinem Anspruch auf Benutzerfreundlichkeit auch zähle), sondern auch die Vertragspartner des BTX-Staatsvertrags, vor allem die Länder. Sie haben keinen Finger gekrümmt, um die dort vorgesehene Qualitätskontrolle auch wahrzunehmen. Es waren also die Störrigkeit des Publikums und das Fehlen einer angemessenen Medienpolitik, die den Zug- und Lockvogel BTX im Sumpf mangelnder Bekanntheit stecken bleiben ließ.

Multimedia meint nicht nur die *technische* Integration von bisher getrennten Netzen, von verschiedenen Übertragungstechniken und -geräten. Sie bedeutet *für die breite Bevölkerung* auch eine Aufforderung zur Änderung ihrer beruflichen Arbeitstechniken, zur Änderung ihrer gewachsenen kulturellen Einstellungen. Multimedia bedeutet den Zwang zur Umstellung von Alltagsroutinen und liebgewordenen Gewohnheiten. Da muß der Nutzen schon sehr einsichtig sein, will man sich diese Umstellung freiwillig antun; den Wandel am Arbeitsplatz muß man ohnehin schon mitvollziehen.

Es lohnt sich also, aus den Erfahrungen mit den alten Medien zu lernen, vor allem um die kulturellen Bedingungen für die Akzeptanz der Multimedia-Anwendungen realistisch abzuschätzen und dann die richtigen wirtschafts- und ordnungspolitischen Maßnahmen zu treffen. Mit meinem zweiten Zwischenruf will ich zunächst die Lebenskultur der Nutzer konkreter beleuchten (zu den Forderungen an die Medienpolitik komme ich dann danach).

2 Der Nutzer, das unbekannte Wesen

Ich kann mich hier vergleichsweise kurz halten, weil schon einige Referenten vor mir zumindest an die beiden ersten Kennzeichen des Nutzers, die ich ansprechen will, erinnert haben.

Der Nutzer oder die Nutzerin ist ja ein weithin unbekanntes oder zumindestens vernachlässigtes Wesen. Viele Akzeptanzstudien sind nicht gründlich genug, sie erfragen nicht den gesamten lebensweltlichen Hintergrund, in dem sich die augenblickliche und die zukünftige Mediennutzung vollzieht, sondern fragen höchstens nach speziellen Angeboten und Diensten, die sich ein Firmenkonsortium ausgedacht hat, von der der Nutzer sich aber keine klare Vorstellung machen kann. Nur wenn "Medien", "Mediennutzung" auch als *kulturelle, verhaltensmäßige Artefakte* gesehen werden, wird Multimedia Erfolg haben. (Sie bemerken, ich rutsche jetzt doch in die Rolle des zukunftsvorhersagenden Propheten. Aber ich werde in meinem dritten Unterpunkt dann wieder grundsätzlicher).

2.1 Erstes Erfolgsrezept: sich an gewachsene Gewohnheiten und Einstellungen anlehnen

Die Mediengeschichte lehrt uns, daß jedes neue Medium, will es Erfolg haben, zunächst in die Bedeutung eines alten Mediums hineinspringen muß, indem es das Gleiche billiger oder schneller anbietet; erst in einem zweiten Schritt kann es dann seine spezifischen Vorteile und neuen Möglichkeiten ausspielen. Nehmen wir die Erfindung der Photographie in der Mitte des letzten Jahrhunderts!

Die meisten Fotos, die in den ersten Jahrzehnten gemacht wurden, waren Familienfotos. Die versammelte Familie stand im Sonntagsanzug angespannt da und schaute ernst in die Kamera. Diese Fotos waren einfach die Familiengemälde der kleinen Leute, man konnte sie sich für wenig Geld an die Wand hängen. Erst später kamen Nutzungsarten hinzu, die die Malerei noch nicht kannte und vor allem nicht so schnell zu Wege brachte: die Fotos der Reporter von politischen Ereignissen, Momentaufnahmen von Naturkatastrophen; und es gab sehr bald die Retusche und die Bildmontage, das Werbefoto. Was als billiger Malerei-Ersatz begann, avancierte zu einem eigenständigen Medium, ja zu einer neuen Kunst.

Ich könnte mir vorstellen, daß das Bildtelefon besonders nachgefragt sein wird, weil es zwei schon eingebürgerte Dinge kombiniert: das Erinnerungsphoto der Geburtstagsfeier und das Anrufen bei Verwandten. Man wird den auf Auslandsreise befindlichen Mann nicht nur anrufen, sondern auch ihn auch sehen lassen wollen, wie die kleine Tochter die Kerzen ihrer Geburtstagstorte ausbläst, um ihm dann Gelegenheit zu geben, sein exotisches Geburtstagsgeschenk schon einmal herzuzeigen.

2.2 Zweites Erfolgsrezept: Benutzerfreundlichkeit

Der Nutzen von Multimedia-Anwendungen muß einem Massenpublikum also einsehbar sein und das heißt: er muß an Bekanntes anknüpfen. Aber die Nutzung von

Multimedia muß auch leicht beherrschbar sein, und zwar auch und gerade von technikungewohnten (älteren) Menschen. Sowohl die Tasten wie auch die Software-Oberfläche müssen nicht kinderleicht, sondern greisenleicht zu erkennen und zu bedienen sein.

All diese schwarzen HiFi-Geräte mit ihren vielen kleinen Tasten, mit einer Bedienungsanleitung, die mir zum Kauf dieses Gerätes gratuliert und dann mit der Beantwortung von Fragen beginnt, die ich überhaupt noch nicht habe oder verstehe, sind die Wirklichkeit von heute. Sie wird auch die Wirklichkeit von morgen sein, wenn man weiter die Benutzerfreundlichkeit für eine unwichtige Sache ansieht, solange man sich Marktanteile sichern muß. Ich meine, man wird auch schon mittelfristig die Nutzungszahlen nur erhöhen, wenn man die Benutzbarkeit, d.h. die Benutzerführung und Benutzerfreundlichkeit verbessert.

Wenn nicht, so wird das Urteil von Nicholas Johnson, eines amerikanischen Experten, Gültigkeit behalten: "Uns werden elektronische Waren und Dienstleistungen angeboten, die bestenfalls verwirrend sind, von wenigen gewünscht werden, von noch wenigeren effizient genutzt werden können und schlimmstenfalls verschwenderisch und schädigend sind – es handelt sich um Lösungen, die nach Problemen suchen." (Nicholas Johnson 1994, 24)

2.3 Drittes Erfolgsrezept: Die Nutzer als autonome Menschen behandeln! Wahlfreiheit anbieten, auch wenn sie von den meisten nur partiell genutzt wird! (Beispiel: elektronische Zeitung)

Ich möchte noch auf ein drittes Kennzeichen des Nutzers zu sprechen kommen, das mehr ein Ideal als eine Wirklichkeit darstellt. Es ist aber deswegen wichtig, weil es für den Nutzer seinen Wunsch nach Freiheit ausdrückt. Ich meine das Ideal eines *autonomen Nutzers*. Es scheint mir speziell für das Schneidern von Multimedia-Angeboten von Bedeutung zu sein; gleichzeitig darf man diese Autonomie nicht als unbegrenzte Veränderungsbereitschaft mißverstehen. Denn es müssen ja gewachsene kulturelle Nutzungsgewohnheiten aufgegriffen und behutsam erweitert werden.

Ich will das am Beispiel der elektronischen Zeitung verdeutlichen. Der autonome Nutzer will die Freiheit der Informationswahl – als grundsätzliche Möglichkeit –, wie oft er sie dann faktisch nutzt, ist eine andere Frage. Er will nicht gezwungen werden, die ganze Zeitung mit allen Teilen abonnieren oder aktuell zahlen zu müssen – vom Lesen ganz zu schweigen.

Es gibt Leute, die mit der großen Politik beginnen wollen, aber sicher ebenso viele, wenn nicht mehr, die sich zunächst für den Sportteil oder für die Todesanzeigen interessieren. Abgesehen von der Reihenfolge, werden die meisten Nutzer jedoch das redaktionell aufbereitete Angebot übernehmen und sich nicht täglich ihre ganz individuelle Zeitung zusammenstellen. Die Macht der persönlichen Gewohnheiten, Elemente der Lebenskultur also, werden die Nutzung der elektronischen Zeitung mindestens ebenso bestimmen wie technische und finanzielle Aspekte.

Muhsin Omurca

Und die Tele-Zeitung wird umso mehr akzeptiert und nachgefragt werden, je mehr Freiheit sie grundsätzlich anbietet und je besser sie sich den Nutzererwartungen und -gewohnheiten anpaßt. Ein Angebot, das bevormundet, verärgert seine Nutzer – aber auch eines, das zuviel Umstellung ihrer kulturellen Gewohnheiten verlangt. Es gilt also: die Autonomie der Menschen voraussetzen und fördern, aber sie darin auch nicht überfordern!

3 Medienpolitik mit neuen Perspektiven und nach neuen Modellen

Ich komme nun zu den Forderungen an die Medienpolitik. Dabei ist auch ein staatliches Nichthandeln in diesem Bereich, z.B. im Sinne einer Liberalisierung – eine Medienpolitik, die dann in Nichteinflußnahme besteht. Es fragt sich nur: Was ist die gegenwärtig angemessene Form von Medienpolitik?

In den 50er und 60er Jahren fand der wirtschaftliche Wiederaufbau statt, das Fernsehen etablierte sich, in den 70er Jahren kam – reichlich spät – der Ausbau des Telefonnetzes hinzu. In dieser Phase ging es um die Grundversorgung der gesamten Bevölkerung mit elementaren Dienstleistungen; in ihr war die Sicherung eines flächendeckenden Angebots und die Verhinderung von Monopolen (wirtschaftlicher und meinungsmäßiger Art) das angemessene Ziel von Medienpolitik.

Die neuen Nutzungsarten des Telefons – unter ihnen am erfolgreichsten das Telefax, aber auch Internet und BTX – sowie die Erweiterung des Rundfunkangebots um private und lokale Kanäle prägten die zweite Phase der Regulierung von Telekommunikation. Um Innovationen zu fördern und zu beschleunigen, war jetzt Liberalisierung, Dezentralisierung, Wettbewerb angesagt; der technische Standard des Telefons, aber auch des Hörfunk- und Fernsehsignals lagen ja schon fest und wurden nicht verändert.

Die gegenwärtige dritte Phase ist durch Integration bisher getrennter Dienste geprägt, sie besteht in der Verwischung von institutionellen, von inhaltlichen und rechtlichen Grenzen sowie in der Etablierung neuer technischer Standards und unbekannter inhaltlicher Angebote. Der Begriff Multimedia sagt ja noch nicht konkret, was uns da alles multimedial von woher angeboten wird. Nach Meinung von Charles M. Firestone und Katharina Kopp vom Aspen Institute [zit. von U. Schmid/H. Kubicek 1994, 407] verlangt die gegenwärtige Periode der Entwicklung wegen der Vielfalt der Optionen eine gewisse *Koordination*, wegen ihrer Unübersichtlichkeit Aktivitäten zur Herstellung von *Transparenz und Qualität* des Angebots und wegen der wachsenden Wissenskluft die Sicherung des *freien Zugangs aller* zu den wesentlichen Informationen und Dienstleistungen.

3.1   Politik muß Transparenz und Qualität des Angebots fördern

Die Versäumnisse des Staates bei BTX habe ich schon erwähnt. Es darf bei Multimedia nicht wieder so lange dauern, bis es ein Inhaltsverzeichnis gibt, das nach Relevanzkriterien und nicht nach Werbung und Branchen vorangeht. Und auch bestimmte "Qualitäts-Container" muß es geben, damit nicht unseriöse Anbieter die Marktchancen von seriösen schmälern.

Nicht nur der Staat ist hierbei gefragt; warum können nicht auch Stiftungen und Zeitschriften – ähnlich der Plakette "Spiel gut" oder dem "Goldenen Beterix" – eine Auszeichnung "Info gut" für nutzerorientierte, faire und ergiebige Informationsangebote vergeben?

3.2   New Deal zwischen öffentlichen und privatwirtschaftlichen Interessen

In der Initiative der US-amerikanischen Regierung zur Errichtung einer National Information Infrastructure (NII) kommt es zu einer Neuauflage des New Deals zwischen Staat und Privatwirtschaft. Da zusätzliche Steuergelder nicht vorhanden sind, stellt die Lizenzvergabe das einzige Kapial oder Machtmittel dar, über das der Staat noch verfügt. Also verbindet er die Zulassung zum Markt mit der Verpflichtung, in beschränktem Umfang auch Beiträge von öffentlichem Interesse zu leisten. Pacific Bell muß z.B. ein Jahr lang die Übertragungsgebühren für alle Schulen der Region übernehmen; weitere förderungswürdige Adressen liegen im Bereich von öffentlichen Bibliotheken, man könnte so Gesundheits- oder Bürgerinformationen sowie Verwaltungsdienstleistungen subventionieren.

Der Staat hat also moderierende und regulierende Aufgaben, er braucht nicht Netzbetreiber sein. Aber er sollte bei sich – z.B. in Advisory Boards, in Telekommunikationsräten – einen Ideenpool ansiedeln und damit neben der defensiv regulierenden auch eine aktiv stimulierende Rolle, eine "symbolic leadership" übernehmen. So wenigstens hat es sich die US-amerikanische Regierung vorgenommen. Bleibt abzuwarten, ob die Medienpolitiker unseres Landes sich davon inspirieren lassen.

Es braucht auf jeden Fall mehr als eine hilflose Deregulation und mehr als ein Festhalten an den alten Grenzziehungen und Ausbalancierungen, vor allem rechtlicher Art. Die duale Rundfunkordnung ist zwar erst zehn Jahre alt, aber sie ist durch die technischen Möglichkeiten überholt. Interaktive Medien zeichnen sich ja gerade dadurch aus, daß nicht mehr fein säuberlich zwischen Sender und Empfänger unterschieden werden kann. Und es ist geradezu erwünscht, daß möglichst viele Empfänger zu senden beginnen und umgekehrt. Man wird wohl oder übel das schöne Rechtsgebäude gründlich überdenken und im nächsten Schritt auch einmal umschreiben müssen, wobei es völlig neue Kapitelüberschriften geben wird.

3.3 Sicherung eines Existenz-Minimums an Multimedia

Und ein letzter Hinweis zur Medienpolitik: Es wird Multimedia-Anwendungen geben, die einen verzichtbaren Luxus darstellen, und solche, die nötig sind, um informiertes und aktives Mitglied der (Welt-)Gesellschaft sein zu können. Die (nationale) *Gesellschafts- und Medienpolitik* müßte dafür sorgen, daß die letzteren Angebote für jeden verfügbar und erschwinglich sind, d.h. sie wird sich vor allem einsetzen müssen für einen offenen und auch für Ärmere erschwinglichen Zugang zu den wichtigsten Informationsbeständen, zu Nachrichten, zu popularisierten wissenschaftlichen Ergebnissen u.ä.

Wie wir die letzten eineinhalb Tagen mehrfach gehört haben, sind die Kosten für die verschiedenen Multimedia-Anwendungen noch sehr unklar, für die Anbieter- wie für die Nutzerseite. Doch kann man sicher sagen: Multimedia wird das Medienbudget der Haushalte weiter erhöhen. Seit die OPEC ihr Drohpotential nicht mehr ausspielen kann, sind es – neben den Wohnungskosten – vor allem die Kosten für Medienabonnements, die steigen. Nun, man kann sagen: Wir leben schließlich in einer Informations- und Mediengesellschaft; was etwas wert ist, kostet auch etwas. Aber es gibt Gruppen in unserer Gesellschaft – und ihre Zahl wächst –, die jede Mark umdrehen müssen: ältere Menschen mit einer kleinen Rente, kinderreiche Familien, alleinerziehende Mütter, vor allem Langzeitarbeitlose, Bürger in sozialen Schwierigkeiten. Darf ich diese Menschen von dem Zuwachs an Information und Unterhaltung, den Multimedia bringen wird, ausschließen? Wird man diesen neuen Medienkorb nicht zum Existenzminimum in einer postindustriellen Informationsgesellschaft zählen müssen? Medienabonnements auf Sozialschein?

Ich erinnere mich an ein Gerichtsurteil, nach dem ein ausländischer Mieter auch gegen den Protest des Vermieters eine Satelliten-Schüssel auf seinem Balkon anbringen durfte, obwohl es im Haus Kabelanschluß gab – weil es für ihn als Ausländer keine andere Möglichkeit gab, die heimatlichen Rundfunkprogramme zu empfangen und das Gericht einen Rechtsanspruch auf Pflege der nationalen Identität

durch Rundfunk anerkannte. Kann man nicht auch sagen: einer modernen Gesellschaft anzugehören setzt voraus, ihre wichtigsten Medien nutzen zu können? Wenigstens *bezahlen* zu können; denn sie mit Verständnis zu nutzen, hat nicht finanzielle, sondern bildungsmäßige Voraussetzungen (meist hängen beide Sachen natürlich zusammen).

Auf jeden Fall wird die Politik und das Bildungssystem dafür sorgen müssen, daß sich die Kluft zwischen *Informationsreichen und Informationsarmen* nicht noch vergrößert. Ob das über das Sozialamt und über die Erhöhung des Haushalts der Kultusministerien, also über Steuergelder geschehen muß, ist noch eine andere Frage. Vielleicht gehören die Nutzungssubventionen ja zum new deal zwischen dem lizenzvergebenenden Staat und der Industrie – Gebührenerlasse also an sozial schwache Haushalte und an Hauptschulen (denn dort lernen die bildungsmäßig und finanziell Armen!).

3.4 Der Werbung international Grenzen setzen

Als Hochschullehrer oder vielleicht als Leiter einer Entwicklungsabteilung stellt man bedauernd fest, daß die Verwaltung, die Dokumentation und die PR-Arbeit immer mehr Geld und Personen bindet – und daß die Erstellung von Inhalten, die kreative Arbeit an sachlichen Fragen immer stärker zurückgedrängt wird. Wenn man die Medien und ihre Inhalte anschaut, hat man einen ähnlichen Eindruck: hier ist es allerdings die *Werbung*, nach der sich alles dreht. Wegen der Werbeunterbrechungen soll ein Fußballspiel in vier Viertelzeiten anstatt in zwei Halbzeiten unterteilt werden, der Tennissport ist da von vornherein werbe- und damit medienfreundlicher.

Ich bin kein grundsätzlicher Gegner von Werbung – sonst könnte ich nicht für private Sender und die belebende Konkurrenz im dualen Rundfunksystem sein. Aber ich bin dagegen, daß Werbung die Inhalte mehr als nötig bestimmt. Wir müssen zu einer auch international praktikablen Regulierung von Werbung kommen, sonst geht es uns so wie diesem fernsehenden Paar:

Peter Kaczmarek

3.5 Schutz personenbezogener Daten – morgen noch aktueller und schwieriger

Ich komme zu einem letzten Punkt, der einer rechtlichen Regelung und der öffentlichen Aufmerksamkeit bedarf, zum Schutz personenbezogener Daten. Durch die Mobiltelefone ist es bald technisch möglich, daß Arbeitgeber auf drei Meter genau wissen können, wo ich mich als Arbeitnehmer gerade auf meiner Dienstfahrt befinde, auf welchem Parkplatz ich anhalte, wielange ich Pause mache. Es müssen *soziale Vorkehrungen* getroffen werden, damit ein Mindestmaß an *informationeller Selbstbestimmung* gewahrt bleibt.

Datenschutzbestimmungen müssen angeben, wo berechtigte Kontrollinteressen aufhören und wo eine unnötige und gefährliche Personenüberwachung beginnt. Diese Grenzziehung ist Sache der Gesellschaft, der Politik, der Rechtsprechung, nicht der Technik im engen Sinn. Und die sozialen Vorgaben müssen dann auch technisch umgesetzt werden – im Fall des Mobiltelefons z.B. als ein Verbot bestimmter Programme (das vom Betriebsrat mit kontrolliert wird) oder als eine Taste auf dem Telefon, mit der man sich abmelden und quasi unsichtbar machen kann.

Die Techniker und Produktentwickler täten gut daran, wenn sie solche Grenzziehungen nicht erst nachträglich berücksichtigten – dann, wenn es öffentlichen Protest gibt -, sondern wenn sie den Respekt vor der persönlichen Freiheit gleich von sich aus in ihre Produkte "einbauen" würden. Dies entspräche übrigens der (zur Corporate Identity gehörenden) Wertkultur von modernen Firmen und würde das Vertrauen in den Bereich Multimedia bei vielen demokratiebewußten Bürgern erhöhen. (vgl. zu diesem Thema M.-T. Tinnefeld u.a. 1994)

4 Erwartungen an das Bildungssystem

Natürlich hat man an das *Bildungssystem* auch im beginnenden Multimediazeitalter Erwartungen, hohe und oft zu hohe Erwartungen. Ich möchte hier nur solche nennen, die mir besonders wichtig erscheinen, und einige Punkte ansprechen, die meist nicht so im Blick sind. Keiner meiner Punkte kostet dem Staat mehr Geld, es geht mehr um eine Einstellungsänderung – bei Eltern, Lehrern, Politikern (aber diese inneren Reformen sind oft schwerer zu erreichen als eine Erhöhung von Haushaltsposten).

4.1 Informationstechnische Grundbildung weiterentwickeln! Lehrer dazu aus- und fortbilden!

Die Suche nach und der Umgang mit Informationen sollte schon in der Grundschule gelernt werden. Eigentlich handelt es sich ja um ein ganzes Bündel von alten und neuen Kulturtechniken, um die Erhaltung und Erneuerung von Beurteilungs- und Kritikfähigkeit. Bei Büchern haben wir gelernt, uns ein Bild vom Inhalt zu machen, der uns erwartet. Wir können die Glaubwürdigkeit abschätzen, die das Werk unserer Meinung nach haben könnte. Dazu schauen wir uns die Aufmachung des Buches an,

den Verlag, das Erscheinungsjahr, den Autor (und was wir von ihm und seiner "Schule" wissen). Das Literaturverzeichnis läßt uns begründete Vermutungen darüber anstellen, auf welche Quellen oder wissenschaftlichen Ergebnisse sich der Autor stützt, wie sehr wir ihm wahrscheinlich vertrauen können. Das alles erkennen wir, noch bevor wir gründlich zu lesen angefangen haben.

Diese Fähigkeit zur Beurteilung von Wissensquellen ist auf unsere heutigen Datenbank-Recherchen zu erweitern. Hier verfügen wir bei weitem nicht über so viele bewährte Prüfkriterien. Der Firmenname der Datenbank oder das Datum der Eingabe sagt wenig über die wissenschaftliche Position der Eingebenden, über die Größe und Herkunft der von ihnen verwendeten emipirischen Daten. Hier müssen alte Kulturtechniken zu neuen Formen und Aufmerksamkeitsregeln weiterentwickelt werden. Und wenn ich die Recherche einem Programm überlasse, einem individuellen Informationsmanager, dann muß ich seine Auswahlkriterien kennen und teilen, sonst ist es nicht mein Informationsmanager.

4.2 Der Weg zum informierten und mündigen Bürger verläuft nicht nur auf Kabelschächten. Es braucht nach wie vor eine kritische Einstellung und Arbeitshaltung (AIME: Amount of Invested Mental Effort – G. Salomon)

Seit der Aufklärung gilt als ein oberstes Ziel von Erziehung und eigener Persönlichkeitsbildung die *Autonomie*, d.h. die Fähigkeit, die eigene Freiheit zu gebrauchen und sein Leben selbst zu bestimmen. Die bisherigen und die neuen Medien erweitern zweifelsohne unseren Horizont, sie informieren uns über entfernte Weltereignisse und wissenschaftliche Ergebnisse. Aber gleichzeitig wird uns der Blick auf die Wirklichkeit auch verstellt – durch militärische Zensur wie beim Golfkrieg oder indem die Berichterstattung zu sehr auf das Unterhaltungsbedürfnis abgestimmt wird wie beim Reality-TV, beim Infotainment.

Autonomie läßt sich nur wahren, wenn wir uns immer neu von selbstverschuldeter Unmündigkeit befreien (wie Kant es ausdrückt). Oder um mit Aldous Huxley zu sprechen: die größte Gefährdung unserer Freiheit steckt in unserer Verführbarkeit zu oberflächlicher Unterhaltung (die Hauptthese seines Zukunftsromans von 1932 "Brave New World" – "Schöne neue Welt"). Wir amüsieren uns nicht *körperlich* zu Tode – wie der Medienkritiker Neill Postman suggeriert –, sondern wenn wir nicht aufpassen, kommt uns unmerklich die *geistige* Fähigkeit abhanden, Wichtiges von Unwichtigem zu unterscheiden, eigene Erfahrungen zu machen und daraus selbständige Folgerungen zu ziehen. Hier ist die Schule gefordert: nicht indem sie die Schüler zwingt, die medienkritischen Urteile der Lehrer nachzuplappern, sondern die jungen Menschen eigene Erfahrungen und Gedanken machen läßt.

Man sagt schon seit Jahrzehnten, die Schule solle nicht in erster Linie Stoff vermitteln, sondern sich verstärkt um die Motivation zu selbständigem Lernen kümmern. Das Lernen des Lernens, die Bereitschaft zu lebenslangem Lernen sei das wichtigste Klassenziel. Da Lernen sich immer an einer konkreten Frage oder einem Stoffgebiet vollzieht, braucht es sicher auch (exemplarisch) ausgewählte schulische Stoffgebiete. Um aber das eigenständige Weiterlernen zu fördern, also eine Motivation aufzubauen, muß das schulische Lernen mehr Spaß machen. Lehrer müssen die Schüler mehr beteiligen, einen erfahrungsbezogeneren Unterricht halten – und bei allem Lernspaß klarmachen: Lernen ist auch eine Arbeit.

Forschungen eines Nestors der Mediendidaktik, Gavriel Salomon belegen [vgl. die Zusammenfassung von B. Weidenmann 1989]: Eine auf Lernen ausgerichtete Aufmerksamkeit erhöht die Behaltensleistung und das Verständnis von audiovisuellen Angeboten. Dieses Ergebnis ist wohl auch auf die Multimedia-Informationen anwendbar. Aber auch bei ihnen gilt: Voraussetzung ist ein bestimmter "Verstehensaufwand" (AIME = Amount of Invested Mental Effort), der muß aufgebracht – und die Bereitschaft dazu in der Schule grundgelegt – werden.

Eine solche *Aufmerksamkeitshaltung* bedeutet ein bewußtes Dagegenhalten bei all den interessanten Unterhaltungsangeboten. Aber ohne diese Haltung wird es keine kritischen Bürger und keine sich selbständig weiterbildenden Personen geben. Und die braucht die Multimedia-Welt. Ich sprach vorhin von einem Existenzminimum an Multimedia. Müßten wir das nach dem eben Gesagten nicht präzisieren: Es muß ein Minimum an Nutzung ernsthafter und zur geistigen Orientierung notwendiger Informationen dabei sein, neben den 80 oder 90 % Unterhaltung? Wie macht man das ohne Zwang, ohne Erziehungsdiktatur? Sollte nach zwei Stunden Fernsehen automatisch eine Oberfläche mit persönlichen Fragen aus einem Zeitmanagementsystem erscheinen und an die nicht getane Arbeit im Haushalt, an den Vorsatz Freunde zu besuchen u.ä. erinnern?

Vielleicht müssen nur die Eltern ihre Kinder an eine alte Wahrheit erinnern, auch indem sie diese selbst praktizieren: "Wer sich nichts versagt, versagt". Ich weiß, daß diese Wahrheit an die Grundpfeiler einer auf Konsum bauenden Wirtschaft rüttelt; aber ohne sie ist keine Demokratie zu haben, d.h. die politische Aufmerksamkeit und Mitbestimmung möglichst vieler. Es geht aber nicht um Medienaskese aus Prinzip; es geht auch nicht um die Stigmatisierung der unterhaltenden Nutzung von Multimedia. Die heutigen "Grumpies" (grown up mature people) "lassen sich von ihren kritischen Gedanken nicht die Freiheit des Verbrauchs, ja des Genusses nehmen" [M. Siemons 1994, 24]. Aber sie haben – hoffentlich! – gelernt, daß man bei emotionalen und formal perfekt gemachten Stoffen besonders leicht verführbar ist.

Medienerziehung müßte dies lehren: das emotionale Element eines Bildes, des Kommentars, der begleitenden Musik sich bewußt zu machen und von der harten Information kritisch zu trennen. Nazifilme wie "Jud süß" oder Leni Riefenstahls Film über den Nürnberg Reichsparteitag sind ein bleibend gültiges Anschauungs- und Analysematerial dazu.

4.3 Jugendschutz bleibt wichtig, vor allem bei sozialen Problemgruppen. Ein weiteres Eltern-Problem: Die Slogans von Werbung und Teleshopping entkräften

Manche sorgen sich bei der Vermehrung der Fernsehprogramme rund um die Uhr, dem Supermarktangebot an Spielen, um den *Jugendschutz.* Wir haben ja in Deutschland vergleichsweise strenge Grenzziehungen für Inhalte, die geeignet sind, auf Jugendliche sozialethisch desorientierend zu wirken. An Jugendliche unter 18

Jahren dürfen solche Produkte nicht verkauft oder im Fernsehen erst nach 23 Uhr gesendet werden, die Sexualität in einer einseitigen und menschenverachtenden Weise vorführen, die zu Gewalttätigkeit, Verbrechen oder Rassenhaß auffordern sowie den Krieg verherrlichen (vgl. § 1 des Gesetzes über die Verbreitung jugendgefährdender Schriften aus dem Jahre 1953). Diese Grenzziehungen werden sich in der internationalen Fernsehlandschaft mit den unterschiedlichen Zeitzonen nicht mehr so kontrollieren lassen.

Mir scheint ohnehin die materielle Verführung durch ständige Werbung und die Möglichkeit des Teleshopping problematischer zu sein als jugendgefährdende Filme und Computerspiele. Sicher gibt es soziale Problemgruppen, in denen Sendungen in gefährlicher Weise Gewalttätigkeit "rechtfertigen" und verstärken, die allerdings auch zur direkten täglichen Erfahrung gehört. Aber normale Kinder und Jugendliche nehmen viele gewalthaltige Inhalte nicht so wörtlich und so ernst wie es die Erwachsenen und speziell die professionellen Jugendschützer tun. Was heute jedoch auch in gesunden Familienverhältnissen aktuell ist: Eltern müssen – gegen die medialen Paradiesesversprechungen – ihren Kindern klar machen, daß man nicht alles haben kann (auch an Informationstechnik nicht), daß Zufrieden- und Mit-Sich-Identisch-Sein nicht an diesem oder jenem Spielzeug, Genußmittel, an dieser oder jener Reise liegt, der realen wie der virtuellen nicht.

Wenn wir weltweit in Frieden und Gerechtigkeit miteinander leben wollen, wenn wir mit den Gaben der Natur behutsamer umgehen wollen, dann müssen wir unseren Wohlstand gleichmäßiger verteilen, d.h. wir reichen Europäer, Nordamerikaner und Japaner dürfen nicht ständig neue Ansprüche stellen, sondern mit dem Erreichten zufrieden sein.

Ich glaube, mit diesem letzten Bild bin ich meinem Anspruch, ein unbequemer Mahner und Prophet zu sein, wieder gerecht geworden. Aber ich hoffe, ich habe verständlich zu Ihnen geredet und konnte Sie auf einige wichtige gesellschaftspolitische Aspekte aufmerksam machen.

Jan Tomaschoff

Literatur:

Johnson, Nicholas: Die Verwirrung der Interessen. Fernsehen im elektronischen Supermarkt. In: Agenda 15 (Juli-Okt.) 1994, 20 – 24.
Schmid, Ulrich/Kubicek, Herbert (1994): Von den "alten" Medien lernen. In: Media Perspektiven 8/1994, 401 – 408.

Siemons, Mark: Schöne neue Gegenwelt. Über Kultur, Moral und andere Marketingstrategien. Frankfurt a.M./New York: Campus 1993.

Tinnefeld, M.-T./Phillipps, L./Weis, K. (Hrsg.): Institutionen und Einzelne im Zeitalter der Informationstechnik. Machtpositionen und Recht. München: Oldenbourg 1994.

Weidenmann, Bernd: Der mentale Aufwand beim Fernsehens. In: Groebel, Jo/ Winterhoff-Spurk, Peter (Hrsg.), Medienpsychologie. München: Psychologie Verlags Union 1989, 134 – 149.

Deutsche und internationale Kooperationen und Allianzen

Helmut Fluhrer

Sehr geehrter Herr Prof. Eberspächer,
sehr geehrter Herr Prof. Witte,
sehr geehrte Damen und Herren,

es freut mich sehr hier zu Ihnen sprechen zu können.

"Gutenberg machte aus jedem einen Leser.
Xerox machte aus jedem einen Verleger,
Computer machen aus jedem einen Autoren"
Dies sind die Worte vom Medienvisionär Marshall Mc Luhan.

Was er nur theoretisch vorhersah, wir aber erleben, ist die grenzenlose Interaktivität, die die Multimedienwelt bringen wird. Ich möchte deshalb hinzufügen: "Die Interaktivität macht aus jedem Zuschauer und Zuhörer einen aktiven Teilnehmer". *Das* ist das gravierend Neue, das ist die echte Zeitenwende in der Medienwelt.

Der Wettlauf der Industrien um einen Platz in dieser neuen Epoche hat längst begonnen – es geht um viel, wieviel weiß keiner, aber um genug, um Firmenstrategien rapide zu ändern.

Und um Allianzen und Kooperationen einzugehen:

—   auch mit Firmen, mit denen man das vorher <u>nie</u> gemacht hätte
—   mit einer Geschwindigkeit, in der man sich früher nie entschieden hätte.

Es ist eine revolutionäre Zeit.

Mein Vortrag teilt sich in folgende Abschnitte auf:

—   Ein kurzer 4-minütiger Info-Video über die vielen Facetten des Communication Super Highways
—   Dann gehe ich ein auf die Notwendigkeit Allianzen und Kooperationen in dieser neuen Medienwelt eingehen zu müssen.

Allianzen und Kooperationen

—   beleuchte ich unter dem Aspekt des Wettbewerbsparameter
—   möchte den zunehmenden Trend zu "Multi-Alliance-Networks" im globalen Wettbewerb beschreiben und gehe auf einige ihrer Characteristica ein.

Dann gehe ich auf Allianzen und Kooperationen in den drei Bereichen des Communication Super Highways ein

–   Hard- und Software-Providers
–   Network-Providers
–   Content-Providers

Am Beispiel von Burda Medien möchte ich Ihnen am Ende einige eigenen Motive und Strategien in im Neuen Medien Feld erläutern.

Der Zwang zur Kooperation auf dem Communication Super Highway

Die entscheidende Veränderung zwischen der bisherigen Medienwelt und der in die wir gerade einen Blick geworfen haben umreißt das Schlagwort "atoms to bits".

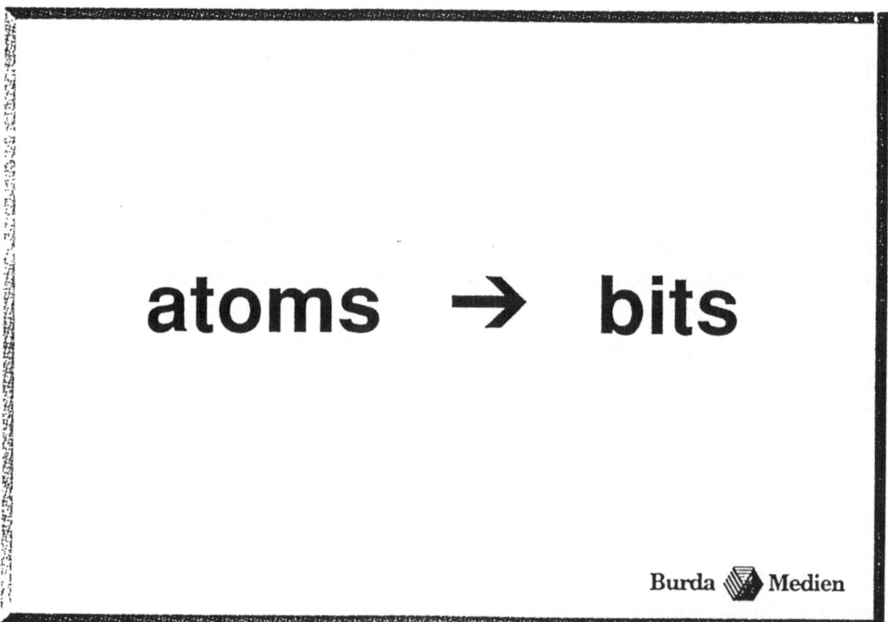

Wir kommen aus der Welt der Atome und gehen in die Welt der Bits – das ist die Revolution in unseren Köpfen.

Atome, das waren   – Papier in Form von Zeitungen oder Büchern
                   – Schellackplatten
                   – Zelluloid für Filme
                   – magnetisierte Plastikbänder für Datenträger und
                     Videobänder
                   – Silbernitrat für Fotos.

Jetzt werden sie alle zu Bits – auf einer CD-ROM oder Online können Sie nebeneinander, Röntgenbilder, Finanzartikel und ein Musikstück von Mozart haben. Von außen sehen Sie das nicht.

Früher erreichten diese Produkte den Endnutzer über die unterschiedlichsten Vertriebskanäle, stammten von den unterschiedlichsten Herstellern. Und das in rauhen Massen:

Jeden Tag drucken wir mehr wie insgesamt zwischen Gutenberg und dem 1. Weltkrieg zusammengenommen.

Hier tritt die elementare Veränderung ein:

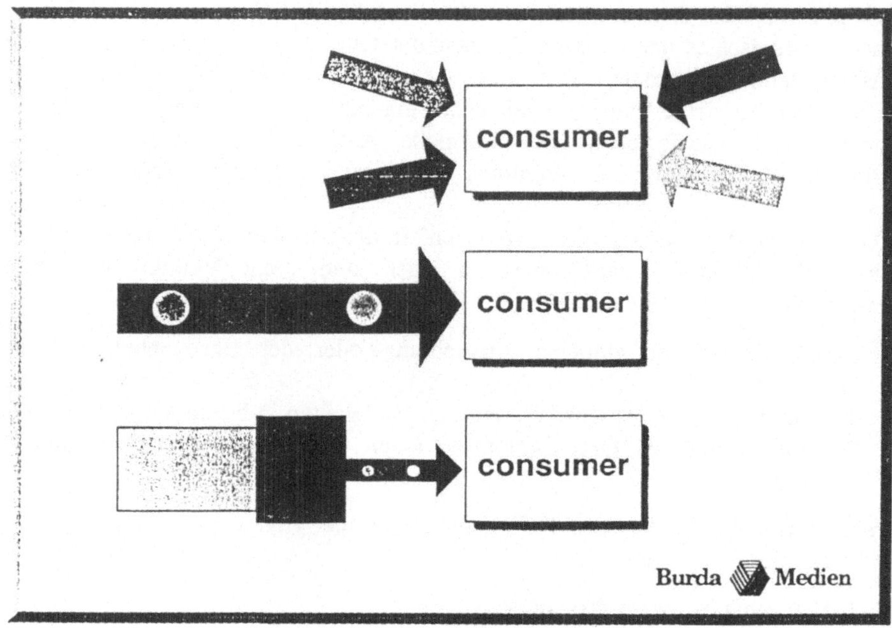

– die Anzahl der Vertriebskanäle reduziert sich :für Information, Kommunikation wird es ein, Glasfaser oder wireless- "Kanal" sein.
– Die Anzahl der Hersteller wird sich ändern: Jeder kann Information aufbereiten und vertreiben. Das Internet ist ein gutes Beispiel. 35 Mio "Quasi-Verleger", Musikverleger, Textverleger, Videoproduzenten eine virtuelle Mega Fleetstreet und Holleywood in einem. Es wird aber ein Übergangsmodell sein: Nicht alles, was es geben wird wird man haben wollen – nicht 1000 TV-Kanäle und Gigabits an Online-Services.

Die dritte Stufe wird entstehen:

"Der "Personal Digital Assistent" – oder "Digi Scout" wird ausfiltern, was ihm "Hismaster's voice" – wahrscheinlich im wahrsten Sinne voice over – mitteilen wird. Nicholas Negroponte, Chef des Medialab am Bostoner MIT sagt dazu "You want not more bits, not all bits – you want less bits, but the right bits!"

Es geht um etwas sehr Simples:

Es geht um die Gigabits, die den Consumer erreichen sollen und um die Gigadollars, die dafür verdient werden können!

Noch ist nicht klar, wie der 'Communication Super Highway' einmal aussehen wird, welche Services sich durchsetzen werden und welche Technik die Basis für sie darstellen wird.

Aber kein Unternehmen wird es sich leisten können, am Ende zu denen zu gehören, deren Hardwarelösungen oder Programme Consumer nicht erreichen, weil sie sich auf dem Communication Super Highway verfahren haben oder liegengeblieben sind.

Keiner will sich später vorwerfen, er hätte eine strategische Möglichkeit links liegen gelassen. Und da man nicht alles alleine machen kann, verbündet man sich. So einfach und logisch es sich im ersten Moment darstellt, so kompliziert entwickeln sich oft Allianzen und Kooperationen.

Hinter dem Begriff "Allianz" – allein schon ein äußerst PR-wirksames Instrument – verstecken sich häufig auch nur informelle Absichts-Erklärungen. Aber auch Minderheitsbeteiligungen, Joint-Ventures und Firmen-Fusionen werden von ihm abgedeckt.

Das Neue an den "strategischen Allianzen" in der Medienwelt in Abgrenzung zur traditionellen Unternehmens-Kooperation oder zum Joint Venture sind zwei Charakteristika:

1. Das Merkmal der globalen Ausrichtung oder der Bezogenheit auf den Weltmarkt,
2. das Ziel mittels der Allianz, Wissen und Fähigkeiten in bezug auf Produkt- und Prozeß-Technologie, Organisationsmethoden und Management-Techniken zu erwerben.

Betrachtet man den Aufbau des 'Communication Super Highways', so kann man ihn grob in drei Bereiche untergliedern:

- 1. Hard- und Software-Providers
- 2. Network-Providers
- 3. Content-Providers

In keiner anderen Industrie als in der Medienwelt, erleben wir wie elementar Entwicklungen in der Hard- und Software ganze Märkte verändern. Das Zusammenwachsen der bisher getrennten technologischen Entwicklungen und getrennte Produktwelten wie Computer, Telefon und Fernsehen, hängt zunehmend von einzelnen Entwicklungen in der Hard- und Software-Industrie ab.

Und hier liegt auch der Unterschied der electronischen zu den Print-Medien: kein Printmedienkonzern hat strategische Allianzen mit einer finnischen Baumschule, einigen Papierschiffreedereien, Hoechst-Farben und Papierreyclefirmen zusammen.

Allianzen und Kooperationen sind Wettbewerbsparameter

Im globalen Technologie- und Marktwettbewerb der Medien-Industrie sind strategische Allianzen heute ein bedeutender Wettbewerbs-Parameter. Sie existieren

sowohl auf der horizontalen Ebene (z.B. reine Software-Entwicklungs-Allianzen) als auch auf der vertikalen Ebene. Letztere entstehen immer mehr zwischen Netzwerk, – z.B. Telekommunikations-Unternehmen und Content-Providern, d.h. Inhaber an Film- und Video-Rechten. Typisches Beispiel hierfür war der kürzlich vom europäischen Kartellamt untersagte Zusammenschluß der Gesellschaft Media-Service GmbH. Und ein Beispiel für eine dreistufige vertikale Kooperation sind Sony, Columbia, und Bell Telefone, wenn Filme in Kalifornia Online in die Kinos zur Ausstrahlung transportiert werden – direkt aus den digitalen Archiven der Hollywoodstudios.

Strategische Allianzen sind jedoch nicht immer allein "Elefanten-Hochzeiten". Neben diesen kommt den sog. asymetrischen Allianzen eine immer bedeutendere Rolle im Medienbereich zu. Sie werden zwischen kapitalkräftigen Großunternehmen, die Zugang auf eigene Märkte besitzen und kleinen, innovativen High-Tech-Unternehmen geschlossen. Deshalb die "shopping-tours" europäischer Medien- und Elektronikunternehmen zu den"Garagenfirmen" im Silicon Valley.

Das 'Multi-Alliance-Network' und die Zunahme des globalen Wettbewerbs in den Medien

Bei der Entwicklung der neuen Medienwelt fällt ein neuer Typ einer Allianz auf: Es ist das 'Multi-Alliance-Network'. Die Zusammenarbeit dabei ist nicht länger auf die Zusammenarbeit von zwei Firmen beschränkt. Heute schließen sich ganze Gruppen von Firmen zusammen, um ein gemeinsames Ziel zu erreichen. Konsequenterweise entsteht dadurch eine neue Form des Wettbewerbs: Firmenzusammenschlüsse gegen Firmenzusammenschlüsse. Die einzelnen Firmen in jeder dieser Gruppe mögen sich noch so in Größe und Ausrichtung unterscheiden, innerhalb ihrer Gruppe erfüllen sie eine spezielle Rolle.

Leider gibt es noch viel zu wenige empirische Untersuchungen zum Funktionieren dieser Allianzen. Aber heutzutage wissen wir schon genug aus den Erfahrungen der Firmen in der Halbleiter- und Software-Industrie, daß einige Aussagen getroffen werden können. Diese 'Multi-Alliance-Networks' bieten deutliche Vorteile für ihre Mitglieder, doch müssen sich die Entscheidungsträger *vor* dem Einstieg im Klaren sein, zu welchen Konditionen, und dabei insbesondere zu welchen Kosten, sie in ihnen mitarbeiten.

Solche größeren Zusammenschlüsse werden in anderen Industrien getätigt, um das gemeinsame Volumen zu maximieren und die 'Economy of Scale' zu verbessern. Beispiel aus der Luftfahrt sind die Zusammenschlüsse zwischen Swissair, Delta-Airline, Singapure-Airline und SAS.

Ein anderer Faktor, der die Bildung von 'Alliance-Networks' fördert, ist die zunehmende Komplexität der Produkte und Services, sowohl was die Entwicklung und Produktion, aber auch den Vertrieb betrifft.

Im Multimedia-Bereich gibt es kaum ein Produkt, das nicht hochspezialisierte Technologien von *verschiedenen Herstellern* enthält.

Die "Gruppen-Allianzen" haben spezielle Vorteile in drei Situationen:

1. Primär in den Auseinandersetzungen um technische Standards. Hier hängt es oft davon ab, wie groß die Anzahl und Marktmacht der Firmen ist, die eine neue Technologie gemeinsam anwenden. So hat sich VHS durchgesetzt.
2. Die zunehmende Wichtigkeit als *global player* mitzuspielen zu wollen. Der Zusammenschluß mit lokalen oder nationalen Gesellschaften in verschiedenen Märkten mag einer Firma dazu verhelfen, Kosten über größere Umsätze zu verteilen oder generell Zugang zu Absatz-Möglichkeiten in den verschiedenen Ländern zu erhalten. Dies ist der Erfolgsweg von Rupert Murdoch.
3. Die neue Technologien bringen Zusammenschlüsse zwischen Industrien mitsich, die vorher wenig oder gar keine Berührung hatten. "Multi-Alliance-Networks" gibt *sehr spezialisierten* Firmen die Möglichkeit, viel *schneller und intensiver* mit ihren neuen Anbindungen die Marktchancen auszuloten und sich *Marktzugang* zu verschaffen, als wenn sie es unabhängig probieren würden.

Ein gutes Beispiel dafür ist wie die Entwicklung der PDAs (Personal Digital Assistants) durch die verschiedenen Firmen angegangen wurde: Apple entwickelte den "Newton" mit Chips von Advanced RISCs-Machines und mit der Produktionshilfe von Sharp als Hersteller.Danach lizenzierte Apple die Technologie an andere Firmen.

AT&T verband sich mit Olivetti und Matushita um einen eigenen PDA zu entwickeln und ihn durch die Partner vertreiben zu lassen. Casio einerseits und AMSTRAD andererseits entwickelten weitere PDAs. Anhand dieses Beispiels kann man den "über"-raschen Zusammenschluß von Firmen zur Entwicklung von neuen Hard- und Software-Anwendungen erkennen. Das Vorpreschen von Apple mit einer unausgereiften Technologie brachte sie selbst in große wirtschaftliche Probleme.

Die vorher abgestimmte Strategie zwischen vielen Herstellern, später gemeinsam einmal mit "General Magic" – auch als Standard für PDAs – auf den Markt zu gehen, war unterlaufen worden.

Charakteristika der 'Multi-Alliance-Network'

Diese Zusammenschlüsse bestehen oft aus einer Vielzahl von unterschiedlichen Vertragsabsprachen – nicht jedes angeschlossene Unternehmen unterhält Beziehungen mit allen anderen in der Gruppe.

Ein typisches Problem liegt auch daran, daß die Allianzen über die notwendige Größe hinauswachsen, um ihre Stärke auf dem Markt zu demonstrieren. Strukturen und das "Procedere" der Kooperation werden oft nicht genügend ausdiskutiert.

Ein immer aktueller Kampf ist das Rennen um den neuesten technischen Standard für Personal Computer.

Es geht hier um die eine Front in der wahren Schlacht auf dem Communication Super Highway: PC versus TV.

Wer wird die "winning application" sein? Es ist nicht sicher, auch wenn in diesen Tagen das Pendel wieder etwas pro PC auschlägt. Meiner Meinung nach wird es soundso sehr viele unterschiedliche Geräte geben, die alle mit der Form der heutigen PCs und TV-Sets überhaupt nichts mehr gemeinsam haben – niemand will in 15 Jahren noch so häßliche "Black-Boxes" herumstehen haben. Flexible Flachbildschirme, handlich klein oder groß wie Wandteppiche, wireless getrennte Fernbedienungen und zusammenschiebbare Tastaturen: was man eben gerade braucht, *das* wird es geben. Es ist Alles in den Labors schon zu besichtigen. Das wichtigste aber: Dort entscheidet sich die Zukunft, das heißt es wie man mir einmal in einer Software-Firma zur Beruhigung sagte: "We are far ahead of our competitors – minimum five weeks!"

"Be fast or be last."

Die Firma MIPS Electronic Technologies hatte innerhalb von ein paar Monaten 150 führende Unternehmen, darunter Compaq und Microsoft zur Entwicklung des 'advanced computing environments' zusammengeschlossen. Als Antwort darauf hatten sich IBM, Motorola und Apple zusammengeschlossen, mit einer eigenen Gruppe den 'Power PC Chip' zu entwickeln. Intel entschied sich alleine zu bleiben und seine ganzen Anstrengungen in die Entwicklung des Pentium-Chips zu stecken. Das Ergebnis heute: MIPS verlor, wurde von Silicon Graphics erworben, Intel führt mit dem inzwischen im Markt eingeführten Pentium-Chips.

Im Alleingang hatte es für Intel geklappt, die übermächtigen Allianzen waren hingegen gescheitert, – jedenfalls in dieser Runde.

Eine negative Seite dieser Gruppenzusammenschlüsse ist der innere Wettbewerb. Enorme Reibungsverluste bestehen oft schon bei der Gründung und Formierung der Allianz. Natürlich: je ähnlicher die Geschäftsfelder von sich zusammenschließenden Firmen, desto schwieriger kann die Kooperation werden. Die Leistung, Flexibilität, und Innovationskraft der Unternehmen kann sinken. Die versteckten Kosten von solchen Firmen-Kooperationen sind oft nicht unerheblich. Die Entscheidungsfreiheit der einzelnen Unternehmen ist meist eingeschränkt, organisatorische Zugeständnisse und strategische Zwänge machen die Arbeit oft nicht leichter.

Nun zu Allianzen und Kooperationen in den einzelnen Bereichen:

1993 wurden über 700 im Medien- und Telekommunikationsmarkt registriert.
Man könnte Ihnen hier riesige Charts an die Wand werfen oder stundenlang aus dem "Medien-Kooperationspapier" der EG zitieren. Hier nur einige Beispiele:

Strategische Allianzen in der Hard- und Software-Industrie

Die enorm gestiegenen Kosten für Forschung und Entwicklung und für Fertigungs- und Prüfinvestitionen haben seit den 80er Jahren die Unternehmen dazu veranlaßt, Kosten und Risiken in (internationalen) Partnerschaften zu teilen. Diese 'burden-sharing'-Allianzen existieren in verschiedenen Produkt-Kategorien, wie z.B. in der Halbleiterindustrie zur Herstellung der 256er MB-RAMs, die 1992 zwischen IBM, Siemens und Toshiba, zwischen AT&T und NEC sowie zwischen Hitachi und Texas Instruments geschlossen wurden. Der Weltmarkt war praktisch unter diese drei Zusammenschlüsse aufgeteilt.

Halbleiterunternehmen beteiligen, sich inzwischen auch an Allianzen im Systembereich, so vor allem in der Telekommunikation und im Multimedia-Bereich.

Somit können die Breite im Produktangebots-Spektrum und in der Innovations-Kompetenz bei diesen Unternehmen aufrecht erhalten werden.

Gelingt es, defacto Standards durchzusetzen und Systemführer zu werden, kann man dann von einer, globalen Kompetenz-Allianz sprechen.

Innerhalb der Triade besitzt Deutschland, besitzt Europa keine so erfreuliche Ausgangssituation – manche sagen es deutlich: Aus der Software-Entwicklung hat sich Europa verabschiedet. Das mag generell gelten – Gottseidank gibt es einige Ausnahmen.

2 Allianzen und Kooperationen der Network-Providers

Die Expansions-Anstrengungen zwischen den privaten und öffentlich-rechtlichen Netze-Inhabern hat in den letzten Monaten fast täglich für Schlagzeilen gesorgt. Der Zugang zu neuen Märkten läßt sich oft nur durch eine Markterschließungs-Allianz realisieren. Sie sind ein geeignetes Instrument zur Überwindung von Marktzugangs-Barrieren. Charakteristisch für diese strategischen Allianzen ist es, Synergien in den meist sehr umständlichen und großen Apparaten zu maximieren und eine Internationalisierung zu erreichen. Vor dem Hintergrund der intensiveren Globalisierung des Telekommunikationsmarktes und der Internationalisierung der Standards, ergeben sich neue Herausforderungen für die Telekommunikations-Industrie.

Ein sehr positives Beispiel ist hier der Telekom und Siemens gelungen – das GSM-Telefonnetz breitet sich rapide aus – fernöstliche Telefongesellschaften kooperieren hier mit anderen Telekoms und führten den Standard ein.

Im Mittelpunkt der europäischen Telekom-Diskussion stand die "kooperierende" Beteiligung der deutschen Telekom und France Telekom am US-Telefonkonzern Sprint.

Ein anderes Beispiel: Die Zerschlagung des Konzerns "Bell" in die "Baby Bells" hatte zur Folge, daß die Summe der Allianzen und Kooperationen der jetzigen Töchter hydra-gleich um ein vielfaches größer ist, als die frühere Marktmacht des Bell-Konzerns.

Wie die Kooperationen auf dem Internet aussehen veranschaulicht dieser Plan "Road map to the Internet".

Stimmt der Internet Trend – dann wird diese Karte der Taschenfahrplan jeden Erdenbürgers werden.

Allianzen und Kooperationen der 'Content-Provider'

Noch größeres Interesse als die Verbindungen in den bisher genannten Bereichen finden Allianzen und Kooperationen im Content-Bereich:

Es geht um die Inhalte, die Produkte, die auf die Kunden zukommen werden. Das ist die fruchtbarste Stelle in der Wertschöpfungskette.

Und Content hat politisches Gewicht: Die Hollywoodstudios hätten beinahe GATT zum Sturz gebracht – ihnen waren die Vertriebskanäle in Europa nicht weit genug geöffnet worden, die Eigenproduktionsquoten in Europa zu hoch!

Content und Netze sind aber auch hier Politik.

Berlusconi's 'Fininvest' ist ein gutes Beispiel, wie aus mehreren parallel operierenden Medienunternehmen eine enorm starke, rasch expandierende Gruppe entstand, die innerhalb von wenigen Jahren die mediale Machtstellung in einem Land erreichte.

Aber zur "Allianzen"-Betrachtung:

Im Fernsehen gehört heute die Zukunft den Medienriesen. Die wohl in Kürze rasch wachsende Anzahl von Spartenkanälen wird neuen Programmveranstaltern die Möglichkeit bieten, neue Programme ausstrahlen zu können. Die Aufteilung in die Lager "Bertelsmann/RTL" und "Kirch/Springer" wird durch verschiedene Aktivitäten verändert. Mit der Entscheidung zusammen mit Rupert Murdoch VOX betreiben zu wollen hat Bertelsmann die alte Allianz mit der CLT defacto partiell aufgekündigt.

Für die Markteinführung von PC-Online-Services und interaktivem Fernsehen bieten sich Allianzen notgedrungen an: keiner möchte und kann die Set-Top-Boxen-Entwicklungen und Online-Standards selbst vorantreiben. Auch Microsoft muß sich 'content provider' suchen, um ihren Online-Dienst "Microsoft Network" mit Leben zu füllen.

Warum funktionieren Allianzen in Amerika besser als hier: Dort heißt es "consumer is king" – hier heißt es "technic is king". Und die Orientierung auf den Konsumenten führt die Unternehmen wohl leichter zusammen.

Im Online-Bereich gibt es eine ganze Reihe von Allianzen und Kooperationen. Aktuelles Beispiel in Europa ist "Europe Online", ein Joint Venture mit vertikalen und horizontalen Aspekten – man könnte es auch als 'Multiplex-Alliance-Network' bezeichnen.

Als Beispiel für Allianzen und Kooperationen im Multimediabereich eines Medienhauses, eine Übersicht der Aktivitäten des BURDA Konzerns.

Beispiele:

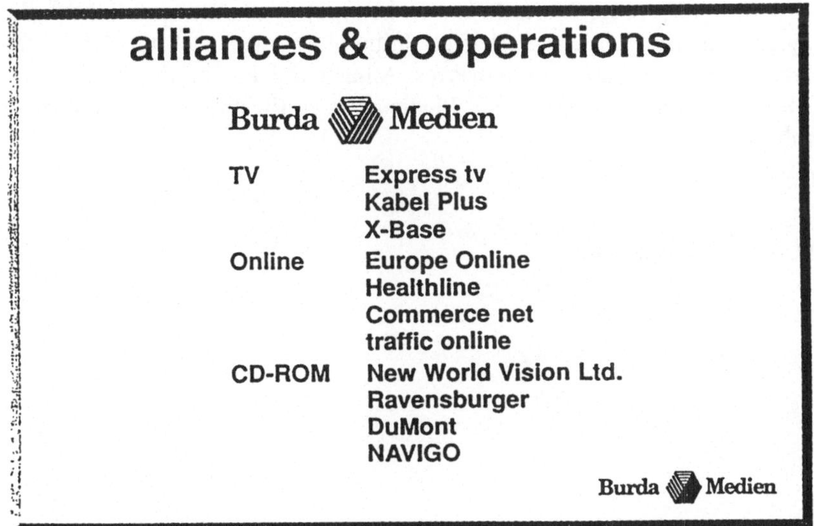

258

Wie kam es dazu?

Die Digitalisierung in den Redaktionen, im Verlag und den Druckereien leitete ein Umdenken ein:

Es entstand FOCUS – bei dem die Vorstellungen von Verleger Dr. Burda und Chefredakteur Helmut Markwort über die Informationsbedürfnisse der Info-Elite in gänzlich neuer Form realisiert wurden: Text, Bild und Grafik formen ein neues Layout, das wir auch "Benutzeroberfläche" nennen. Diese "neuronale Ästhetik" verursacht ein intensiveres Zusammenwirken von linker und rechter Gehirnhälfte im Wahrnehmungsprozeß. Man nimmt anders auf.

Das war der eine Faktor; der andere war: FOCUS entsteht komplett digitalisiert – deshalb war es nur noch eine Weichenstellung – und seit dem Frühjahr gibt es ihn auch als Online-Service.

Neben diesen internen Erfahrungen kommen viele externe hinzu – vorallem die Eindrücke vom pacific rim.

Dort gibt es auch eine andere Arbeitsweise auf dem Communication Super Highway. Wir haben von ihr gelernt und lernen weiterhin. Als eine Message über unsere Allianzen und Kooperationen im elektronischen Bereich des Communication Super Highway – wir gehen auch zusammen mit Ziff Davis das Magazin "Familie und Computer" heraus, das sehr gut eingeschlagen hat – sind drei einfache Kriterien:

1. Es muß ein "schneller" Partner sein,
2. Größe ist relativ – aber generell sind kleinere Partner die Besseren
3. Der gemeinsame "Quality approach" muß stimmen, man muß die gleichen Qualitätsansprüche besitzen.

Fazit: Multimedia, der 'Communication Super Highway' ist die Realisierung des 'Global Village'! Mit immer neueren Services bei immer größerer technischer Komplexität werden immer mehr Allianzen hervorrufen.

Ein Beispiel, das vor ein paar Jahren kaum denkbar gewesen wäre, zum Schluß: der Freistaat Bayern und der BURDA Verlag als Initiator, werden nächstes Jahr einen Kongreß veranstalten, der auch ein typisches Allianzprodukt ist: die erste große innovative Medizinmesse in Deutschland "Medicine goes Electronic" im September 1995 in Nürnberg.

Ich danke für Ihre Aufmerksamkeit.

PODIUMSDISKUSSION

Multimedia – die Zeit dafür ist reif! Was ist zu tun?

Moderation: Prof. Dr. Jörg Eberspächer, Technische Universität München

Teilnehmer:
Dr. Helmut Fluhrer, Burda GmbH, München
Candace Johnson, Iridium, Inc., Bonn
Dieter Kamm, FWU, Grünwald
Pierre Laffitte, Foundation Sophia Antipolis
Frank Müller-Römer, Bayerischer Rundfunk, München
Prof. Dr. Horst Ohnsorge, Alcatel SEL AG, Stuttgart
Dr. Karl-Ulrich Stein, Siemens AG, München
Hans Stekle, Deutsche Telekom AG, Bonn

Prof. Eberspächer:
Meine Damen und Herren, die Teilnehmer an dieser Podiumsdiskussion sind bis auf
Herrn Stekle schon durch Beiträge oder die Leitung von Sitzungen in diesem Kongreß
bekannt und brauchen nicht mehr vorgestellt zu werden. Herr Stekle ist in der
Generaldirektion Telekom in Bonn und dort Geschäftsbereichsleiter im Bereich
Privatkunden und verantwortlich für einige der Pilotversuche im Bereich Video on
Demand.

Stekle:
Das stimmt. Ich bin verantwortlich für den Bereich Breitbandverteilnetze insgesamt.
Dabei ist der Diensteaspekt für die Pilotprojekte mit einbezogen. Dazu gehören auch
Satelliten, d.h. Rundfunksatelliten und die Programmheranführung über Satelliten.

Prof. Eberspächer:
Das Thema dieser Podiumsdiskussion lautet: "Multimedia, die Zeit dafür ist reif" –
mit einem Ausrufezeichen, und dann geht es weiter: "Was ist zu tun?" – mit einem
Fragezeichen. Die Antwort scheint eigentlich klar: Wenn die Zeit reif ist, dann müssen
wir ernten. Aber ich glaube, so einfach ist es nicht. Nach diesen zwei Kongreßtagen
müssen wir fragen: Wenn schon ernten, dann bitte was, wann und wie und zu welchen
Kosten und wo besteht Handlungsbedarf?
Um das Thema etwas zu ordnen, würde ich sagen, starten wir doch aus einer
Richtung, die gerade schon Herr Senator Laffitte angesprochen hat und fragen: Was
muß eigentlich der Staat tun? Es wäre ja schön, wenn sich alles von alleine richtet!

260

Gibt es außer Visionen, die der Staat natürlich entwickeln kann (und die auch hier schon zur Sprache kamen), noch mehr, was staatlicherseits zu tun wäre?

Wir haben gesehen, daß z.B. in Frankreich eine ganze Region – sicherlich mit staatlicher Hilfe – hochgerüstet und aufgebaut wird. Wie sieht das bei uns aus? Die Autobahnen zum Autofahren sind ja auch vom Staat gebaut und unterhalten worden!? Wer möchte hier sich zum Wortführer hinsichtlich der staatlichen Aufgaben machen?

Müller-Römer:

Ich will es versuchen. Den Staat brauchen wir immer dann, wenn etwas getan werden muß, was einzelne Interessengruppen für sich *nicht* tun, oder wenn sich die für das System notwendigen Interessengruppen dazu einfach von sich aus nicht zusammenfinden. Bei Multimedia heißt das, daß von der Industrie über die Softwareanbietern hin bis zum Teilnehmer eigentlich alle zum Gesamtsystem gehören. Und wenn Sie fragen, wie sollen sich die Teilnehmer, die Konsumenten denn artikulieren, freiwillig zusammenschließen, dann muß die Gesellschaft, sprich: der Staat, wenn wir in Multimedia gehen wollen – und das, glaube ich, ist für uns alle unbestritten – einfach gewisse Initialzündungen, gewisse Anstöße geben. Und es wird ja versucht über die Pilotprojekte, und zwar von verschiedenen Seiten.

Prof. Eberspächer

Ich weiß nicht, ob Mrs. Johnson dem ganz zustimmen würde, wenn sie da wäre, denn sie will ja nun ein recht gigantisches und manchmal kaum glaubhaftes Vorhaben sicher *ohne* staatliche Hilfe initiieren; höchstens die zu verwendenden Frequenzen muß irgendjemand festlegen. Gibt es also zu dem oben skizzierten Weg nicht doch Alternativen, indem andere Länder sagen, das machen wir ohne jeglichen staatlichen Eingriff oder jede Unterstützung?

Herr Stekle, Ihr Haus investiert jetzt und auch als künftige Privatfirma viel in diesem Bereich. Wie sehen Sie die Aufgabe des Staates?

Stekle:

Ich betrachte die Aktivitäten in der Telekom jetzt a priori nicht als Aktivitäten des Staates nach dem Subsidiaritätsprinzip, sondern, erst recht nach dem ersten Januar, als Aktivitäten einer Privatfirma. Ich sehe für die Zukunft die Aktivitäten der Telekom in diesem Bereich rein kommerziell ausgerichtet, mit anderen Worten, nicht nach dem Versorgungsprinzip. Und insofern sind auch alle die Dinge zu werten – um jetzt den TV-Bereich einzubeziehen – was das Engagement der Telekom bei den Pilotprojekten anbetrifft. Hier sehen wir durchaus unser Feld und engagieren uns auch in dem Bereich in dem Maße, wie es der Interessenlage der Telekom entspricht.

Wir sind ja Netzeigentümer, zumindest bis heute noch, und dies hoffen wir auch in Zukunft zu sein, und zwar nicht nur im Kabelfernsehbereich, sondern auch im Kommunikationsnetzbereich, bis hin zu ISDN und zu Glasfasersystemen wie z.B. OPAL. Da wir über derartige Ressourcen verfügen, haben wir natürlich ein verständliches Interesse daran, die Wertschöpfung dieser Ressourcen zu erhöhen.

Dies bedeutet gleichzeitig, aktiv in dem Bereich nicht nur tätig zu sein um zu fördern, sondern tätig zu sein, um eine höhere Wertschöpfung dieser Ressourcen zu erreichen. Und dies bedeutet: aggressive Marktbearbeitung.

Prof. Eberspächer:
Inwieweit müssen Sie dann in den *Content*bereich hineingehen, wenn Sie das Geschäft betrachten?

Stekle:
Im *Content*bereich, d.h. im TV- und im Informationsbereich sind uns ja z.Z. noch medienrechtliche Barrieren aufgebaut, die wir aber doch, so hoffen wir zumindest, nach dem ersten Januar nächsten Jahres relativiert sehen, so daß dann durchaus auch die Möglichkeit für Telekom gegeben ist, sich nicht nur im reinen Transportgeschäft zu betätigen, sondern auch im Contentgeschäft. Und ich glaube, es ist nicht unfair, wenn wir hier in dem Bereich uns auch in dem Markt beteiligen, der für die nächsten Jahre die größere Wertschöpfung bringt. Die Wertschöpfung liegt nämlich mit Sicherheit weniger im Transportgeschäft, als vielmehr im *Content*geschäft.

Dr. Fluhrer:
Content providing – heißt das also, daß Sie Fernsehveranstalter werden wollen? Oder daß Sie im Online-Bereich Dienste anbieten wollen? Oder wollen Sie wie bisher schon die Post ein kommerzielles Jugendmagazin herausgeben?

Dies sind natürlich wichtige Fragestellungen sowohl aus ordnungspolitischer wie auch aus wirtschaftlicher Sicht. Da sind meiner Meinung nach Überlegungen erlaubt, die dies mit der Situation in den USA vergleichen. Und aus wirtschaftlicher Sicht ist eine sich vielfach in der Medienbranche engagierende Telekom ein gewaltiger neuer Player. Wieviele Milliarden Umsatz machen sie dieses Jahr?

Stekle:
So genau kann ich das nicht sagen!

Dr. Fluhrer:
Jedenfalls können Sie mit Ihrer Finanzkraft viele deutsche Verlage und Medienunternehmen einfach übernehmen. Das muß man bei der Aufteilung zwischen Netzbetreibern und Inhalteerstellern einfach berücksichtigen. Es ist meiner Meinung nach im globalen Wettbewerb sicherlich wichtig, im Bereich Telekommunikation eine entsprechende Position aufzubauen, um hier mitspielen zu können. Als zweitgrößtes Telecom-Unternehmen der Welt können Sie dies.

Auf der anderen Seite, müßten Sie aber dann den privaten Netzen sofortige und volle Handlungsfreiheit geben. Wir bauen *Europe Online* auf und möchten andere privatwirtschaftliche Netze nutzen, wie z.B. die von Banken, Behörden oder den großen Energieunternehmen wie RWE und VEBA. Wie würden sie denn darauf reagieren?

Stekle:
Wie jeder Wettbewerber. Dadurch, daß die Netze, die wir im Moment besitzen, den Großteil der Möglichkeiten in der Bundesrepublik ausmachen, werden wahrscheinlich auch künftig gewisse Restriktionen gegeben sein, so daß also hier auch keine volle Nutzung unserer Möglichkeiten, die technisch gegeben wären, realisierbar ist. Aber ich bin doch überzeugt, daß wir eine Chancengleichheit haben, zumindest in dem

Markt, in den dann andere Wettbewerber mit ungefähr gleichen Ressourcen eintreten. Und wenn man die heutigen Diskussionen hört, und auch, ich würde fast sagen, das Säbelrasseln unserer künftigen Konkurrenten, dann glaube ich schon, daß wir hier zum Wettbewerb aufgefordert sind. Und den treten wir auch an. Und was die Investitionen anbetrifft: bezogen auf den TV-Bereich, d.h. auf die Koaxnetze, so kann man, glaube ich, nicht sagen, daß wir hier in großem Vorteil sind, da die Refinanzierung der anfangs errichteten Netze zumindest kurzfristig noch nicht gesichert ist.

Müller-Römer:
Herr Stekle, Sie haben mich voll in meiner Überzeugung bestärkt: hier muß der Staat was tun, sonst geht das bei Multimedia nicht weiter. Denn wenn die Deutsche Telekom als Besitzer, wie Sie formulieren (was völlig richtig ist), als Besitzer vor allen Dingen des ganzen Teilnehmeranschlußbereichs, dann in den Dienstebereich geht, dann wird es natürlich schwierig für alle anderen, die auch mit Diensten an die Allgemeinheit herangehen wollen in Multimedia. Es ist ja völlig klar, es kann kein Konkurrent nach dem 1.1.1998 über viele Jahre, wenn nicht Jahrzehnte, hinweg eine solche Infrastruktur überhaupt aufbauen, mit der er jeden Teilnehmer zu Hause erreichen kann, sprich über die letzten zwei Kilometer.

Also ich meine, wenn die Telekom in den Dienstebereich, in den *Content*bereich hineingeht, dann muß sie sich intern, und zwar richtig sichtbar und auch in der Bilanz, trennen von dem Ortsnetzbereich, sonst wird aus Multimedia in diesem schönen Lande nichts, weil nämlich der Wettbewerb fehlt.

Senator Laffitte:
Der Staat müßte, meiner Meinung nach, viel mehr für die Dienste tun, als für die Infrastruktur. Die Infrastruktur ist normalerweise ein Problem der Telecom-Industrie, oder von jeder Industrie, die etwas investieren. Aber wenn wir keine staatliche oder europäische Hilfe für die Dienste haben, werden wir Time Warner und Matsushita und andere haben. Denn wenn wir jetzt z.B. keine Hilfe für Bertelsmann oder die anderen Industrien geben oder keine europäischen Allianzen machen, wird jeder Europäer in Amerika oder in Japan suchen, und dann wird er natürlich einen viel Größeren finden, und wir werden keine Inhalt-Industrie in Europa schaffen.

Prof. Eberspächer:
Nun haben wir zwei große Herstellerfirmen hier am Tisch, die vergleichbar, oder vom Umsatz her noch größer sind als die Telekom. Wie sehen Sie denn diese Frage der staatlichen Unterstützung?

Prof. Ohnsorge:
Mich hat diese Diskussion eben ein bißchen verwundert, denn ich kann mich noch gut erinnern an die Zeiten so vor zehn, fünfzehn Jahren, als die Telekom heftig angegriffen wurde. Ich erinnere an Herrn Nixdorf, der diesen "schlafenden Riesen" heftig angriff; es hat so viele Stimmen gegeben, daß dort dereguliert werden müßte, daß man doch der Telekom das Monopol wegnehmen müßte, denn dann könnte sich erst einmal alles richtig entfalten. Und plötzlich, wo es der Telekom weggenommen

wird, wo die Telekom ein Privatunternehmen wird, jetzt auf einmal melden sich die Gegenstimmen und sagen, jetzt brauchen wir Regulierung, jetzt dürft ihr dieses und jenes nicht tun.

Also ich bin der Meinung, wenn wir schon deregulieren, dann sollten wir das richtig tun, und dann sollte der Telekom natürlich der Zugang zu dem ganzen Spektrum des Geschäftes mit Multimedia eröffnet werden. Nur meine persönliche Meinung ist, Herr Stekle, ich bin sogar sicher, die Telekom wird nie Filme produzieren. Aber Sie werden ganz sicherlich Filme in Ihrem Netz – ich habe es heute Werkzeug genannt – Sie werden Filme übertragen wollen, und Sie werden mit den großen Inhaltebesitzern kooperieren, das finde ich ganz normal. Warum soll der Telekom verboten werden, z.B. mit Kirch oder mit Time Warner oder sonst jemand Verträge abzuschließen, um über Ihre Werkzeuge diese Informationen zu verbreiten?

Dr. Fluhrer:
Wenn Sie, Herr Stekle, gesagt haben, Sie wollen *Content Provider* werden, dann heißt das aber, die Inhalte auch herstellen wollen. *Content Provider* heißt, in den Inhalt hineinzugehen, Autor zu werden, Produzent zu werden. Daß die Telekom so etwas machen möchte, überrascht mich natürlich. Daß Sie *Content* jeder Art *transportieren* werden, ist eine natürliche Erweiterung Ihrer Geschäftsfelder.

Prof. Ohnsorge:
Ich bin sicher, daß Herr Stekle dieses gleich klarstellen wird. Ich glaube, daß daß die Befürchtung in eine falsche Richtung ging.

Stekle:
Wir denken natürlich nicht daran, Programmproduzenten zu werden. Erstens einmal ist es nicht in unserem Geschäftsfeld, und zum anderen wäre auch hier kein Know-How vorhanden. Worum es hier geht, ist aber die Frage der Programmverteilung, der Programmvermittlung. Bisher sind wir ja angetreten als reine Transporteure. Mit anderen Worten: der Kabelanschlußnehmer bezahlt praktisch heute, unabhängig davon, ob er jetzt 15 Programme bekommt, oder ob er 28 Programme erhält, denselben Preis. Hier ist es völlig anders im Ausland, und wir wurden auch bisher in Diskussionen, insbesondere mit Amerikanern, unverständlich angeguckt, daß wir als Transporteure nicht gleichzeitig auch die Ware verkaufen. Mit anderen Worten: die Programme verkaufen. Dies meinte ich vorhin, und ich glaube dies ist für die Zukunft insbesondere dann, wo wir doch an einer neuen Schwelle stehen vom werbefinanzierten hin zum kundenfinanzierten Programmetat. Hier drängt es sich ja auch direkt auf, dann in den Bereich quasi als Mittler einzusteigen, aber wirklich beileibe nicht als Produzent oder Händler.

Prof. Eberspächer:
Ich möchte jetzt gern auf einen anderen Aspekt des Handlungsbedarfs kommen. Das ist der Handlungsbedarf der Hersteller. Wir haben ja heute einiges an Hard- und Software gesehen, (oder auch noch nicht gesehen!), das ja zuerst einmal entwickelt und dann auch produziert werden muß. Herr Dr. Stein, wie groß sind denn die Risiken, die Ihr Unternehmen – das sich ja dabei auch einiges erhofft in Zukunft – wie

groß sind denn die Risiken, und wie gehen sie hier vor in den verschiedenen Bereichen, ob das nun die Übertragungstechnik ist mit ihren vielen Möglichkeiten für Video-on-Demand oder ob das der Endgeräte-Sektor ist? Müssen Sie z.B. Standards haben, oder Quasistandards? Mir ist nicht ganz klar, wovon hier aus ihrer Sicht die Handlungen bestimmt werden, denn wir brauchen ja eigentlich das Gerät und nicht nur die Konzepte.

Dr. Stein:

Lassen Sie mich eine Bemerkung zu den Risiken machen. Wettbewerb hilft, Risiken zu reduzieren, da der Markt meist rasch ja oder nein sagt. Ich glaube, wir sind uns alle einig, Betreiber wie Hersteller, daß Wettbewerb mit Chancengleichheit eine Sache ist, die wir für die Entwicklung des Marktes wollen.

Und jetzt noch eine zweite, darauf aufbauende Bemerkung. Wenn man die Innovationen in der Telekommunikation in der Vergangenheit als Fallstudien betrachtet, möchte ich zwei Fälle hervorheben. Das eine ist das Thema ISDN, das andere GSM. Erlauben sie mir, GSM als erfolgreiche Innovation hervorzuheben, die uns bestärkt hat, daß wir in Europa Innovationspotenz aufweisen. Und wenn man GSM als Fallstudie ganz konsequent durchdenkt, gehört das Thema der Standardisierung ganz sicher mit dazu. Dazu gehört auch das Thema einer technologischen Beherrschung – hier geht es im wesentlichen um Mikroelektronik und Hochfrequenztechnik.

Aber ein drittes Thema gehört auch mit dazu: das Anbieten der möglichen neuen Dienste im Wettbewerb. Dazu gehören auch Merkmale wie die Absichtserklärung eines der deutschen Betreiber, daß eine Viertelstunde, nachdem der Kaufvertrag, beispielsweise an einer Tankstelle oder einem anderen populären Verkaufsstand abgeschlossen ist, das Gerät bereits gebraucht werden kann. Und wenn man das, was bei GSM erfolgreich war, auf Multimedia extrapoliert: ich glaube, da sind wir richtig aufgestellt, wenn die Betreiber mit Chancengleichheit ebenso in einen Wettbewerb eintreten, wie es die Equipmenthersteller bereits seit geraumer Zeit sind.

Prof. Eberspächer:

Das war jetzt der Punkt "Wettbewerb", aber die Frage bleibt: Welche der vielen *Flavours* von Technologie, welcher Sie sich verschreiben, können Sie alle gleichzeitig entwickeln? Das gilt natürlich auch genauso für die anderen Konzerne. Ich sehe hier die Schwierigkeit, früh zu entscheiden, welche Richtung sich letztlich durchsetzt. Diese Entscheidung ist natürlich einfacher, wenn sie von irgendjemand, z.B. von europäischer oder Regierungsseite oder vom Marktführer, vorgegeben wird.

Dr. Stein:

Ich habe gestern zwei Wertschöpfungsketten aufgezeigt. Die eine für die Inhalte, die andere für die Geräte. Und es ist heute, ich glaube, ich kann das ganz klar sagen, in Europa kein Unternehmen so groß, daß es alle Produkte, die hier nötig sind, selbst machen kann. Von den Softwaretools für das Gestalten der neuen Multimediainhalte bis hin zur Übertragungstechnik für die letzten 100 Meter zum Haus. Soweit zu Punkt 1.

Zu Punkt 2: es geht hier ja auch darum, schnell und adaptiv die Kundenwünsche zu befriedigen. Beides sind Triebfedern für eine Reihe von Allianzen. Ein weiteres Argument, Allianzen einzugehen, ist, das Risiko durch Verwendung von vorhandenem Wissen bei den Allianzpartnern zu minimieren. Und ein letztes Argument für Allianzen: dort, wo Standards noch nicht vorhanden sind, bei der Schaffung eines Industriestandards aus der Allianz heraus beteiligt zu sein.

Prof. Ohnsorge:
Ich greife die Frage noch einmal etwas von vorne auf. Wir brauchen ganz sicherlich Standards, und wir sind auf gutem Wege dazu, diese Standard zu erhalten. Vom Übertragungsmodus her gesehen ist keine Frage: wir werden auf jeden Fall digital übertragen müssen. Nur haben wir da zwei Möglichkeiten: wir können im Basisband digital übertragen, wir können also mit den FITL-Systemen direkt digital bis zum Endpunkt gehen und dort dann die Wandlung durchführen. Wir werden aber insbesondere bei den Hybridnetzen, die ganz sicherlich im Augenblick und für die nächsten zehn Jahre die billigste Lösung sein werden, damit auch die ökonomischste Lösung einsetzen. Diese Netze werden mit der sog. Quadraturamplitudenmodulation arbeiten, die in der Standardisierung ist, und eigentlich quasi schon einen Standard darstellt. Wir werden MPEG benutzen, MPEG II, dies ist bereits standardisiert, so daß also auch in der Codierung eine Richtlinie für die Entwicklung existiert. Bei dem Übertragungssystem selbst gibt es nur zwei Dinge, die wirklich neu sind für Multimedia: das eine ist ADSL, d.h. daß man die verdrillte Leitung als digitales Übertragungsmedium nutzt. Diese Systeme werden mit Sicherheit entwickelt, weil die größte Infrastruktur heute für die verdrillte Leitung vorhanden ist. Und es gibt die zweite Möglichkeit, die wahrscheinlich eine große Chance hat, das ist die Übertragung über Funk. Denn die Übertragung über das Koaxialkabelnetz und die Übertragung über die Glasfaser sind Produkte, sind vorhanden, die müssen wir nicht neu entwickeln. Die Notwendigkeit für die Vermittlung – das Thema ist eigentlich auch abgehandelt, denn die Breitbandvermittlung wird die ATM-Vermittlung sein, und wir werden diese einsetzen, auch hier sind die Standardisierungen schon sehr weit fortgeschritten. Bleibt jetzt noch die Frage – eine ganz wichtige Frage – das ist die nach der Softwareplattform für derartige Systeme, da werden sich sicherlich konkurrierende Systeme entwickeln. Ob dann letztlich eines übrig bleibt, weiß ich nicht. Was hier zu standardisieren ist – und ich glaube, das ist für Multimedia, zumindest für die interaktive Multimediakommunikation, aber auch für die Telekooperation ganz wichtig – ist die Mensch-Maschine-Schnittstelle. Was der Mensch zu benutzen hat, das muß so ähnlich standardisiert werden wie beim Auto. Wir können uns alle in jedes Auto setzen, ohne daß wir ein Manual lesen müssen und können es fahren. Und so muß es mit Multimedia-Geräten werden. Hier besteht aus der Sicht der Technik ein ganz erheblicher Handlungsbedarf.

Dr. Stein:
Was den Bedarf der Standardisierung der Mensch-Maschine-Schnittstelle angeht, möchte ich heftig widersprechen. Dies wird ein ganz wesentlicher Punkt im Wettbewerb zwischen den verschiedenen Anbietern sein. Und das ist auch ein Thema, bei dem wir heute noch nicht die Phantasie entwickeln können, die nötig ist, um das

Geschäft wirklich zu machen. Bei den Applikationen und ihren Benutzerschnittstellen muß konkurriert und nicht standardisiert werden. Dagegen bin ich, Herr Professor Ohnsorge, mit Ihnen einig, was Sie zum Bedarf bei Standards für Applikationsplattformen ausgeführt haben. Ein bei den Standards mir noch wichtig erscheinendes Thema ist, daß wir gegenüber vorhandenen Standards, beispielsweise durch MPEG- und DAVIC-Standardisierung, das Rad nicht noch einmal erfinden, z.B. dadurch, daß wir das noch einmal erfinden, was wir bereits in der Schmalband-kommunikation mit der Architektur der Netzintelligenz erfunden haben, daß wir nicht noch einmal die Signalisierung erfinden, die wir heute bereits bei ATM standardisiert haben. Das heißt, was im Augenblick hier vielmehr droht, ist, daß das Thema für viele so interessant ist, sich zu viele Foren auf Standardisierungsthemen stürzen und wir Pseudo- und Quasistandards nebeneinander haben.

Also noch einmal mein Plädoyer: dort wo es um den Kunden geht, laßt uns *Trial and Error* machen, dort wo es um die Infrastruktur geht, wie bei der Übertragungstechnik, das wurde sehr gut erörtert, dort müssen wir Standards haben. Infrastruktur umfaßt langlebige Güter, dort muß man sicher investieren können.

Wüsten (Fa. NCube):
Mir fällt auf, daß Sie sehr viel darüber diskutieren, was man benötigt. Könnten wir ein bißchen mehr darüber diskutieren, was zu tun ist? Hier fehlen z.B. die Engländer. Sie wissen, daß in England viel mehr getan wurde und wird. British Telekom ist mindestens ein Jahr voraus. Die italienische Telekom tut etwas. Wir haben gehört, daß in Amerika fünf Trials stattfinden, ohne staatliche Hilfe von den Bell-Töchtern. Wir wissen, daß in Abu-Dabi, daß in Belgien, daß in Norwegen, daß in Hong Kong, daß in Australien Trials ablaufen. Vielleicht könnten wir ein bißchen mehr darüber diskutieren, was tun wir jetzt.

Dr. Pohl (New Learning Forum):
Ich möchte gerne dort anknüpfen, Dr. Pohl ist mein Name, New Learning Forum, Wien. Ich möchte zunächst ansetzen bei der Telekom und mit einem Statement beginnen. Der, meines Erachtens, wichtigste Markt durch Multimedia in Zukunft wird der Markt für lebenslanges Lernen sein. Kurze Berichtigung, Herr Dr. Fluhrer: lebenslanges Lernen und Distance Learning ist nicht dasselbe, das zweite ist eine Untermenge vom lebenslangem Lernen.
Jetzt, die EU setzt seit dem White Paper, und schon davor, sehr stark auf Live Long Learning, es ist auch vorgesehen, daß das Jahr 1996 – das wird derzeit diskutiert in Brüssel – das Jahr des lebenslangens Lernens genannt wird. Die Deutsche Telekom hat letzte Woche in Düsseldorf- Neuss eine dreitägige Tagung, hier im *Content* und nicht Transport, gesponsort für über 600 Teilnehmer mit sehr fürstlichem Essen an allen drei Tagen zum Thema "telematics applications for distance learning and education". Jetzt möchte ich zu Herrn Kamm kommen mit seinem Beitrag heute morgen. Er ist der einzige, der sich bisher noch nicht in dieser Runde zu Wort gemeldet hat. Ich möchte mich zunächst bedanken für die Demonstration, die Sie uns vorgeführt haben, meines Erachtens mit Abstand die interessanteste von allen, die hier vorgeführt worden sind, und möchte zwei Fragen stellen auf folgendem Hintergrund: was Wert schöpfen wird in Zukunft, sind die Qualifikationen, die in einer

wissensgestützten Wirtschaft Wert zufügen. Meine Frage ist zuerst eine technologische: Sie zeigten uns eine dreidimensionale Benutzerschnittstelle, und meines Erachtens ist der nächste logische Schritt für die Weiterentwicklung dieser, meines Erachtens sehr intuitiven Schnittstelle, "cyber space". Die bildungspolitische und sozialpolitische Fragestellung, die ich an Sie richten möchte, ist die: Sie sagten selber, Sie arbeiten in einem sehr sensiblen Feld. Hier geht es darum, durch eine Institution, die öffentlich-rechtlich unterstützt wird, das Schulsystem von innen heraus eigentlich radikal zu verändern. Letzten Endes sprechen Sie von digitalen Klassenzimmern. Man könnte dies natürlich an allen möglichen Orten tun, man muß es nicht in der Schule tun. Jetzt meine Frage: wie managen Sie die diffizile Frage, diese Technologie, die Sie einführen, wird radikal die Schulsituation ändern. Wie behandeln sie den Bereich Lehrerschaft, Bildungsministerium?

Kamm:

Ich komme mir inmitten der *global players* auf diesem Podium so ein bißchen als der Sozialhilfeempfänger vor, dessen Medienetat die Größe der Portokasse dieser Unternehmen sicherlich nicht erreichen kann. Ich spreche von der öffentlichen Schule, die für die Gesellschaft sicherlich auch in der Informationsgesellschaft eine Schlüsselstellung einnehmen wird. Es gab einmal vor einigen Jahrzehnten den Slogan, "die Bundeswehr ist die Schule der Nation", dann kam ein anderer Bundeskanzler, der sagte, "die Schule ist die Schule der Nation". Ist die Schule der Informationsgesellschaft deren Armenhaus? Ich glaube, wir können es uns einfach nicht leisten, die Schule und den öffentlichen Bildungsauftrag bei all diesem *global monopoly* aus dem Auge zu verlieren, denn wie auch in anderen Referaten hier schon sehr deutlich artikuliert wurde, ist der Bildungsstand der Gesellschaft – und die Kinder sind die Gesellschaft von morgen – auch für die Industrie und für alle, die damit zu tun haben, von entscheidender Bedeutung. Ich möchte über alle Probleme, die sich damit auch weltweit verbinden, hier gar nicht reden.

Deswegen finde ich es gut, wenn man uns die Hand reicht, sowohl von privaten Unternehmen her als auch von staatlichen, und jetzt privat gewordenen Unternehmen her, und sagt: könnten wir denn nicht gemeinsam Modelle entwickeln, Dinge weiterbauen, die uns zusammen in eine Position führen, daß wir für die Gesellschaft der Zukunft, das heißt für die Entwicklung der Kinder in der Informationsgesellschaft, das tun müssen, was notwendig ist. Ich möchte nicht auf die Schlüsselqualifikationen eingehen, die hier schon sehr oft angesprochen sind, auf lebenslanges Lernen. Ich möchte aber einen Appell hier verbinden, und dieser Appell richtet sich darauf: vergessen sie die Schule und die Kinder nicht. Es erscheint uns wichtig, daß in dem Zusammenspiel in der Zukunft staatliche und private Einrichtungen auf ganz anderen Ebenen zusammenarbeiten, als man das in der Abschattungstendenz der Vergangenheit sich oft hatte leisten können.

Manchmal ist ja eine Finanznot auch ganz hilfreich für eine Öffnung. Und wir sind dabei, die Schule zu öffnen. Es wird Modelle geben. Schule, in der sich Schule mit öffentlicher Einrichtung verbindet. Es gibt Modelle in einigen Ländern, denen man es gar nicht zutraut, wo die Lehrer ihre Reisekosten für die Lehrerfortbildungsveranstaltung selber bezahlen müssen, und wenn sie zukünftig aufsteigen wollen, nachweisen müssen, wieviele bezahlte Fortbildungsmaßnahmen sie besucht haben. Es sind einfach Dinge im Fluß, die vor einigen Jahren hier noch heilige Kühe waren, aber die (und das möchte ich aus der Position des öffentlichen Bildungswesens sagen) hilfreich und notwendig sind. Wir werben für diese Dinge, die wir heute gezeigt haben und vorgestellt haben, und da arbeiten wir auch zusammen mit der Telekom, mit der DeTeBerkom, um solche Modelle zu erstellen. Denn schlicht und einfach: wir könnten sie aus dem Etat, aus der Kasse der Schule nicht bezahlen. Wir werden mit diesen Modellen auch äquivalente Lehrerfortbildungsmaßnahmen machen. Diese haben wir in unserem Programm, die Bereitschaft ist da. Wir müssen die Eltern einbeziehen in einer Weise, die man noch nicht gekannt hat. Es wird zukünftig möglicherweise Schulkonferenzen geben, in der Eltern, Kinder und Lehrer paritätisch vertreten sind, und nicht mehr, wie in der Vergangenheit, die Lehrer alleine das Sagen haben. Ich bin selber einer, deshalb darf ich das sagen. Und es wird Öffnungen geben, die man sich vielleicht bisher gar nicht vorstellen konnte. Und dabei werden die Informationstechnologien nach unserer Auffassung eine Schlüsselrolle spielen. Und zwar, weil sie vom Kind her gefordert werden. Die Kinder, die in die Schule kommen, die von 3, 4, 5, 6 Jahren mit Computerspielen und allem Möglichen gespielt haben, haben eine Affinität und eine Motivation dazu, die auch für das Lernen und für die Ausbildung der sozialen Kompetenz und den kritisch und reflektierten Umgang mit diesen Dingen genutzt werden kann.

Und deswegen sind wir dabei, jetzt – und wir sind am Anfang, deswegen kann ich Ihnen noch keine Zahlen, keine Ergebnisse zeigen – solche Modelle zu entwickeln, und wir betrachten sie als einen offenen Prozeß, zu dem wir auch andere Gruppen einladen, teilzunehmen, und in denen wir solche Dinge vorstellen wollen. Ich bin sehr froh darüber, daß diese Offenheit hier geschieht und daß wir in diesem Kreis auch Platz nehmen können.

Prof. Eberspächer:
Das war ein schöner Auftakt zum Schlußwort!
Ich finde, der Handlungsbedarf liegt – über alle technischen Fragen und die Standardisierung und den Staat hinaus – ja vor allem auch bei uns selbst. Er liegt sicherlich auch in den Familien und darin, daß wir die nächste Generation dazu bringen, die Visionen, die in den letzten zwei Tagen ausgesprochen wurden, auch wahrzunehmen und anzunehmen.
Wir haben auf diesem Kongreß von Visionen gehört und auch Visionen gesehen, wir haben Systeme schon arbeiten sehen, wir haben allerdings auch noch viel Unvollendetes gesehen. Was wir brauchen, neben den Visionen von Politikern Ingenieuren und Unternehmern, ist Enthusiasmus! Wir alle miteinander, ob hier oben auf dem Podium, ob hier unten im Publikum, ob in der Industrie, ob in der Wissenschaft – wir alle müssen uns bemühen, benutzerfreundliche Systeme aus den vielversprechenden Ansätzen zu machen, die wir in den letzten zwei Tagen gesehen haben. Dann glaube ich, wird Multimedia Realität – eine Realität, die wirtschaftlich und gesellschaftlich vertretbar ist!

(Ende der Podiumsdiskussion)

Liste der Autoren / Index of Authors

Johann Bialetzki
Philips Kommunikations Industrie AG
Postfach 49 43

90327 Nürnberg

Prof.Dr. Eckart Fleck
Deutsches Herzzentrum
Augustenburger Platz 1

13353 Berlin

Dr. Helmut Fluhrer
Burda GmbH
Arabellastr. 23

81925 München

Prof.Dr. Rüdiger Funiok SJ
Institut f. Kommunikation u.Medien
Hochschule f. Philosophie
Kaulbachstr. 22a

80539 München

Dr. Rolf Heidemann
Alcatel SEL AG
Forschungszentrum
Holderäckerstr. 35

70499 Stuttgart

Dr. Hagen Hultzsch
Mitglied des Vorstands der
Deutschen Telekom AG - V TD
Godesberger Allee 117

53105 Bonn

Candace Johnson
Iridium, Inc.
Friedrich-Ebert-Allee 13

53115 Bonn

Dipl.-Ing. Dieter Kamm
FWU Institut f. Film u. Bild in
Wissenschaft u.Unterricht GmbH
Bavariafilmplatz 3

82031 Grünwald

Dipl.-Ing. Dieter Kanzow
DeTeBerkom GmbH
Voltastr. 5

13355 Berlin

Hans Kreutzfeld
Bertelsmann Electronic Publishing
Neumarkter Str. 18

81673 München

Dr. Henrique S. Malvar
PictureTel Corp.
Director Research
222 Rosewood Drive, M/S 635

USA - Danvers, MA 01923

Dr. Lothar Mühlbach
Heinrich-Hertz-Institut für
Nachrichtentechnik Berlin GmbH
Einsteinufer 37

10587 Berlin

Dr. Horst Nasko
Stv.Vorsitzender d.Vorstands der
Siemens Nixdorf Informationssysteme
AG
Postfach 83 09 51

81730 München

Prof.Dr. E.J. Neuhold
GMD - IPSI
Dolivostr. 15

64293 Darmstadt
David J. Parsons
Independent Technology Advisor
1 Kent Drive

UK - Congleton, Cheshire,
CW 12 ISD

Dr. Wolfgang Peters
Alcatel SEL AG
Postfach 40 07 49

70407 Stuttgart

Dr. Michael Salmony
IBM Deutschland
Informationssysteme GmbH
Vangerowstr. 18

69020 Heidelberg

John W. Seazholtz
Vice President Networks Technology
Bell Atlantic Network Services, Inc.
1310 North Court House Road

USA - Arlington, VA 22201

Dr. Tom Sommerlatte
Arthur D.Little International
Am Gustav-Stresemann-Ring 1

65189 Wiesbaden

Volker Stauch
Mercedes Benz AG
Direktor HPC 0941

70546 Stuttgart

Dr. Karl-Ulrich Stein
Siemens AG - ÖN TN EV
Hofmannstr. 51

81359 München

Dr. Gebhard Ziller
Staatssekretär im Bundesministerium
für Bildung, Wissenschaft,
Forschung und Technologie
Referat 416

53170 Bonn

Sitzungsleiter / Session Chairmen

Bruno Czaputa
Siemens AG
Hofmannstr. 51

81359 München

Prof.Dr.-Ing. Jörg Eberspächer
Lehrstuhl für Kommunikationsnetze
der TU München
Arcisstr. 21

80290 München

M. Pierre Laffitte
Président de la
Fondation Sophia Antipolis
Route des hautes technologies

F-06904 Sophia Antipolis Cedex

Dipl.-Ing. Frank Müller-Römer
MedienBeratung München
Tannenstr. 26

85579 Neubiberg

Prof.Dr.-Ing. Horst Ohnsorge
Alcatel SEL AG
Forschungszentrum
Holderäckerstr. 35

70499 Stuttgart

Irene Rüde
Bundesministerium für
Bildung, Wissenschaft,
Forschung und Technologie
Referat 416

53170 Bonn

Prof.Dr.-Ing. Joachim Speidel
Institut für Nachrichtenübertragung
der Universität Stuttgart
Breitscheidstr. 2

70174 Stuttgart

Teilnehmer an der Podiumsdiskussion / Participants in the Panel Discussion

Dr. Helmut Fluhrer
Burda GmbH
Arabellastr. 23

81925 München

Candace Johnson
Iridium, Inc.
Friedrich-Ebert-Allee 13

53115 Bonn

Dieter Kamm
FWU Institut f. Film u. Bild in
Wissenschaft u. Unterricht GmbH
Bavariafilmplatz 3

82031 Grünwald

Dipl.-Ing. Frank Müller-Römer
MedienBeratung München
Tannenstr. 26

85579 Neubiberg

Prof.Dr. Horst Ohnsorge
Alcatel SEL AG
Forschungszentrum
Holderäckerstr. 35

70499 Stuttgart

Dr. Tom Sommerlatte
Arthur D.Little International
Am Gustav-Stresemann-Ring 1

65189 Wiesbaden

Dr. Karl-Ulrich Stein
Siemens AG – ÖN TN EV
Hofmannstr. 51

81359 München

Hans Stekle
Deutsche Telekom AG
GBLtr. BK-Netze/Dienste
Godesberger Allee 117

53105 Bonn

Programmausschuß / Program Committee

Bruno Czaputa
Siemens AG
Hofmannstr. 51

81359 München

Prof.Dr.-Ing. Jörg Eberspächer
Lehrstuhl für Kommunikationsnetze
TU München
Arcisstr. 21

80290 München

Prof.Dr.-Ing. Paul J. Kühn
Institut f. Nachrichtenvermittlung
u. Datenverarbeitung
Universität Stuttgart
Seidenstr. 36

70174 Stuttgart

Prof.Dr.-Ing. Horst Ohnsorge
Alcatel SEL AG
Forschungszentrum
Holderäckerstr. 35

70499 Stuttgart

Prof.Dr. Ralf Reichwald
Lehrst. f. allgemeine u. industrielle
BW-Lehre TU München
Leopoldstr. 139

80804 München

Prof.Dr.-Ing. Joachim Speidel
Institut für Nachrichtenübertragung
Universität Stuttgart
Breitscheidstr. 2

70124 Stuttgart

Dr. Karl-H. Vöge
DeTeBerkom GmbH
Voltastr. 5

13355 Berlin